スバラシク実力がつくと評判の

解析力学
キャンパス・ゼミ

大学の物理がこんなに分かる！単位なんて楽に取れる！

馬場敬之

マセマ出版社

◆ はじめに ◆

　みなさん，こんにちは。マセマの馬場敬之（ばばけいし）です。大学数学「キャンパス・ゼミ」シリーズに続き，大学物理学「キャンパス・ゼミ」シリーズも多くの方々にご愛読頂き，大学物理学の新たなスタンダードとして定着してきているようです。

　そして今回，『解析力学 キャンパス・ゼミ 改訂4』を上梓することが出来て，心より嬉しく思っています。これは，解析力学についても，本格的な内容を分かりやすく解説した参考書を是非マセマから出版して欲しいという沢山の読者のご要望にお応えしたものなのです。

　解析力学とは，ニュートン力学をラグランジュの運動方程式やハミルトンの正準方程式により，より一般的に再定式化した力学のことであり，かなり洗練された数学を利用するので，これを難解な力学と感じる方も多いと思います。確かにいきなり一般化座標や一般化運動量を定義して，たたみ込むように数学的な解説をされたら，初めて解析力学を学ぼうとされる方が困惑し途方にくれてしまうのは当然のことだと思います。

　ですから，本書ではまず自由落下や単振動（調和振動）や，太陽の周りの惑星の運動など，ニュートン力学で定番の例題を使って，ラグランジュの運動方程式とハミルトンの正準方程式がニュートンの運動方程式と等価なものであることを示すことにしました。これにより，解析力学独特の一般化座標や一般化運動量を利用することの必然性を納得して頂けると思います。

　でも，ニュートンの運動方程式と等価であるのなら，何故ラグランジュの運動方程式やハミルトンの正準方程式を持ち出す必要があるのか？疑問に思われる方もいらっしゃるはずです。それは，ニュートンの運動方程式でさまざまな力学モデルを記述しようとすると複雑すぎて実用的でないことが多いため，これらの方程式を利用する必要があったのです。特に，天体の運動を扱う天文学において，ラグランジュの運動方程式が重用されてきました。

　しかし，ラグランジュの運動方程式やハミルトンの正準方程式の重要性はこのことのみにとどまらず，ここで用いられている手法が統計力学や流体力学それに数値解析，さらに量子力学においても重要な役割を演じるか

らです。つまり，**解析力学は多くの物理学のテーマの十字路のような役割**を果たしているのです。さらに，**応用数学の観点から見ても興味深いテーマ**が目白押しです。

　この面白くて役に立つ解析力学をできるだけ多くの読者の皆さんに理解して頂けるよう，検討を重ねながら本書を書き上げました。おそらく**スバラシク分かりやすい本格的な解析力学の参考書**になったと自負しています。読者の皆様のご批評をお待ちしております。

　この『解析力学 キャンパス・ゼミ 改訂4』は，全体が3章から構成されており，各章をそれぞれ10 〜 20ページ程度のテーマに分けているので，非常に読みやすいはずです。解析力学は難しいものだと思っていらっしゃる方も，まず1回この本を流し読みされることを勧めます。初めは難しい公式の証明など飛ばしても構いません。**オイラー角（空間座標軸の回転），ラグランジュの運動方程式，ラグランジアン，一般化座標，一般化運動量，一般化力，汎関数と変分原理，オイラーの方程式，作用積分と最小作用の原理，仮想仕事の原理，ダランベールの原理，ラグランジュの未定乗数法，最速降下線，ハミルトンの正準方程式，ハミルトニアン，ルジャンドル変換，位相空間とトラジェクトリー，リウビルの定理，正準変換，母関数，ポアソン括弧，ヤコビの恒等式，無限小変換**などなど，次々と専門的な内容が目に飛び込んできますが，不思議と違和感なく読みこなしていけるはずです。この**通し読みだけなら，おそらく2週間もあれば十分**のはずです。これで解析力学の全体像をつかむ事が大切なのです。

　1回通し読みが終わったら，後は各テーマの詳しい解説文を**精読**して，例題を**実際に自分で解きながら**，勉強を進めていって下さい。

　この精読が終わったならば，後は自分で納得がいくまで何度でも**繰り返し練習**することです。この反復練習により本物の実践力が身に付き，「**解析力学も自分自身の言葉で自在に語れる**」ようになるのです。こうなれば，「**解析力学の試験も，院試も，共に楽勝です！**」

　この『解析力学 キャンパス・ゼミ 改訂4』により，皆さんが奥深くて面白い本格的な大学の物理学の世界に開眼されることを心より願っています…。

マセマ代表　馬場 敬之

この改訂4では，**Appendix**(付録)の，量子力学入門の中で不確定性原理についてさらに詳しい解説を加えました。

◆ 目 次 ◆

解析力学のプロローグ

▶ ラグランジュの運動方程式の紹介

$$\left(\frac{d}{dt}\left(\frac{\partial L}{\partial \dot{q}_i} \right) - \frac{\partial L}{\partial q_i} = 0 \right)$$

▶ ハミルトンの正準方程式の紹介

$$\left(\frac{dq_i}{dt} = \frac{\partial H}{\partial p_i}, \quad \frac{dp_i}{dt} = -\frac{\partial H}{\partial q_i} \right)$$

▶ 座標軸の回転

$$\left(R_x(\alpha) = \begin{bmatrix} 1 & 0 & 0 \\ 0 & \cos\alpha & -\sin\alpha \\ 0 & \sin\alpha & \cos\alpha \end{bmatrix}, \quad R_y(\beta) = \begin{bmatrix} \cos\beta & 0 & -\sin\beta \\ 0 & 1 & 0 \\ \sin\beta & 0 & \cos\beta \end{bmatrix} \text{など} \right)$$

§1. 解析力学のプロローグ

さァ，これから"**解析力学**"(*analytical mechanics*) の講義を始めよう。解析力学とは何かと問われれば，「ニュートン力学を，一般化座標や一般化運動量を用いて，数学的により洗練された運動方程式で表現する力学」と答えることができると思う。

具体的には，ニュートンの運動方程式の代わりに，解析力学の創始者である"**ラグランジュ**"と"**ハミルトン**"の名を冠した"**ラグランジュの運動方程式**"と"**ハミルトンの正準方程式**"を使って運動を記述するのが，解析力学なんだね。解析力学は，ニュートン力学とは異なり，高校で習うことはなく，かなり数学的な要素が強いので，馴染みのある方は少ないと思う。

しかし，現実に起こっている運動をニュートンの運動方程式で記述しようとすると複雑になることが多いので，これをシンプルに一般化して表現するための手法として，解析力学が考案されたんだ。したがって，ニュートンの運動方程式と，ラグランジュの運動方程式やハミルトンの正準方程式は等価な運動方程式と言うことができる。

ここで，これら **3** 種類の運動方程式を列挙して示そう。

(i) ニュートンの運動方程式：
$$m_i \ddot{x}_i = f_i \quad \cdots\cdots ① \quad (i = 1, 2, \cdots, f)$$

(ii) ラグランジュの運動方程式：
$$\frac{d}{dt}\left(\frac{\partial L}{\partial \dot{q}_i}\right) - \frac{\partial L}{\partial q_i} = 0 \quad \cdots\cdots ② \quad (i = 1, 2, \cdots, f)$$

(iii) ハミルトンの正準方程式：
$$\begin{cases} \dfrac{dq_i}{dt} = \dfrac{\partial H}{\partial p_i} \\ \dfrac{dp_i}{dt} - -\dfrac{\partial H}{\partial q_i} \end{cases} \quad \cdots\cdots ③ \quad (i = 1, 2, \cdots, f)$$

$$\left(\begin{array}{l} x_i \text{や} q_i : \text{座標}, \quad p_i : \text{運動量}, \quad L : \text{ラグランジアン} \\ H : \text{ハミルトニアン}, \quad f : \text{自由度} \end{array} \right)$$

ラグランジアン L やハミルトニアン H の意味は分からなくても，ラグランジュの運動方程式も，ハミルトンの正準方程式も意外とスッキリして

いると思われたと思う。ここで，3つの方程式の添字 $i = 1,2,\cdots,f$ の，f について簡単に説明しておこう。この f は "**自由度**" と呼ばれる自然数のことだ。たとえば，1 質点の放物運動の場合，ニュートンの運動方程式においても x 軸方向と y 軸方向の 2 つの運動方程式が必要なので，自由度

<u>これを①では，x_1 軸方向</u> <u>x_2 軸方向と考える。</u>

$f = 2$ となる。もし，これらの運動に何の束縛条件もなければ，3 質点の 2 次元運動の自由度は $f = 3 \times 2 = 6$ となるし，5 質点の 3 次元運動の自由度は $f = 5 \times 3 = 15$ となるんだね。つまり，自由度とは，運動を記述するのに必要な未知の座標の数のことであり，従って，それを求める方程式の数でもあるんだね。そして，ラグランジュの運動方程式も，ハミルトンの正準方程式もニュートンの運動方程式と等価な方程式であるため，特に工夫をしなければ，同じ自由度 f をもつことになるのも分かると思う。

　しかし，①のニュートンの運動方程式と等価といっても，②のラグランジュの運動方程式を導くだけでも，かなりの数学的なテクニックが必要となる。さらに，ラグランジュの運動方程式と関連して，汎関数と変分原理や，最速降下線問題，それに仮想仕事の原理など，解説すべきテーマが沢山ある。③のハミルトンの正準方程式についても同様に，位相空間とトラジェクトリー，正準変換，ポアソン括弧など，沢山のテーマが目白押しなんだね。そして，解析力学で用いられる，これら数学的な手法は，流体力学や統計力学，それに量子力学にまで，密接に関連している。

　だから，解析力学は非常に実り豊かな物理学の 1 分野であるにも関わらず，それと同時に，数学的な解説がかなり高度になるので，よく分からずに途中で投げ出してしまう方が多いのも事実なんだ。

　本書では，そうした失敗が起こらないよう，まず，このプロローグで，単振動（調和振動）や放物運動も含めた 5 題の典型的な運動の例題を用意した。そして，これらの運動に対するラグランジュの運動方程式やハミルトンの正準方程式を立て，それを変形して，ニュートンの運動方程式を導く練習をして頂くことにした。予めこのような練習をしておけば，解析力学の基本的な考え方に接し，慣れることができるので，本格的な解析力学の講義にも違和感なく入って頂けると思う。

§2. ラグランジュの運動方程式の紹介

それでは，これから，解析力学のプロローグとして，解析力学で用いられる2種類の方程式の内の1つである，"**ラグランジュの運動方程式**"（または，"**ラグランジュ方程式**"）を紹介することにしよう。

ラグランジュの運動方程式は，一般化座標 q_i とその時間微分 $\dot{q}_i$ でラグランジアン L を偏微分した，偏微分方程式の形で表される。このように書くと何か難しく感じるかも知れないけれど，これは本質的に，ニュートンの運動方程式と等価なものなので，このことを，ここでは，（Ⅰ）自由落下運動，（Ⅱ）単振動（調和振動），（Ⅲ）放物運動，（Ⅳ）単振り子，（Ⅴ）惑星の運動の5つの例題で実際に確認してみよう。

● ラグランジュの運動方程式に慣れよう！

ではまず，"**ラグランジュの運動方程式**"（*Lagrange's equation of motion*）（または，単に"**ラグランジュ方程式**"と呼ぶ）について，その基本事項を以下に示そう。

■ ラグランジュの運動方程式

$$\frac{d}{dt}\left(\frac{\partial L}{\partial \dot{q}_i}\right) - \frac{\partial L}{\partial q_i} = 0 \cdots\cdots(*\mathrm{a}) \quad (i = 1, 2, \cdots, \underline{f})$$

自由度

ただし，L：ラグランジアン，q_i：一般化座標，t：時刻

$L = T - U$（T：運動エネルギー，U：ポテンシャルエネルギー）

今は，どのようにして，このラグランジュの運動方程式 $(*\mathrm{a})$ が導かれたのか？などを考える必要はない。とにかく，この方程式を使って，慣れることに専念して頂けたらいいんだね。

まず，この $(*\mathrm{a})$ の方程式の独立変数である q_i は，"**一般化座標**"（*generalized coordinate*）と呼ばれる変数のことで，i は，$i = 1, 2, \cdots, \underline{f}$

これは，"**自由度**"（*degree of freedom*）のことで，既に解説した。

と変化するので，$(*\mathrm{a})$ は具体的には，次のような f 個の方程式を表していることになる。

$$\frac{d}{dt}\left(\frac{\partial L}{\partial \dot{q}_1}\right) - \frac{\partial L}{\partial q_1} = 0 \;,\;\; \frac{d}{dt}\left(\frac{\partial L}{\partial \dot{q}_2}\right) - \frac{\partial L}{\partial q_2} = 0$$

$$\frac{d}{dt}\left(\frac{\partial L}{\partial \dot{q}_3}\right) - \frac{\partial L}{\partial q_3} = 0 \;,\;\; \cdots\cdots, \;\;\; \frac{d}{dt}\left(\frac{\partial L}{\partial \dot{q}_f}\right) - \frac{\partial L}{\partial q_f} = 0$$

また, $\dot{q}_i$ は q_i の時間微分, すなわち $\dot{q}_i = \dfrac{dq_i}{dt}$ $(i = 1, 2, \cdots, f)$ のことだ。一般に, 物理では, 時間微分を "・"(ドット) を使って表すことも大丈夫だね。

　ここでは, 最も簡単な例として, まず 1 質点の 1 次元の運動を考えることにしよう。よって, $q_1 = x$, $\dot{q}_1 = \dot{x}\left(= \dfrac{dx}{dt}\right)$ とおけるので, (＊a) は簡単な 1 つの方程式:$\dfrac{d}{dt}\left(\dfrac{\partial L}{\partial \dot{x}}\right) - \dfrac{\partial L}{\partial x} = 0$ ……① 　となる。

ここで, L は "ラグランジアン"(*Lagrangian*) または "ラグランジュ関数" と呼ばれる関数で, ラグランジュはこれを (運動エネルギー) − (ポテンシャルエネルギー), すなわち $L = T - U$……(＊b) と定義した。

(T：運動エネルギー, U：ポテンシャルエネルギー)

　それでは, この自由度 $f = 1$ のラグランジュの運動方程式①を使って, これがニュートンの運動方程式と等しいことを, 次の自由落下の例題で確認してみよう。

(Ⅰ)質点の自由落下の場合

図 1 に示すように, 鉛直下向きに重力加速度 g が働く一様な重力場で質量 m の質点が原点 0 から自由落下する問題を考えてみよう。鉛直下向きに x 軸をとると, ニュートンの運動方程式では,

図 1　質点の自由落下

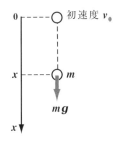

$$m\ddot{x} = mg \;\;\cdots\cdots②$$

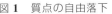

加速度 $\dfrac{d^2x}{dt^2}$ のこと

と表されることは大丈夫だね。

では, ②をラグランジュの運動方程式①とラグランジアン L の定義式 (＊b) から導いてみよう。

質量 m の質点の運動エネルギー T は $T = \dfrac{1}{2}m\dot{x}^2$ ……③ であり、x 軸の正の向きを鉛直下向きにとっているので、$x = 0$ を基準点にとると、そのポテンシャル U は、$U = -mgx$ ……④ となる。

$$\begin{cases} \dfrac{d}{dt}\left(\dfrac{\partial L}{\partial \dot{x}}\right) - \dfrac{\partial L}{\partial x} = 0 & \cdots\cdots① \\[2mm] L = T - U & \cdots\cdots(*b) \\[2mm] m\ddot{x} = mg & \cdots\cdots② \end{cases}$$

以上③、④を $(*b)$ に代入して、ラグランジアン L を求めると、

$$L = T - U = \dfrac{1}{2}m\dot{x}^2 + mgx \quad \cdots\cdots⑤ \quad となる。$$

後は、⑤をラグランジュの運動方程式①に代入すればいいだけなんだけれど、ここで、①の中の 2 つの偏微分 $\dfrac{\partial L}{\partial \dot{x}}$ と $\dfrac{\partial L}{\partial x}$ をどのように計算すればいいのか？迷う方がいらっしゃるはずだ。

しかし、これは⑤から、L は 2 つの独立変数 x と $\dot{x}$ の関数、すなわち、

$$L = L(x, \dot{x}) = \dfrac{1}{2}m\dot{x}^2 + mgx$$

と考えて、$\dot{x}$ と x でそれぞれ独立に偏微分すればいい。よって、

$$\begin{cases} \dfrac{\partial L}{\partial \dot{x}} = \dfrac{\partial}{\partial \dot{x}}\left(\underbrace{\dfrac{1}{2}m}_{定数}\dot{x}^2 + \underbrace{mgx}_{定数扱い}\right) = \dfrac{1}{2}m \cdot 2\dot{x} = m\dot{x} \\[4mm] \dfrac{\partial L}{\partial x} = \dfrac{\partial}{\partial x}\left(\underbrace{\dfrac{1}{2}m\dot{x}^2}_{定数扱い} + \underbrace{mg}_{定数}x\right) = mg \cdot 1 = mg \end{cases} \cdots⑥$$

・$\dot{x}$ での偏微分では、x を定数扱いにし、
・x での偏微分では、$\dot{x}$ を定数扱いにする。

⑥を①に代入して、

$$\dfrac{d}{dt}(m\dot{x}) - mg = 0 \quad より、ナルホド、$$

$$\boxed{m\dfrac{d\dot{x}}{dt} = m\ddot{x}}$$

ニュートンの運動方程式：$m\ddot{x} = mg$ ……②

を導くことが出来るんだね。

でも $\dot{x} = \dfrac{dx}{dt}$ の関係があるので、本当に x と $\dot{x}$ を独立な変数として扱って

よいのか？疑問のある方も多いと思う。しかし，今回の落体の問題において
も，質点を落下させる初めの位置や初速度 v_0 を変化させることによっ
て，同じ x の位置でも質点の速度 $\dot{x}$ は異なる値を独立に取り得る。よって，
x と $\dot{x}$ を独立な 2 変数と考えて，それぞれの L の偏微分を求めることが出
来るんだね。納得いった？

(Ⅱ) 単振動 (調和振動) の場合

単振動についても，ラグランジュの運動方程式からニュートンの運動方程
式を導いてみよう。

図 2 に示すように，一端を壁面に固
定したバネ定数 k のバネの他端に質
量 m の質点 (おもり) を付け，これを
滑らかな床面に置いて，ある初期振動
を与えると，質点は単振動 (調和振動)
を始める。図 2 のように x 軸をとる

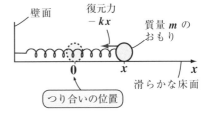

図 2 単振動 (調和振動)

と，質点に働くバネの復元力は $-kx$ より，ニュートンの運動方程式は
$m\ddot{x} = -kx$ ……(a) となる。

それでは，これをラグランジュの運動方程式で表してみよう。

まず，ラグランジアン $L(=T-U)$ を求めると，

$L = \dfrac{1}{2}m\dot{x}^2 - \dfrac{1}{2}kx^2$ ……(b) だね。

運動エネルギー T　　　バネの位置エネルギー (ポテンシャル) U

これを 1 次元のラグランジュの運動方程式：

$\dfrac{d}{dt}\left(\dfrac{\partial L}{\partial \dot{x}}\right) - \dfrac{\partial L}{\partial x} = 0$ ……(c) に代入すると，

$\dfrac{d}{dt}\left\{\dfrac{\partial}{\partial \dot{x}}\left(\dfrac{1}{2}m\dot{x}^2 - \dfrac{1}{2}kx^2\right)\right\} - \dfrac{\partial}{\partial x}\left(\dfrac{1}{2}m\dot{x}^2 - \dfrac{1}{2}kx^2\right) = 0$

$m\dot{x}$ (∵ x は定数扱い)　　　$-kx$ (∵ $\dot{x}$ は定数扱い)

$\dfrac{d}{dt}(m\dot{x}) + kx = 0$　　となって，ニュートンの運動方程式：
$m\ddot{x} = -kx$ ……(a) が導けるんだね。

これで，自由度 $f = 1$ のラグランジュの運動方程式の計算にも慣れてきた
と思うので，次は自由度 $f = 2$ のラグランジュの運動方程式にも挑戦して
みよう。

(Ⅲ) 放物運動の場合

図 3　質点の放物運動

図 3 に示すような xy 座標系にお
いて，鉛直下向き（y 軸の負の向
き）に一様な重力加速度 g が働
く重力場の中を質量 m の質点が
放物運動をしている場合を考え
てみよう。この場合，質点に働
く力は y 軸の負の向きに $-mg$ だ

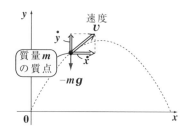

けなので，ニュートンの運動方程式は，x 軸，y 軸方向それぞれに次のよ
うに立てることができるのは大丈夫だね。

$$\begin{cases} m\ddot{x} = 0 & \cdots\cdots\cdots ① \\ m\ddot{y} = -mg & \cdots\cdots ② \end{cases}$$

← x 軸方向には力が働かない。

← y 軸の負の向きに重力 $-mg$ が働く。

　今回は，2 次元平面内での 1 質点の運動の問題だね。この場合のラグラ
ンジアン $L(=T-U)$ と，ラグランジュの運動方程式を立て，これを変形
して，また①，②のニュートンの運動方程式を導いてみることにしよう。

まず，

運動エネルギー　$T = \dfrac{1}{2}m\|v\|^2 = \dfrac{1}{2}m(\dot{x}^2 + \dot{y}^2)$

ポテンシャルエネルギー　$U = mgy$

$y=0$ を U の基準点とした。

$T = T(\dot{x}, \dot{y})$ だけれど，$U = U(y)$ で，U は x の関数ではない。

よって，ラグランジアン L は

$L = T - U = \dfrac{1}{2}m(\dot{x}^2 + \dot{y}^2) - mgy$　$\cdots\cdots③$　となる。

③の L には変数 x は含まれていないが，③の右辺に形式的に $0 \cdot x$ がある
ものとすると，$L = L(x, y, \dot{x}, \dot{y})$ とおける。

つまり，このラグランジアンは 4 つの独立変数の関数で，この場合，自由
度 $f = 2$ より，ラグランジュの運動方程式は，次の 2 つになるんだね。

$$\begin{cases} \dfrac{d}{dt}\left(\dfrac{\partial L}{\partial \dot{x}}\right) - \dfrac{\partial L}{\partial x} = 0 & \cdots\cdots④ \\ \dfrac{d}{dt}\left(\dfrac{\partial L}{\partial \dot{y}}\right) - \dfrac{\partial L}{\partial y} = 0 & \cdots\cdots⑤ \end{cases}$$

このように④，⑤を並記してみると，これらが元のラグランジュの運動方程式：

$\dfrac{d}{dt}\left(\dfrac{\partial L}{\partial \dot{q}_i}\right) - \dfrac{\partial L}{\partial q_i} = 0$ ……$(*\text{a})$ で，$i = 1, 2$ の場合，すなわち

$q_1 = x$，$q_2 = y$ の場合に対応していることが分かると思う。

（ i ）まず，③を④に代入すると，

$$\dfrac{\partial L}{\partial \dot{x}} = \dfrac{\partial}{\partial \dot{x}}\left\{\dfrac{1}{2}\,m(\dot{x}^2 + \underset{\boxed{\text{定数扱い}}}{\dot{y}^2}) - mgy\right\} = \dfrac{1}{2}\,m\cdot 2\dot{x} = m\dot{x}$$

$$\dfrac{\partial L}{\partial x} = \dfrac{\partial}{\partial x}\left\{\underset{\boxed{x\,\text{から見たら，すべて定数扱い}}}{\dfrac{1}{2}\,m(\dot{x}^2 + \dot{y}^2) - mgy}\right\} = 0 \quad\text{より，}$$

④は，$\dfrac{d}{dt}(m\dot{x}) - 0 = 0$ となる。

$\therefore\ m\ddot{x} = 0$ ……① が導けた。

（ ii ）次，③を⑤に代入すると，

$$\dfrac{\partial L}{\partial \dot{y}} = \dfrac{\partial}{\partial \dot{y}}\left\{\dfrac{1}{2}\,m(\underset{\boxed{\text{定数扱い}}}{\dot{x}^2} + \dot{y}^2) - mgy\right\} = \dfrac{1}{2}\,m\cdot 2\dot{y} = m\dot{y}$$

$$\dfrac{\partial L}{\partial y} = \dfrac{\partial}{\partial y}\left\{\dfrac{1}{2}\,m(\underset{\boxed{\text{定数扱い}}}{\dot{x}^2 + \dot{y}^2}) - mgy\right\} = -mg \quad\text{より，}$$

⑤は，$\dfrac{d}{dt}(m\dot{y}) - (-mg) = 0$ となる。

$\therefore\ m\ddot{y} = -mg$ ……②も導けたんだね。大丈夫？

　これまで，1 質点の 1 次元と 2 次元運動のラグランジュの運動方程式について，簡単な例ではあったけれど，詳しく解説してきたので，このさらなる拡張についても容易に類推がつくようになっていると思う。

　つまり 1 質点の 3 次元運動や 2 質点の 2 次元運動などなど・・・，話をさらに拡張することによって，ラグランジュの運動方程式 $(*\text{a})$ で使われている一般化座標 q_i や $\dot{q}_i$ の意味も鮮明になっていくはずだ。具体例で考えていこう。

● 一般化座標について考えてみよう！

それでは，質点の運動のヴァリエーションをさらに拡張した場合のラグランジュの運動方程式の例を下に示そう。

(Ⅰ) まず，xyz 直交座標系における 1 質点（質量 m）の 3 次元運動を考えよう。まず，ラグランジアン $L(=T-U)$ は，x, y, z, $\dot{x}$, $\dot{y}$, $\dot{z}$ の 6 変数の関数として，

$$L = L(x, y, z, \dot{x}, \dot{y}, \dot{z}) = T - U$$
$$= \underbrace{\frac{1}{2}m(\dot{x}^2 + \dot{y}^2 + \dot{z}^2)}_{\text{運動エネルギー }T} - \underbrace{U(x,y,z)}_{} \text{ で与えられる。}$$

運動エネルギー T

ポテンシャル U は，一般に位置 x, y, z の関数と考えられる。

そして，このときのラグランジュの運動方程式は，

$$\begin{cases} \dfrac{d}{dt}\left(\dfrac{\partial L}{\partial \dot{x}}\right) - \dfrac{\partial L}{\partial x} = 0 \ , \ \dfrac{d}{dt}\left(\dfrac{\partial L}{\partial \dot{y}}\right) - \dfrac{\partial L}{\partial y} = 0 \\[3mm] \dfrac{d}{dt}\left(\dfrac{\partial L}{\partial \dot{z}}\right) - \dfrac{\partial L}{\partial z} = 0 \end{cases} \quad \cdots\cdots\text{(a)}$$

自由度 $f = 3$ だね

の 3 つであり，これらを変形すれば，それぞれ，x, y, z 軸方向のニュートンの各運動方程式が得られるんだね。

(Ⅱ) 次に，xy 直交座標系における 2 質点（質量 m_1 と m_2）の 2 次元運動を考えよう。質量 m_1 と m_2 の各質点の位置座標をそれぞれ (x_1, y_1), (x_2, y_2) とおくと，ラグランジアン $L(=T-U)$ は，x_1, y_1, x_2, y_2, $\dot{x}_1$, $\dot{y}_1$, $\dot{x}_2$, $\dot{y}_2$ の 8 変数の関数として，

$$L = L(x_1, y_1, x_2, y_2, \dot{x}_1, \dot{y}_1, \dot{x}_2, \dot{y}_2) = T - U$$
$$= \underbrace{\frac{1}{2}m_1(\dot{x}_1^2 + \dot{y}_1^2) + \frac{1}{2}m_2(\dot{x}_2^2 + \dot{y}_2^2)}_{\text{2質点の運動エネルギー }T} - U(x_1, y_1, x_2, y_2)$$

2質点の運動エネルギー T

ポテンシャル U は，位置 x_1, y_1, x_2, y_2 の関数と考えられる。

そして，このときのラグランジュの運動方程式は，

$$\begin{cases} \dfrac{d}{dt}\left(\dfrac{\partial L}{\partial \dot{x}_1}\right) - \dfrac{\partial L}{\partial x_1} = 0 \ , \ \dfrac{d}{dt}\left(\dfrac{\partial L}{\partial \dot{y}_1}\right) - \dfrac{\partial L}{\partial y_1} = 0 \\[3mm] \dfrac{d}{dt}\left(\dfrac{\partial L}{\partial \dot{x}_2}\right) - \dfrac{\partial L}{\partial x_2} = 0 \ , \ \dfrac{d}{dt}\left(\dfrac{\partial L}{\partial \dot{y}_2}\right) - \dfrac{\partial L}{\partial y_2} = 0 \end{cases} \quad \cdots\cdots\text{(b)}$$

自由度 $f = 4$ だね

の 4 つになるのも大丈夫だろうか？2 質点それぞれの x 軸，y 軸方向の運動を考えるからだ。

このようにヴァリエーションが拡張されても，(a)，(b) のようにラグランジュの運動方程式の形はまったく変化しない。これから，一般化座標を用いてラグランジュの運動方程式を

> f を "自由度" という

$$\frac{d}{dt}\left(\frac{\partial L}{\partial \dot{q}_i}\right) - \frac{\partial L}{\partial q_i} = 0 \quad \cdots\cdots(*a) \quad (i = 1,\ 2,\ 3,\ \cdots,\ f)$$

と表すと便利なことが見えてくるはずだ。つまり，

(a) の場合，自由度 $f = 3$ で，$q_1 = x$, $q_2 = y$, $q_3 = z$, $\dot{q}_1 = \dot{x}$, $\dot{q}_2 = \dot{y}$,

$\quad$ $\dot{q}_3 = \dot{z}$ であることが分かるだろう。同様に，

(b) の場合，自由度 $f = 4$ で，$q_1 = x_1$, $q_2 = y_1$, $q_3 = x_2$, $q_4 = y_2$,

$\quad$ $\dot{q}_1 = \dot{x}_1$, $\dot{q}_2 = \dot{y}_1$, $\dot{q}_3 = \dot{x}_2$, $\dot{q}_4 = \dot{y}_2$ であることが分かるはずだ。

これまでは，xy 座標系や xyz 座標系などの直交座標で質点の座標を表す

> これを "デカルト座標系" または "カーテシアン座標系" などとも言う。

例を示してきたが，ラグランジュの方程式は，図 4(ⅰ) のような極座標（または円柱座標）で表しても，図 4(ⅱ) のような球座標で表してもその形がまったく変わらない。つまり，

(ⅰ) 極座標における 1 質点の運
    動のラグランジュ方程式は，

$$\begin{cases} \dfrac{d}{dt}\left(\dfrac{\partial L}{\partial \dot{r}}\right) - \dfrac{\partial L}{\partial r} = 0 \\[2mm] \dfrac{d}{dt}\left(\dfrac{\partial L}{\partial \dot{\theta}}\right) - \dfrac{\partial L}{\partial \theta} = 0 \end{cases}$$

> 自由度 $f = 2$

$\quad$ と表せるし，

(ⅱ) 球座標における 1 質点の運
    動のラグランジュ方程式は，

$$\begin{cases} \dfrac{d}{dt}\left(\dfrac{\partial L}{\partial \dot{r}}\right) - \dfrac{\partial L}{\partial r} = 0 \\[2mm] \dfrac{d}{dt}\left(\dfrac{\partial L}{\partial \dot{\theta}}\right) - \dfrac{\partial L}{\partial \theta} = 0 \\[2mm] \dfrac{d}{dt}\left(\dfrac{\partial L}{\partial \dot{\varphi}}\right) - \dfrac{\partial L}{\partial \varphi} = 0 \end{cases}$$

> 自由度 $f = 3$

$\quad$ と表せる。

図 4(ⅰ) 極座標系

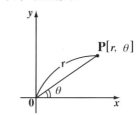

(ⅱ) 球座標系

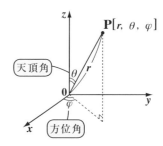

さらに，信じられないかも知れないけれど，直交座標，極座標，円柱座標，球座標以外のものであっても，質点の位置を特定することのできるもので

あれば，どんな座標系で表しても，ラグランジュの運動方程式 (＊a) の形は変わらないんだ。どう？ラグランジュの運動方程式の重要性がだんだん分かってきただろう？

ラグランジュの運動方程式

$$\frac{d}{dt}\left(\frac{\partial L}{\partial \dot{q}_i}\right) - \frac{\partial L}{\partial q_i} = 0 \quad \cdots\cdots (\ast a)$$

$$(i = 1, \ 2, \ 3, \ \cdots, \ f)$$

$$L = T - U \quad \cdots\cdots\cdots\cdots\cdots (\ast b)$$

それではここで，長所・短所を含め，ラグランジュの運動方程式の特徴を以下にまとめて示しておこう。

(ⅰ) ラグランジアン $L = T - U$ [＝ (運動エネルギー) － (ポテンシャル)] はスカラー量なので，質点の位置と速さから比較的簡単に求まる。

(ⅱ) たとえば n 個の質点の 2 次元運動を考える場合，ニュートンの運動方程式もラグランジュの運動方程式も $2n$ 個の方程式が必要であることは同じなんだね。しかし，ニュートンの運動方程式を立てるには $2n$ 個の外力の成分を求めなければならない。これに対してラグランジュの運動方程式では，ラグランジアン L さえ求めてしまえば，後は機械的に $2n$ 個の同形の方程式を列挙するだけだから気が楽なんだね。
そしてこの結果，$2n$ 個のポテンシャル U による外力も自動的に求まる。

(ⅲ) ラグランジュの運動方程式は，直交座標系，極座標系，円柱座標系，球座標系，その他どのような座標系であっても，質点の位置を特定することのできるものであれば，その形は変化しない。この証明は後で詳しく示すけれど，これがラグランジュ方程式の最大の長所と言えるだろうね。

(ⅳ) ラグランジュの運動方程式を作る際，斜面や曲面を運動する場合の垂直抗力や，単振り子の場合の糸の張力など，質点に働くやっかいな束縛力を一切考慮しなくてもいい。これもラグランジュ方程式の大きな長所と言える。

(ⅴ) しかし，2 つの物体の面が押し合う力に比例して働く摩擦力などについては，(＊a) の形のラグランジュ方程式では扱うことができない。これが，ラグランジュ方程式の短所なんだね。

オールマイティではないにせよ，これだけの長所をもつラグランジュの運動方程式は，やはりマスターしておく価値があることが分かったと思う。

18

● 単振り子のラグランジュ方程式に挑戦しよう！

では，極座標表示のラグランジュ方程式についても，例題で練習しておこう。まず，xy 座標系での質点の位置 $\boldsymbol{r} = [x,\ y]$ を極座標 $\boldsymbol{r} = [r,\ \theta]$ で表した場合。それぞれの座標系における速度ベクトル $\begin{bmatrix} v_x \\ v_y \end{bmatrix}$ と $\begin{bmatrix} v_r \\ v_\theta \end{bmatrix}$，加速度ベクトル $\begin{bmatrix} a_x \\ a_y \end{bmatrix}$ と $\begin{bmatrix} a_r \\ a_\theta \end{bmatrix}$ の関係が次のようになることは，**「力学キャンパス・ゼミ」** で詳しく解説した。

$$\begin{bmatrix} v_x \\ v_y \end{bmatrix} = \begin{bmatrix} \dot{x} \\ \dot{y} \end{bmatrix} = R(\theta)\begin{bmatrix} v_r \\ v_\theta \end{bmatrix} \quad \cdots\cdots ① \qquad \begin{bmatrix} a_x \\ a_y \end{bmatrix} = \begin{bmatrix} \ddot{x} \\ \ddot{y} \end{bmatrix} = R(\theta)\begin{bmatrix} a_r \\ a_\theta \end{bmatrix} \quad \cdots\cdots ②$$

ただし $R(\theta)$ は回転の行列で，$R(\theta) = \begin{bmatrix} \cos\theta & -\sin\theta \\ \sin\theta & \cos\theta \end{bmatrix}$ を表す。

> $R(\theta)$ については，P46 でさらに詳しく解説する。

$R(\theta)$ の逆行列 $R^{-1}(\theta)$ は $R^{-1}(\theta) = R(-\theta) = \begin{bmatrix} \cos\theta & \sin\theta \\ -\sin\theta & \cos\theta \end{bmatrix}$ となる。

そして，極座標における速度ベクトル $\boldsymbol{v} = \begin{bmatrix} v_r \\ v_\theta \end{bmatrix}$ と加速度ベクトル $\boldsymbol{a} = \begin{bmatrix} a_r \\ a_\theta \end{bmatrix}$ を具体的に示すと，

$$\boldsymbol{v} = \begin{bmatrix} v_r \\ v_\theta \end{bmatrix} = \begin{bmatrix} \dot{r} \\ r\dot{\theta} \end{bmatrix} \quad \cdots\cdots\cdots(*c)$$

> v_r は動径方向の，v_θ は接線方向の速度の成分

$$\boldsymbol{a} = \begin{bmatrix} a_r \\ a_\theta \end{bmatrix} = \begin{bmatrix} \ddot{r} - r\dot{\theta}^2 \\ 2\dot{r}\dot{\theta} + r\ddot{\theta} \end{bmatrix} \quad \cdots(*d)$$

> a_r は動径方向の，a_θ は接線方向の加速度の成分

となるんだね。エッ（*c）の $v_r = \dot{r}$，$v_\theta = r\dot{\theta}$ までは覚えているけど，（*d）は忘れてしまったって!? 了解！少し復習しておこう。

図 5 に示すように，位置ベクトル $\underline{r}$ で表される質点 **P** の速度 $\boldsymbol{v}$

> これは，時刻 t の関数 $\boldsymbol{r}(t)$ だ。

は，点 **P** を原点として，r（動径）方向と θ（接線）方向の座標 $[v_r,\ v_\theta]$ で表すことができる。

図5　$\boldsymbol{v} = [v_r,\ v_\theta]$

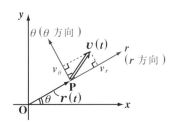

> r（動径）方向と θ（接線）方向は，r と θ が増加する向きを正とする。

ここで，図 **6**(i) に示すように，xy座標系における $\boldsymbol{v}(t)$ の成分表示を$\boldsymbol{v}=[v_x,\,v_y]$ とおくと，図 **6**(ii) に示すように，$r\theta$ 座標を逆に $-\theta$ だけ回転して，xy 座標と一致させて考えると，$[v_r,\,v_\theta]$ を原点 **O** のまわりに θだけ回転したものが $[v_x,\,v_y]$ となることが分かるだろう。これから，

$$\begin{bmatrix} v_x \\ v_y \end{bmatrix} = R(\theta) \begin{bmatrix} v_r \\ v_\theta \end{bmatrix}$$

$$\therefore \underbrace{\begin{bmatrix} v_x \\ v_y \end{bmatrix} = \begin{bmatrix} \cos\theta & -\sin\theta \\ \sin\theta & \cos\theta \end{bmatrix}}_{R(\theta)} \begin{bmatrix} v_r \\ v_\theta \end{bmatrix} \quad \cdots\cdots\text{①}$$

が導かれる。
ここで，$[x,\,y]$ と $[r,\,\theta]$ の変換公式は，

$$\begin{cases} x = r\cos\theta & \cdots\cdots\text{③} \\ y = r\sin\theta \end{cases} \quad より，$$

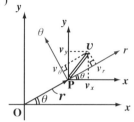

図 **6**　$[v_{rx},\,v_\theta]$ と $[v_x,\,v_y]$
(i)

(ii)

これを **O** とみなす

r 軸，θ 軸を $-\theta$ だけ回転すると，$[v_x,\,v_y]$ は，$[v_r,\,v_\theta]$ をθ だけ回転したものであることが分かる。

x，y，r，θはすべて時刻t の関数だ！

③の両辺を時刻 t で微分して，

$$\begin{cases} v_x = \dot{x} = \dot{r}\cos\theta + r(\cos\theta)' = \dot{r}\cos\theta - r\dot{\theta}\sin\theta \\ v_y = \dot{y} = \dot{r}\sin\theta + r(\sin\theta)' = \dot{r}\sin\theta + r\dot{\theta}\cos\theta \end{cases} \quad \cdots\cdots\text{④} \quad より，$$

公式：$(f\cdot g)' = f'g + fg'$と，合成関数の微分公式を使った！

$$\begin{bmatrix} v_x \\ v_y \end{bmatrix} = \begin{bmatrix} \dot{x} \\ \dot{y} \end{bmatrix} = \begin{bmatrix} \cos\theta & -\sin\theta \\ \sin\theta & \cos\theta \end{bmatrix} \begin{bmatrix} \overbrace{\dot{r}}^{v_r} \\ \underbrace{r\dot{\theta}}_{v_\theta} \end{bmatrix} \quad \cdots\cdots\text{①′} \quad となる。$$

ここで，$R^{-1}(\theta)$ が存在するので，①と①′ を比較して，

$$\boldsymbol{v}(t) = \begin{bmatrix} v_r \\ v_\theta \end{bmatrix} = \begin{bmatrix} \dot{r} \\ r\dot{\theta} \end{bmatrix} \quad \cdots\cdots(*c) \text{ が導けるんだね。大丈夫？}$$

加速度 $\boldsymbol{a} = \begin{bmatrix} a_r \\ a_\theta \end{bmatrix}$ も，図 **6**(i)(ii) の $\boldsymbol{v}$ を $\boldsymbol{a}$ に置き換えて考えればいいだけだから，

$$\begin{bmatrix} a_x \\ a_y \end{bmatrix} = \begin{bmatrix} \ddot{x} \\ \ddot{y} \end{bmatrix} = \underbrace{\begin{bmatrix} \cos\theta & -\sin\theta \\ \sin\theta & \cos\theta \end{bmatrix}}_{R(\theta)} \begin{bmatrix} a_r \\ a_\theta \end{bmatrix} \quad \cdots\cdots\text{②が成り立つ。}$$

よって，④の両辺をさらに時刻 t で微分してまとめると，

$$a_x = \ddot{x} = (\dot{r}\cos\theta)' - (r\dot{\theta}\sin\theta)'$$

$$= \ddot{r}\cos\theta - \dot{r}\cdot\dot{\theta}\sin\theta - (\dot{r}\dot{\theta}\sin\theta + r\ddot{\theta}\sin\theta + r\dot{\theta}^2\cos\theta)$$

$$= (\ddot{r} - r\dot{\theta}^2)\cos\theta - (2\dot{r}\dot{\theta} + r\ddot{\theta})\sin\theta$$

$$a_y = \ddot{y} = (\dot{r}\sin\theta)' + (r\dot{\theta}\cos\theta)'$$

$$= \ddot{r}\sin\theta + \dot{r}\dot{\theta}\cos\theta + \dot{r}\dot{\theta}\cos\theta + r\ddot{\theta}\cos\theta - r\dot{\theta}^2\sin\theta$$

$$= (\ddot{r} - r\dot{\theta}^2)\sin\theta + (2\dot{r}\dot{\theta} + r\ddot{\theta})\cos\theta$$

$$\begin{bmatrix} a_x \\ a_y \end{bmatrix} = \begin{bmatrix} \ddot{x} \\ \ddot{y} \end{bmatrix} = \begin{bmatrix} \cos\theta & -\sin\theta \\ \sin\theta & \cos\theta \end{bmatrix} \begin{bmatrix} \overset{a_r}{\overbrace{\ddot{r} - r\dot{\theta}^2}} \\ \underset{a_\theta}{\underbrace{2\dot{r}\dot{\theta} + r\ddot{\theta}}} \end{bmatrix} \quad\cdots\cdots②' \quad となる。$$

ここで，$R^{-1}(\theta)$ が存在するので，②と②′を比較して，公式：

$$\boldsymbol{a} = \begin{bmatrix} a_r \\ a_\theta \end{bmatrix} = \begin{bmatrix} \ddot{r} - r\dot{\theta}^2 \\ 2\dot{r}\dot{\theta} + r\ddot{\theta} \end{bmatrix} \quad\cdots\cdots(*d) \quad も導けるんだね。納得いった？$$

$\boldsymbol{a} = [a_r, a_\theta]$ まで求めたけれど，実はラグランジュ方程式では，$\boldsymbol{v}(t) = [v_r, v_\theta]$ までで十分なんだね。極座標表示されても，ラグランジアン L は $L = T - U$ より，1 質点の場合の L は，

$$L = T - U = \frac{1}{2}m\|\boldsymbol{v}\|^2 - U = \frac{1}{2}m\underbrace{(v_r^2 + v_\theta^2)}_{} - U$$

$$= \frac{1}{2}m(\dot{r}^2 + r^2\dot{\theta}^2) - U \qquad と，$$

$\|\boldsymbol{v}\|^2 = v_r^2 + v_\theta^2$ だけから求めることができるからね。そして，これを次の自由度 $f = 2$ のラグランジュの運動方程式に代入すればいいんだね。

$$\frac{d}{dt}\left(\frac{\partial L}{\partial \dot{r}}\right) - \frac{\partial L}{\partial r} = 0 \quad\cdots\cdots⑤, \qquad \frac{d}{dt}\left(\frac{\partial L}{\partial \dot{\theta}}\right) - \frac{\partial L}{\partial \theta} = 0 \quad\cdots\cdots⑥$$

以上で準備が整ったので，極座標表示のラグランジュ方程式の最も簡単な例として，単振り子の運動方程式を考えてみよう。

(Ⅳ) 単振り子の場合

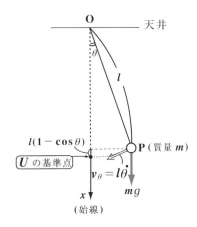

図7　単振り子

図7に示すように，長さ l の軽い糸の上端を天井に固定し，これを O とおき，下端には質量 m の重り P を付けて単振り子を作る。振れ角 θ が十分小さいとき，ニュートンの運動方程式から，θ について次の単振動（調和振動）の微分方程式：

$$\ddot{\theta} = -\omega^2\theta \cdots\cdots ①\qquad\left(\omega=\sqrt{\dfrac{g}{l}}\right)$$

が導かれることは大丈夫だね。

> 一般に単振動（調和振動）の微分方程式：$\ddot{x}=-\omega^2 x$ の一般解は，
> $x=C_1\sin\omega t+C_2\cos\omega t$ （または $x=A\sin(\omega t+\phi)$ など）と表されることも大丈夫だね。
> 　　　　　　　　　　　　　　　　振幅　　　　初期位相
>
> これから①の一般解も，$\theta=A\sin(\omega t+\phi)$ と表せる。

①を極座標表示のラグランジュ方程式から導いてみよう。糸の固定端 O を極とし，それから鉛直下向きに始線をとった極座標で考える。

(ⅰ) $r=l$（一定）と，r は定数となるため，r 方向の速度成分は $v_r=\dot{r}=\mathbf{0}$ となる。また，θ 方向の速度成分は $v_\theta=l\dot{\theta}$ 〔$v_r=\dot{r}$，$v_\theta=r\dot{\theta}$ を使った！〕 だね。よって，重り P の運動エネルギー T は，

$$T=\frac{1}{2}m\|\boldsymbol{v}\|^2=\frac{1}{2}m(\underset{\underset{\mathbf{0}}{\uparrow}}{v_r^2}+v_\theta^2)=\frac{1}{2}ml^2\dot{\theta}^2\cdots\cdots②\quad となる。$$

(ⅱ) 次，P が最下端にあるとき，ポテンシャル $U=0$（基準点）とおくと，図7より，振れ角が θ のときの U は，

$$U=mgl(1-\cos\theta)\ \cdots\cdots③\ となる。$$

以上②，③よりラグランジアン L は，

$$L=T-U=\frac{1}{2}ml^2\dot{\theta}^2-mgl(1-\cos\theta)\ \cdots\cdots④$$

となる。よって，④を次の⑤のラグランジュ方程式に代入すればいいんだね。$r=l$（一定）より，自由度 f が $f=1$ となっていることに気を付けよう。

$$\frac{d}{dt}\left(\frac{\partial L}{\partial \dot\theta}\right) - \frac{\partial L}{\partial \theta} = 0 \quad \cdots\cdots ⑤$$

> $r = l$ （一定）より，$\frac{d}{dt}\left(\frac{\partial L}{\partial \dot r}\right) - \frac{\partial L}{\partial r} = 0$ は，不要だね。（∵ $L = L(\theta, \dot\theta)$）

④，⑤より，

$$\frac{d}{dt}\left[\frac{\partial}{\partial \dot\theta}\left\{\frac{1}{2}ml^2\dot\theta^2 - \underline{mgl(1-\cos\theta)}\right\}\right] - \frac{\partial}{\partial \theta}\left\{\frac{1}{2}ml^2\dot\theta^2 - mgl(1-\cos\theta)\right\} = 0$$

（定数扱い）

$$\frac{d}{dt}(ml^2\dot\theta) - (-mgl)\cdot\sin\theta = 0$$
（定数扱い）

$$ml^2\ddot\theta + mgl\sin\theta = 0$$
（θ（$\theta \fallingdotseq 0$ より））

ここで，$\theta \fallingdotseq 0$ のとき，近似的に $\sin\theta \fallingdotseq \theta$ が成り立つので，

$$ml^2\ddot\theta = -mgl\theta \quad 両辺を ml^2(>0) で割って，\frac{g}{l} = \omega^2 とおくと，$$

単振動（調和振動）の微分方程式：
$\ddot\theta = -\omega^2\theta \cdots\cdots ①$ が導けた。

「力学キャンパス・ゼミ」や「演習 力学キャンパス・ゼミ」で単振り子の単振動の方程式を導いているけれど，これは単純なようでいて意外と難しい。それを，ラグランジュ方程式では，糸の張力など一切考慮することなく機械的に求めることができたんだね。

ここで，もう1つ重要なポイントについて話しておこう。図7の単振り子の問題は1質点の2次元運動なので，本来ならば自由度 $f = 2$ だから，2つの運動方程式で表されるべき問題だったんだ。しかし，O を極とする極座標を取ることにより，$r = l$（一定）という "束縛条件" が付くため，r（動径）方向の運動方程式：$\frac{d}{dt}\left(\frac{\partial L}{\partial \dot r}\right) - \frac{\partial L}{\partial r} = 0$ が不要となるんだね。

（これは $0 = 0$ の恒等式になる。）

よって，自由度が1つ減って $f = 1$ となるので，⑤の1つの運動方程式だけで，単振り子（調和振動）の運動が記述できたんだ。このように，座標系をうまく取ると，自由度が減らせることも当然知っておいてほしい。

では次は，太陽の周りを周回する惑星の運動についても，ラグランジュ方程式を考えてみることにしよう。

(Ⅴ) 惑星の運動の場合

図8に示すように、質量 M の太陽を
O、質量 m の惑星を P とおき、O を
極にとって適当な始線 Ox を設けると、
惑星 P の位置は、極座標 $P(r, \theta)$ で表
すことができる。

惑星 P に働く力は、O（太陽）
に向かう中心力、すなわち万有
引力だけなので、これを f_r と
おくと、このときの重力ポテ
ンシャル U は、

$U = -\dfrac{GMm}{r}$ より、 ← U は r のみの関数
（G：万有引力定数）

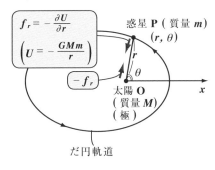

$$\begin{cases} v_r = \dot{r} & \cdots\cdots(\ast c) \\ v_\theta = r\dot{\theta} \end{cases}$$
$$\begin{cases} a_r = \ddot{r} - r\dot{\theta}^2 & \cdots\cdots(\ast d) \\ a_\theta = 2\dot{r}\dot{\theta} + r\ddot{\theta} \end{cases}$$

図8　万有引力の法則

$f_r = -\dfrac{\partial U}{\partial r}$

$\left(U = -\dfrac{GMm}{r}\right)$

惑星 P（質量 m）(r, θ)

$-f_r$

太陽 O（質量 M）（極）

だ円軌道

$f_r = -\dfrac{\partial U}{\partial r} = -\underbrace{GMm}_{定数}\underbrace{\left(-\dfrac{1}{r}\right)'}_{\frac{1}{r^2}}$

$\therefore f_r = -\dfrac{GMm}{r^2}$ ……① 　となるのは大丈夫だね。

また、($\ast$d) より、動径 (r) 方向の加速度 a_r と接線 (θ) 方向の加速度 a_θ は、

$a_r = \ddot{r} - r\dot{\theta}^2$, $a_\theta = 2\dot{r}\dot{\theta} + r\ddot{\theta}(=0)$ より、

P には中心力しか働かないので、$a_\theta = 0$ となる。

ニュートンの運動方程式は①より、

$$\begin{cases} m(\ddot{r} - r\dot{\theta}^2) = -\dfrac{GMm}{r^2} & \cdots\cdots② \\ m(2\dot{r}\dot{\theta} + r\ddot{\theta}) = 0 & \cdots\cdots③ \end{cases}$$ となる。 ← $\begin{cases} ma_r = f_r \\ ma_\theta = 0 \end{cases}$

この②、③を使って、ケプラーの第1法則と第2法則が導けるんだね。

第1法則：惑星は太陽を1つの焦点とするだ円軌道上を運動する。
第2法則：惑星と太陽を結ぶ線分が同一時間に通過してできる
　　　　図形の面積は一定である。 ← 面積速度一定の法則

詳しくは、「力学キャンパス・ゼミ」で解説してるので、知らない方は是
非勉強してほしい。ニュートン力学のメインテーマの1つだからね。

では, ②, ③を, ラグランジュ方程式から導いてみよう。

まず, ラグランジアン $L(=T-U)$ は,

$$L = T - U = \frac{1}{2} m\|\boldsymbol{v}\|^2 - \left(-\frac{GMm}{r}\right) \text{ より,}$$

$$\underline{(v_r^2 + v_\theta^2) = (\dot{r}^2 + r^2\dot{\theta}^2)} \longleftarrow \begin{cases} v_r = \dot{r} \\ v_\theta = r\dot{\theta} \end{cases} \cdots\cdots(*c)$$

$$= \frac{1}{2} m(\dot{r}^2 + r^2\dot{\theta}^2) + \frac{GMm}{r} \quad \cdots\cdots④$$

この④を, 次の自由度 $f = 2$ のラグランジュの運動方程式⑤, ⑥に代入すればいいんだね。

(i) $\dfrac{d}{dt}\left(\dfrac{\partial L}{\partial \dot{r}}\right) - \dfrac{\partial L}{\partial r} = 0 \quad \cdots\cdots⑤$　　　(ii) $\dfrac{d}{dt}\left(\dfrac{\partial L}{\partial \dot{\theta}}\right) - \dfrac{\partial L}{\partial \theta} = 0 \quad \cdots\cdots⑥$

(i)より, $\dfrac{d}{dt}\left(\dfrac{1}{2} m \cdot 2\dot{r}\right) - \left(\dfrac{1}{2} m \cdot 2r\dot{\theta}^2 - \dfrac{GMm}{r^2}\right) = 0$

$$\underbrace{\qquad}_{\frac{\partial L}{\partial \dot{r}}} \qquad \underbrace{\qquad}_{\frac{\partial L}{\partial r}}$$

・$\dfrac{\partial L}{\partial \dot{r}}$は, r, $\dot{\theta}$ は定数扱いにして, $\dot{r}$ で偏微分したもの

・$\dfrac{\partial L}{\partial r}$は, $\dot{r}$, $\dot{\theta}$ は定数扱いにして, r で偏微分したもの

$$m\ddot{r} - mr\dot{\theta}^2 + \frac{GMm}{r^2} = 0 \quad \text{より,}$$

$$m(\ddot{r} - r\dot{\theta}^2) = -\frac{GMm}{r^2} \cdots\cdots② \quad \text{が導ける。}$$

(ii)より, $\dfrac{d}{dt}\left(\dfrac{1}{2} mr^2 \cdot 2\dot{\theta}\right) - 0 = 0$

$$\underbrace{\qquad}_{\frac{\partial L}{\partial \dot{\theta}}} \quad \underbrace{}_{\frac{\partial L}{\partial \theta}}$$

r, $\dot{r}$ は定数扱いにして, $\dot{\theta}$ で偏微分したもの

④の L は, θ の関数ではない。

$$m(r^2\dot{\theta})' = 0 \quad \text{より,} \quad m(2r\dot{r}\dot{\theta} + r^2\ddot{\theta}) = 0$$

両辺を r で割って,

$$m(2\dot{r}\dot{\theta} + r\ddot{\theta}) = 0 \quad \cdots\cdots③ \quad \text{も導けるんだね。}$$

どう? ラグランジュ方程式を使えば, a_rや a_θの公式 (*d)を覚えていなくても, 惑星の運動方程式を簡単に導けることが分かったと思う。実は, ラグランジュ方程式は, このように便利な方程式なので, 天体の運動を調べる天文学者の間で特に重用されていたんだね。このように, ラグランジュ方程式はニュートンの運動方程式と等価ではあるけれど, 便利な方程式であることも分かって頂けたと思う。

§3. ハミルトンの正準方程式の紹介

　では，これから"**ハミルトンの正準方程式**"を紹介しよう。ハミルトンの正準方程式とは，前節で紹介した"**ラグランジュの運動方程式**"と同様，"**ニュートンの運動方程式**"を再公式化したもので，2つの対称な形をした方程式で表される。

　この正準方程式に使われる独立変数は"**正準変数**"と呼ばれ，これはさらに"**正準変換**"によって様々な変数に変換される。また，この正準方程式では，"**ポアソン括弧**"という新たな数学的な表現を得ることもできる。

　しかし，ここでは，そのような本格的な解析力学の解説に入る前段階として，前節で用いた様々な例題を対象に，まずハミルトンの正準方程式を実際に使って，ニュートンの運動方程式を導いてみよう。慣れることによって，この正準方程式に対しても親しみがもてるようになるはずだ。

● ハミルトンの正準方程式は"ヘクトパスカル"で覚えよう！

　まず始めに，"**ハミルトンの正準方程式**"(*Hamilton's canonical equation*)（または，"**ハミルトンの運動方程式**"）を下に示そう。

$$\begin{cases} \dfrac{dq_i}{dt} = \dfrac{\partial H}{\partial p_i} & \cdots\cdots (*e) \\[2mm] \dfrac{dp_i}{dt} = -\dfrac{\partial H}{\partial q_i} & \cdots\cdots (*e)' \quad (i = 1,\ 2,\ 3,\ \cdots,\ f) \end{cases}$$

（自由度）

　このように，ハミルトンの正準方程式は $(*e)$ と $(*e)'$ の2つの符号は異なるが対称な形をした方程式で表される。エッ，その前に，"**正準**"って何って？そうだね，日頃使わない言葉だからね。この"正準"とは (*canonical*) の訳で，元々は"聖書正典の"とか"権威のある"とかの意味なんだけれど，これを物理用語として，最初の翻訳者が"正準"と訳したんだね。

$(*e)$, $(*e)'$ をみて，自由度が f なので，これらは f 個の方程式のペア，すわなち

$$\dfrac{dq_1}{dt} = \dfrac{\partial H}{\partial p_1} \ \text{と}\ \dfrac{dp_1}{dt} = -\dfrac{\partial H}{\partial q_1}\ ,\quad \dfrac{dq_2}{dt} = \dfrac{\partial H}{\partial p_2}\ \text{と}\ \dfrac{dp_2}{dt} = -\dfrac{\partial H}{\partial q_2}\ ,\quad \cdots\cdots$$

,

26

$\dfrac{dq_f}{dt} = \dfrac{\partial H}{\partial p_f}$ と $\dfrac{dp_f}{dt} = -\dfrac{\partial H}{\partial q_f}$　を表していることは大丈夫だね。

さらに, t は時刻, q_i $(i = 1, 2, \cdots, f)$ は一般化座標であることもラグランジュ方程式のときと同じだ。たとえば, 何も束縛条件がないならば,

(i) 1 質点の 1 次元 (x 軸方向) の運動の場合, $q_1 = x$ とおけるし, ┌─ 自由度 $f = 1$

(ii) 2 質点の極座標における運動の場合, 2 質点の座標変数を (r_1, θ_1)

(r_2, θ_2) とおくと, $q_1 = r_1$, $q_2 = r_2$, $q_3 = \theta_1$, $q_4 = \theta_2$ とおける。

では次, ハミルトンの正準方程式 ($*$e) と ($*$e)′ の中で初め 自由度 $f = 4$

て登場した変数 p_i と H についても解説しておこう。

p_i は, ラグランジアン $L\,(= T - U)$ を使って,

$p_i = \dfrac{\partial L}{\partial \dot{q}_i}$　 ……($*$f)　$(i = 1, 2, \cdots, f)$

で定義される独立変数で, これを "**一般化運動量**" (*generalized momentum*) と呼ぶ。これに対して, H は q_i と p_i の関数で, "**ハミルトニアン**" (*Hamiltonian*)

　　　　　　　　　　　　　　└ 一般化座標 ┘ └ 一般化運動量 ┘

または "**ハミルトン関数**" と呼ぶ。そして, この H はラグランジアン L を使って, $H = \sum\limits_{i=1}^{f} p_i \dot{q}_i - L$ ……($*$g) で定義される。この H の独立変数は q_i と p_i $(i = 1, 2, \cdots, f)$ より, 一般に $H = H(q_1, q_2, \cdots, q_f, p_1, p_2, \cdots, p_f)$ となるんだね。以上をもう 1 度まとめて下に示そう。

■ ハミルトンの正準方程式

$$\dfrac{dq_i}{dt} = \dfrac{\partial H}{\partial p_i} \ \cdots\cdots(*\mathrm{e}), \qquad \dfrac{dp_i}{dt} = -\dfrac{\partial H}{\partial q_i} \ \cdots\cdots(*\mathrm{e})' \quad (i = 1, 2, \cdots, f)$$

これは, $\dot{q}_i$ と表してもいい。　　これは, $\dot{p}_i$ と表してもいい。

$$\left(\begin{array}{l} \text{ただし, } H : \text{ハミルトニアン, } q_i : \text{一般化座標,} \\ p_i : \text{一般化運動量であり, } p_i = \dfrac{\partial L}{\partial \dot{q}_i} \cdots\cdots(*\mathrm{f}) \\ H = \sum\limits_{i=1}^{f} p_i \dot{q}_i - L \cdots\cdots(*\mathrm{g}) \ \text{である。} \end{array} \right)$$

ここで, 正準方程式 ($*$e) と ($*$e)′ の覚え方についても教えよう。これは "**ヘクトパスカル**", すなわち "**ヘ** (H) **ク** (q) **ト** (t) **パ** (p) **スカル**" と覚えればいい。

まず，起点となる H（ヘ）の位置は，$(*e)$，$(*e)'$ 共に右上に固定して考え，"d" や "∂" や添字の "i" を取り払うと，$(*e)$ では，"**ヘ** (H) **ク** (q) **ト** (t) **パ** (p) **スカル**" の順に反時計回り（$\oplus$ 回り）に文字が並ぶので，そのままとする。これに対して $(*e)'$ では，時計回り（$\ominus$ 回り）に文字が並

ハミルトンの正準方程式

$$\begin{cases} \dfrac{dq_i}{dt} = \dfrac{\partial H}{\partial p_i} & \cdots\cdots\cdots (*e) \\[2mm] \dfrac{dp_i}{dt} = -\dfrac{\partial H}{\partial q_i} & \cdots\cdots\cdots (*e)' \\[2mm] p_i = \dfrac{\partial L}{\partial \dot{q}_i} & \cdots\cdots (*f) \\[2mm] H = \sum_{i=1}^{f} p_i \dot{q}_i - L & \cdots (*g) \end{cases}$$

ぶので，右辺に $\ominus$ を付けると覚えておけばいいんだね。この模式図を図1(i)，(ii)に示すので，シッカリ覚えよう。

図1　ハミルトンの正準方程式の覚え方

　　　(i)　$(*e)$ の方程式　　　　　　　　　(ii)　$(*e)'$ の方程式

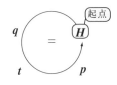

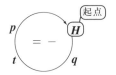

● 直交座標系での正準方程式に挑戦しよう！

それでは，前節のラグランジュ方程式のときに使った例題と同じもの，すなわち(I)自由落下，(II)バネの単振動，(III)放物運動について，ハミルトンの正準方程式から，ニュートンの運動方程式を実際に導いてみよう。これで，x 座標と xy 座標におけるハミルトンの正準方程式に慣れることができると思う。

(I)質点の自由落下の場合

図2のように x 軸をとると，自由度 $f=1$ より，$q_i = x$ とおくと正準方程式 $(*e)$ と $(*e)'$ は，

$$\frac{dx}{dt} = \frac{\partial H}{\partial p_x} \quad \cdots\cdots①$$

$$\frac{dp_x}{dt} = -\frac{\partial H}{\partial x} \quad \cdots\cdots② \quad\text{となる。}$$

図2　質点の自由落下

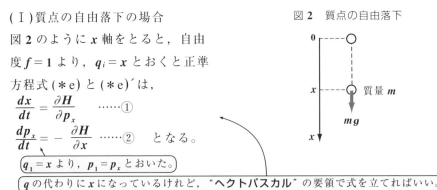

$q_1 = x$ より，$p_1 = p_x$ とおいた。

q の代わりに x になっているけれど，"**ヘクトパスカル**" の要領で式を立てればいい。

まず一般化運動量 p_x とハミルトニアン $\underline{H\,(x,\ p_x)}$ を求めるために, ラグ

> 自由度 $f=1$ なので, H は x と p_x の 2 変数関数になる。

ランジアン $L\,(=T-U)$ を求めると,

$L = \underbrace{\dfrac{1}{2}\,m\dot{x}^2}_{T} - \underbrace{(-mgx)}_{U} = \dfrac{1}{2}\,m\dot{x}^2 + mgx$ だね。よって,

> 本当に運動量が出てきた！

$(*\mathrm{f})$ より, $p_x = \dfrac{\partial L}{\partial \dot{x}} = \dfrac{\partial}{\partial \dot{x}}\left(\dfrac{1}{2}\,m\dot{x}^2 + \underset{\text{定数}}{mgx}\right) = m\dot{x}$ $\qquad \therefore \dot{x} = \dfrac{p_x}{m}$ ……③

（$\dfrac{1}{2}m$ は定数扱い）

$(*\mathrm{g})$ より, $H = p_x\,\underbrace{\dot{x}}_{\frac{p_x}{m}} - \underbrace{L}_{} = \dfrac{p_x{}^2}{m} - \left(\dfrac{p_x{}^2}{2m} + mgx\right)$

> $\dfrac{1}{2}\,m\dot{x}^2 + mgx = \dfrac{p_x{}^2}{2m} + mgx$ （③より）

$\therefore H = H(x,\ p_x) = \dfrac{p_x{}^2}{2m} - mgx$ ……④

> H は x と p_x の関数の形で表す。

（ i ）④を①に代入して,

$\dot{x} = \dfrac{\partial H}{\partial p_x} = \dfrac{\partial}{\partial p_x}\left(\dfrac{p_x{}^2}{2m} - \underset{\text{定数扱い}}{mgx}\right) = \dfrac{p_x}{m}$ となる。

これは③と同じ式になっている。

（ ii ）④を②に代入して,

$\underset{\frac{d}{dt}(m\dot{x})(\text{③より})}{\dot{p}_x} = -\dfrac{\partial H}{\partial x} = -\dfrac{\partial}{\partial x}\left(\underset{\text{定数扱い}}{\dfrac{p_x{}^2}{2m}} - mgx\right) = -(-mg) = mg$

これから, ニュートンの運動方程式：

$m\ddot{x} = mg$ が導けた！ 大丈夫だった？

　初めての例題だったので, 少しとまどった方も多いと思うけれど, "まず L を求めた後, p_x と H を求め, これを正準方程式（ヘクトパスカルの式）に代入する"という流れが分かったはずだ。では, この後の例題でさらに練習していこう。

(Ⅱ) バネの単振動の場合

図 3 に示すように，軸を水平方向にとったとき，バネ定数 k のバネに付けた質量 m のおもりの単振動（調和振動）について，ハミルトンの正準方程式：

$$\begin{cases} \dfrac{dx}{dt} = \dfrac{\partial H}{\partial p_x} & \cdots\cdots\cdots(a) \\ \dfrac{dp_x}{dt} = -\dfrac{\partial H}{\partial x} & \cdots\cdots(b) \end{cases}$$ から，

自由度 $f = 1$

ニュートンの運動方程式：

$$m\ddot{x} = -kx \quad\cdots\cdots(c)$$

を導いてみよう。

まず，ラグランジアン L は

$$L = \underbrace{\frac{1}{2}m\dot{x}^2}_{T} - \underbrace{\frac{1}{2}kx^2}_{U} \cdots\cdots(d) より，$$

一般化運動量 $p_x = \dfrac{\partial L}{\partial \dot{x}} = \dfrac{\partial}{\partial \dot{x}}\left(\dfrac{1}{2}m\dot{x}^2 - \underbrace{\dfrac{1}{2}kx^2}_{定数扱い}\right) = m\dot{x}$

定義式 (*f) を使った。

$$\therefore \dot{x} = \frac{p_x}{m} \quad\cdots\cdots(e)$$

H を x と p_x で表すための準備

(e) より，$L = \dfrac{p_x^2}{2m} - \dfrac{1}{2}kx^2 \cdots\cdots(d)'$ となる。

よって，ハミルトニアン H は，定義式 (*g) より，

$$H = \underbrace{p_x\dot{x}}_{\frac{p_x}{m}} - \underbrace{L}_{\left(\frac{p_x^2}{2m} - \frac{1}{2}kx^2\right)} = \frac{p_x^2}{m} - \left(\frac{p_x^2}{2m} - \frac{1}{2}kx^2\right)$$

$H = T + U$ と，H が全力学的エネルギーになっているね。

$$\therefore H = H(x,\ p_x) = \underbrace{\frac{p_x^2}{2m}}_{T} + \underbrace{\frac{1}{2}kx^2}_{U} \quad\cdots\cdots(f)$$

ハミルトンの正準方程式

$$\begin{cases} \dfrac{dq_i}{dt} = \dfrac{\partial H}{\partial p_i} & \cdots\cdots\cdots\cdots(*e) \\ \dfrac{dp_i}{dt} = -\dfrac{\partial H}{\partial q_i} & \cdots\cdots\cdots(*e)' \\ p_i = \dfrac{\partial L}{\partial \dot{q}_i} & \cdots\cdots\cdots(*f) \\ H = \displaystyle\sum_{i=1}^{f} p_i\dot{q}_i - L & \cdots\cdots(*g) \end{cases}$$

図3 バネにつけたおもりの単振動

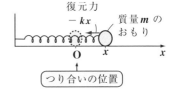

復元力 $-kx$　質量 m のおもり

つり合いの位置

(i) まず，(f) を (a) に代入して，

$$\dot{x} = \frac{\partial}{\partial p_x}\left(\underbrace{\frac{p_x{}^2}{2m} + \frac{1}{2}kx^2}\right) = \frac{p_x}{m} \cdots\cdots (*g) \quad となる。 \quad \boxed{これは (e) と同じ式}$$

定数扱い

(ii) 次に，(f) を (b) に代入して，

$$\underbrace{\dot{p}_x}_{\boxed{\frac{d}{dt}(m\dot{x})}} = -\frac{\partial}{\partial x}\left(\frac{p_x{}^{\cancel{2}}}{2m} + \frac{1}{2}kx^2\right) = -kx \quad となる。これから，$$

定数扱い

ニュートンの運動方程式：$m\ddot{x} = -kx \cdots\cdots$(c) が導けた。少しは慣れた？今回の大きな発見としては，ハミルトニアン H は，T(運動エネルギー)+U(ポテンシャル) となって，全力学的エネルギーであることが分かった。これはハミルトニアン H にある条件は付くのだけど，一般に成り立つことなんだ。よって，

$$\begin{cases} ラグランジアン \ L = T - U \\ ハミルトニアン \ H = T + U \end{cases} \quad と，対比して覚えておいて構わない。$$

また，ハミルトンの正準方程式から，ニュートンの運動方程式を導く際に，本質的な方程式は $\dfrac{dp_i}{dt} = -\dfrac{\partial H}{\partial q_i} \cdots\cdots (*e)'$ の方のみで，$(*e)$ の方程式は，一般化運動量 p_i を求める公式：$p_i = \dfrac{\partial L}{\partial \dot{q}_i}$ と一致することも分かったと思う。では，次に 1 質点の 2 次元運動に話を進めよう。

(III) 質点の放物運動の場合

図 4 に示すような xy 座標系における質量 m の質点の放物運動について，これは自由度 $f = 2$ の運動なので，このハミルトニアン H は次のような 4 変数関数になる。

$$H = H(x, \ y, \ \underset{\boxed{\frac{\partial L}{\partial \dot{x}}}}{p_x}, \ \underset{\boxed{\frac{\partial L}{\partial \dot{y}}}}{p_y})$$

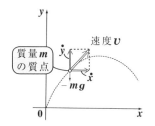

図 4　質点の放物運動

$\boxed{これを一般化座標と一般化運動量で表すと，\\ H = H(q_1, \ q_2, \ p_1, \ p_2) \ ということだね。}$

また，ハミルトンの正準方程式も次のような **2** 組のペアの方程式になる。

$$\begin{cases} \dfrac{dx}{dt} = \dfrac{\partial H}{\partial p_x} & \cdots\cdots① \\[2mm] \dfrac{dp_x}{dt} = -\dfrac{\partial H}{\partial x} & \cdots\cdots①' \end{cases}$$

$$\begin{cases} \dfrac{dy}{dt} = \dfrac{\partial H}{\partial p_y} & \cdots\cdots② \\[2mm] \dfrac{dp_y}{dt} = -\dfrac{\partial H}{\partial y} & \cdots\cdots②' \end{cases}$$

> **ハミルトンの正準方程式**
> $$\begin{cases} \dfrac{dq_i}{dt} = \dfrac{\partial H}{\partial p_i} & \cdots\cdots(*e) \\[2mm] \dfrac{dp_i}{dt} = -\dfrac{\partial H}{\partial q_i} & \cdots\cdots(*e)' \\[2mm] p_i = \dfrac{\partial L}{\partial \dot{q}_i} & \cdots\cdots(*f) \\[2mm] H = \sum\limits_{i=1}^{f} p_i \dot{q}_i - L & \cdots\cdots(*g) \end{cases}$$

そして，この場合のニュートンの運動方程式も次の **2** 式で表される。

$$m\ddot{x} = 0 \quad \cdots\cdots③ \qquad m\ddot{y} = -mg \quad \cdots\cdots③'$$

それでは，①，①´，②，②´から，③と③´を導いてみよう。

まず，この放物運動のラグランジアン $L(=T-U)$ を求めると，

$$L = \underbrace{\frac{1}{2}m(\dot{x}^2+\dot{y}^2)}_{\boxed{T}} - \underbrace{mgy}_{\boxed{U}} \quad \cdots\cdots④ \text{より，}$$

x 軸，y 軸それぞれの一般化運動量 p_x，p_y は，

$$\begin{cases} p_x = \dfrac{\partial L}{\partial \dot{x}} = \dfrac{\partial}{\partial \dot{x}}\left\{\dfrac{1}{2}m(\dot{x}^2+\underbrace{\dot{y}^2}) - \underbrace{mgy}\right\} = m\dot{x} & \cdots\cdots⑤ \\ \qquad\qquad\qquad\qquad\qquad\;\; \text{定数扱い} \\[2mm] p_y = \dfrac{\partial L}{\partial \dot{y}} = \dfrac{\partial}{\partial \dot{y}}\left\{\dfrac{1}{2}m(\underbrace{\dot{x}^2}+\dot{y}^2) - \underbrace{mgy}\right\} = m\dot{y} & \cdots\cdots⑤' \\ \qquad\qquad\qquad\qquad\qquad\;\; \text{定数扱い} \end{cases}$$

⑤，⑤´より，$\dot{x} = \dfrac{p_x}{m}$ $\cdots\cdots⑥$，$\quad \dot{y} = \dfrac{p_y}{m}$ $\cdots\cdots⑥'$

⑥，⑥´を④に代入して，

$$L = \frac{1}{2m}(p_x{}^2 + p_y{}^2) - mgy \quad \cdots\cdots④'$$

以上より，ハミルトニアン $H = H(x,\ y,\ p_x,\ p_y)$ は $(*g)$ の定義より，

> この場合 x は含まれていないけれど，形式上書いておいた。

$$H = p_x \dot{x} + p_y \dot{y} - L = p_x \cdot \frac{p_x}{m} + p_y \cdot \frac{p_y}{m} - \left\{ \frac{1}{2m}(p_x{}^2 + p_y{}^2) - mgy \right\}$$

$\sum\limits_{i=1}^{2} p_i \dot{q}_i = p_1 \dot{q}_1 + p_2 \dot{q}_2$ のこと ($\because f = 2$)

$$\therefore H = \underbrace{\frac{1}{2m}(p_x{}^2 + p_y{}^2)}_{T} + \underbrace{mgy}_{U} \quad \cdots\cdots ⑦ \quad \leftarrow \boxed{\text{これも, } H = T + U \text{ になっている!}}$$

と, ハミルトニアンも求まったので, 後は, これを①, ①´, ②, ②´の正準方程式に代入していくだけだね。

(1)−(ⅰ) ⑦を①に代入して,

$$\dot{x} = \frac{\partial}{\partial p_x}\left\{ \frac{1}{2m}(p_x{}^2 + \underbrace{p_y{}^2}_{}) + \underbrace{mgy}_{} \right\} = \frac{p_x}{m} \quad \text{となって, ⑥と同じだね。}$$

$\boxed{\text{定数扱い}}$

(ⅱ) ⑦を①´に代入して,

$$\underbrace{\dot{p}_x}_{\boxed{\frac{d}{dt}(m\dot{x})}} = - \frac{\partial}{\partial x}\left\{ \frac{1}{2m}(p_x{}^2 + p_y{}^2) + mgy \right\} = 0 \text{ より,}$$

$\boxed{x \text{ から見たら, すべて定数扱い}}$

ニュートンの運動方程式の **1** つ: $m\ddot{x} = 0$ ……③ が導けた!

(2)−(ⅰ) ⑦を②に代入して,

$$\dot{y} = \frac{\partial}{\partial p_y}\left\{ \frac{1}{2m}(\underbrace{p_x{}^2}_{} + p_y{}^2) + \underbrace{mgy}_{} \right\} = \frac{p_y}{m} \quad \text{となって, ⑥´と同じ式だ。}$$

$\boxed{\text{定数扱い}} \quad \boxed{\text{定数扱い}}$

(ⅱ) ⑦を②´に代入して,

$$\underbrace{\dot{p}_y}_{\boxed{\frac{d}{dt}(m\dot{y})}} = - \frac{\partial}{\partial y}\left\{ \frac{1}{2m}(p_x{}^2 + p_y{}^2) + \underbrace{mgy}_{} \right\} = -mg \text{ より,}$$

$\boxed{\text{定数扱い}}$

もう **1** つのニュートンの運動方程式: $m\ddot{y} = -mg$ ……③´が導けた!

2 次元運動なので, 少し複雑になったけれど, ハミルトニアンや正準方程式の形がより明確に分かったと思う。

では次, 極座標系の正準方程式の問題にもチャレンジしてみよう。

● 極座標系での正準方程式にも挑戦しよう！

それでは，極座標における
ハミルトンの正準方程式につい
ても，実際に例題で練習してお
こう。

ここで用いる例題も，前節で
示したものと同じ（Ⅳ）単振り子
運動と（Ⅴ）惑星のだ円軌道の運
動を使うことにする。

（Ⅳ）単振り子の運動の場合

図5に示すように，軽い長さ l の糸に
つけた質量 m のおもり P の単振り子
の運動について考えよう。糸の固定
端 O を極とする極座標を用いると，
おもり P の運動は，$r = l$（定数）と
いう束縛条件より，自由度を1つ減
らして，微小な振れ角 θ のみで表す
ことができる。つまり，この運動の
自由度 $f = 1$ より，ハミルトンの正準
方程式は次の1組のペアで表される。

$$\begin{cases} \dfrac{d\theta}{dt} = \dfrac{\partial H}{\partial p_\theta} & \cdots\cdots(a) \\ \dfrac{dp_\theta}{dt} = -\dfrac{\partial H}{\partial \theta} & \cdots\cdots(b) \end{cases}$$

そして，この場合のニュート
ンの運動方程式は，近似的に，

$$\ddot{\theta} = -\omega^2\theta \quad \cdots\cdots(c) \quad \left(\omega = \sqrt{\dfrac{g}{l}}\right)$$ と表されるんだね。

それでは，正準方程式 (a)，(b) から (c) を導いてみよう。

まず，ラグランジアン L を求めると，

$$L = T - U = \frac{1}{2}ml^2\dot{\theta}^2 - mgl(1 - \cos\theta) \quad \cdots\cdots(d) \quad となる。$$

$$\begin{cases} v_r = \dot{r} \\ v_\theta = r\dot{\theta} \end{cases} \quad \cdots\cdots\cdots(*c)$$

ハミルトンの正準方程式

$$\begin{cases} \dfrac{dq_i}{dt} = \dfrac{\partial H}{\partial p_i} & \cdots\cdots(*e) \\ \dfrac{dp_i}{dt} = -\dfrac{\partial H}{\partial q_i} & \cdots\cdots(*e)' \\ p_i = \dfrac{\partial L}{\partial \dot{q}_i} & \cdots\cdots(*f) \\ H = \displaystyle\sum_{i=1}^{f} p_i\dot{q}_i - L & \cdots\cdots(*g) \end{cases}$$

図5 単振り子の振動運動

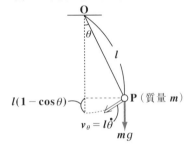

自由度 $f = 1$ より，H は
$q_1 = \theta$，$p_1 = p_\theta = \dfrac{\partial L}{\partial \dot{\theta}}$
とおいて，θ と p_θ の関
数 $H(\theta, p_\theta)$ で表される。

$r = l$（定数）より，
$\dfrac{dr}{dt} = \dfrac{\partial H}{\partial p_r}$ と $\dfrac{dp_r}{dt} = -\dfrac{\partial H}{\partial r}$
は不要だね。

これから，一般化運動量 p_θ とハミルトニアン $H(\theta,\ p_\theta)$ を求めよう。

$$p_\theta = \frac{\partial L}{\partial \dot{\theta}} = \frac{\partial}{\partial \dot{\theta}} \left\{ \frac{1}{2} ml^2 \dot{\theta}^2 - \underbrace{mgl(1-\cos\theta)}_{\boxed{\text{定数扱い}}} \right\} = ml^2 \dot{\theta}$$

よって，$\dot{\theta} = \dfrac{p_\theta}{ml^2}$ ……(e) となる。

よって，$L = \dfrac{p_\theta{}^2}{2ml^2} - mgl(1-\cos\theta)$ ……(d)´

$$H = \underbrace{p_\theta \cdot \dot{\theta}}_{\substack{\sum\limits_{i=1}^{1} p_i \dot{q}_i \\ \boxed{\text{自由度} f = 1}}} - L = p_\theta \cdot \frac{p_\theta}{ml^2} - \left\{ \frac{p_\theta{}^2}{2ml^2} - mgl(1-\cos\theta) \right\}$$

$$\therefore\ H = H(\theta,\ p_\theta) = \underbrace{\frac{p_\theta{}^2}{2ml^2}}_{\boxed{T}} + \underbrace{mgl(1-\cos\theta)}_{\boxed{U}}\ \cdots\cdots\text{(f)}\ \text{となる。}$$

$\boxed{H = T + U \text{ の形になっている。}}$

（ⅰ）(f) を (a) に代入して，

$$\dot{\theta} = \frac{\partial}{\partial p_\theta} \left\{ \frac{p_\theta{}^2}{2ml^2} + \underbrace{mgl(1-\cos\theta)}_{\boxed{\text{定数扱い}}} \right\} = \frac{p_\theta}{ml^2}\ \text{となって，(e) と同じ式だね。}$$

（ⅱ）(f) を (b) に代入して，

$$\underbrace{\dot{p_\theta}}_{\boxed{\frac{d}{dt}(ml^2\dot{\theta})}} = -\frac{\partial}{\partial \theta} \left\{ \underbrace{\frac{p_\theta{}^2}{2ml^2}}_{\boxed{\text{定数扱い}}} + mgl(1-\cos\theta) \right\} = -mgl\sin\theta \quad \text{より，}$$

$$ml^2\ddot{\theta} = -mgl\underbrace{\sin\theta}_{\boxed{\theta\,(\theta \fallingdotseq 0)}}$$

ここで $\theta \fallingdotseq 0$ より，$\sin\theta \fallingdotseq \theta$ と近似できるので，

$l\ddot{\theta} = -g\theta$ より，ニュートンの運動方程式：

$$\ddot{\theta} = -\omega^2 \theta\ \cdots\cdots\text{(c)}\quad \left(\omega = \sqrt{\frac{g}{l}} \right)\ \text{が導けた！大丈夫だった？}$$

それでは，ハミルトンの正準方程式を惑星の運動についても応用してみよう。

(Ⅴ) 惑星の運動の場合

図6に示すように，万有引力 $f_r\left(=-\dfrac{\partial U}{\partial r}\right)$ によって，質量 m の惑星 P が質量 M の太陽 O の周りをだ円軌道を描いて運動する場合，P は太陽 O を極とする極座標で P(r, θ) と表すことができるんだね。

このとき，r（動径）方向と θ（接線）方向のニュートンの運動方程式が，

$$\begin{cases} m(\ddot{r}-r\dot{\theta}^2)=-\dfrac{GMm}{r^2} & \cdots\cdots① \\ m(2\dot{r}\dot{\theta}+r\ddot{\theta})=0 & \cdots\cdots\cdots② \end{cases}$$

$U=-\dfrac{GMm}{r}$ より，①の右辺は，

$-\dfrac{\partial U}{\partial r}=-\dfrac{GMm}{r^2}$ となるんだね。

となるのも，P24 で示した通りだ。
この場合，r と θ の2方向の運動を考えるため，自由度 $f=2$ だね。
よって，ハミルトンの正準方程式は，

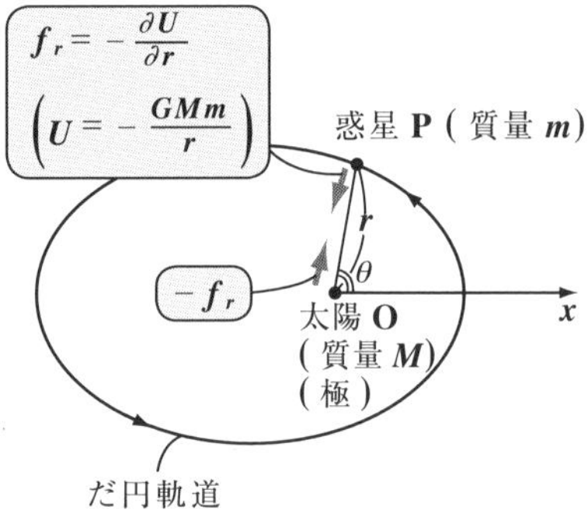

$$(1)\begin{cases} \dfrac{dr}{dt}=\dfrac{\partial H}{\partial p_r} & \cdots\cdots\cdots③ \\ \dfrac{dp_r}{dt}=-\dfrac{\partial H}{\partial r} & \cdots\cdots\cdots③' \end{cases}$$

$\left(p_r=\dfrac{\partial L}{\partial \dot{r}},\quad H=p_r\cdot\dot{r}+p_\theta\cdot\dot{\theta}-L\right)$

$q_1=r,\ q_2=\theta,\ p_1=p_r,\ p_2=p_\theta$ と考えたらいいんだね。

$$(2)\begin{cases} \dfrac{d\theta}{dt}=\dfrac{\partial H}{\partial p_\theta} & \cdots\cdots\cdots④ \\ \dfrac{dp_\theta}{dt}=-\dfrac{\partial H}{\partial \theta} & \cdots\cdots④' \end{cases}$$

$\left(p_\theta=\dfrac{\partial L}{\partial \dot{\theta}},\quad H=p_r\cdot\dot{r}+p_\theta\cdot\dot{\theta}-L\right)$

となるのも，大丈夫だね。それでは，正準方程式③〜④′から，ニュートンの運動方程式①，②を導いてみよう。

$$\begin{cases} v_r=\dot{r} \\ v_\theta=r\dot{\theta} \end{cases}\cdots\cdots\cdots(*c)$$

$$\begin{cases} a_r=\ddot{r}-r\dot{\theta}^2 \\ a_\theta=2\dot{r}\dot{\theta}+r\ddot{\theta} \end{cases}\cdots(*d)$$

ハミルトンの正準方程式

$$\begin{cases} \dfrac{dq_i}{dt}=\dfrac{\partial H}{\partial p_i} & \cdots\cdots\cdots(*e) \\ \dfrac{dp_i}{dt}=-\dfrac{\partial H}{\partial q_i} & \cdots\cdots(*e)' \end{cases}$$

$$\begin{cases} p_i=\dfrac{\partial L}{\partial \dot{q}_i} & \cdots\cdots\cdots(*f) \\ H=\displaystyle\sum_{i=1}^{f} p_i\dot{q}_i-L & \cdots\cdots(*g) \end{cases}$$

図6 惑星の運動

$f_r=-\dfrac{\partial U}{\partial r}$

$\left(U=-\dfrac{GMm}{r}\right)$

惑星 P（質量 m）

$-f_r$

太陽 O（質量 M）（極）

x

だ円軌道

まず，ラグランジアン L は，

$$L = T - U = \frac{1}{2}m(\underset{(\dot{r}^2)}{v_r{}^2} + \underset{(r^2\dot{\theta}^2)}{v_\theta{}^2}) - \left(-\frac{GMm}{r}\right) \quad \text{より，}$$

$$L = \frac{1}{2}m(\dot{r}^2 + r^2\dot{\theta}^2) + \frac{GMm}{r} \quad \cdots\cdots ⑤ \quad \text{だね。}$$

次に，一般化運動量 p_r と p_θ も定義通りに求めると，

$$p_r = \frac{\partial L}{\partial \dot{r}} = \frac{\partial}{\partial \dot{r}}\left\{\frac{1}{2}m(\dot{r}^2 + \underset{\boxed{\text{定数扱い}}}{r^2\dot{\theta}^2}) + \frac{GMm}{r}\right\} = m\dot{r} \qquad \therefore \dot{r} = \frac{p_r}{m} \cdots\cdots ⑥$$

$$p_\theta = \frac{\partial L}{\partial \dot{\theta}} = \frac{\partial}{\partial \dot{\theta}}\left\{\frac{1}{2}m(\underset{\boxed{\text{定数扱い}}}{\dot{r}^2} + r^2\dot{\theta}^2) + \underset{\boxed{\text{定数扱い}}}{\frac{GMm}{r}}\right\} = mr^2\dot{\theta} \qquad \therefore \dot{\theta} = \frac{p_\theta}{mr^2} \cdots\cdots ⑦$$

以上⑥，⑦を⑤に代入して，

$$L = \frac{1}{2m}\left(p_r{}^2 + \frac{p_\theta{}^2}{r^2}\right) + \frac{GMm}{r} \quad \cdots\cdots ⑤' \text{となる。}$$

よって，求めるハミルトニアン $H = H(r, \theta, p_r, p_\theta)$ は，

$$H = p_r \cdot \underset{\boxed{\frac{p_r}{m}（⑥より）}}{\dot{r}} + p_\theta \cdot \underset{\boxed{\frac{p_\theta}{mr^2}（⑦より）}}{\dot{\theta}} - L = \frac{1}{m}\left(p_r{}^2 + \frac{p_\theta{}^2}{r^2}\right) - \left\{\frac{1}{2m}\left(p_r{}^2 + \frac{p_\theta{}^2}{r^2}\right) + \frac{GMm}{r}\right\}$$

$\underset{\boxed{\sum_{i=1}^{2}p_i\dot{q}_i = p_1\dot{q}_1 + p_2\dot{q}_2 \text{のこと}}}{}$ $\boxed{\text{自由度}f=2}$ $\boxed{L}$ $\boxed{⑤'\text{より}}$

$$H = \frac{1}{2m}\left(p_r{}^2 + \frac{p_\theta{}^2}{r^2}\right) - \frac{GMm}{r} \quad \cdots\cdots ⑧ \quad \text{となる。} \boxed{H = T + U \text{の形だね。}}$$

$\boxed{\text{今回，} H \text{は} \theta \text{の関数ではなく，} H = H(r, p_r, p_\theta) \text{なんだね。}}$

後は，⑧を③～④′に代入すれば，ニュートンの運動方程式が導かれるはずだ。早速やってみよう。

(1) – (i) ⑧を③に代入して，

$$\dot{r} = \frac{\partial}{\partial p_r}\left\{ \frac{1}{2m}\left(p_r{}^2 + \underbrace{\frac{p_\theta{}^2}{r^2}}_{\text{定数扱い}} \right) - \underbrace{\frac{GMm}{r}}_{\text{定数扱い}} \right\}$$

$\dot{r} = \dfrac{p_r}{m}$　となって，⑥と等しい。

(ii) ⑧を③´に代入して，

$$\underbrace{\dot{p_r}}_{\substack{\frac{d}{dt}(m\dot{r})(\text{⑥より})}} = -\frac{\partial}{\partial r}\left\{ \frac{1}{2m}\left(p_r{}^2 + \frac{p_\theta{}^2}{r^2} \right) - \underbrace{\frac{GMm}{r}}_{\text{定数扱い}} \right\}$$

$$m\ddot{r} = -\frac{-2}{2m}\cdot \underbrace{\frac{p_\theta{}^2}{r^3}}_{m^2 r^4 \dot{\theta}^2} + (-1)\cdot \frac{GMm}{r^2} \quad \text{より，}\quad m\ddot{r} = mr\dot{\theta}^2 - \frac{GMm}{r^2}$$

$$\therefore m(\ddot{r} - r\dot{\theta}^2) = -\frac{GMm}{r^2} \quad\cdots\cdots ① が導けた。$$

(2) – (i) ⑧を④に代入して，

$$\dot{\theta} = \frac{\partial}{\partial p_\theta}\left\{ \frac{1}{2m}\left(\underbrace{p_r{}^2}_{\text{定数扱い}} + \frac{p_\theta{}^2}{r^2} \right) - \underbrace{\frac{GMm}{r}}_{\text{定数扱い}} \right\} = \frac{1}{2m}\cdot \frac{2p_\theta}{r^2}$$

よって，　$\dot{\theta} = \dfrac{p_\theta}{mr^2}$　となって，⑦と同じだね。

(ii) ⑧を④´に代入して，

$$\underbrace{\dot{p_\theta}}_{\frac{d}{dt}(mr^2\dot{\theta})(\text{⑦より})} = -\frac{\partial}{\partial\theta}\left\{ \underbrace{\frac{1}{2m}\left(p_r{}^2 + \frac{p_\theta{}^2}{r^2} \right) - \frac{GMm}{r}}_{\text{定数扱い}} \right\} = 0$$

$m(2r\dot{r}\dot{\theta} + r^2\ddot{\theta}) = 0$　より，両辺を $r(>0)$ で割って，

$m(2\dot{r}\dot{\theta} + r\ddot{\theta}) = 0$　……②　も導けた。

$$\begin{cases} m(\ddot{r} - r\dot{\theta}^2) = -\dfrac{GMm}{r^2} & \cdots\cdots① \\[2mm] m(2\dot{r}\dot{\theta} + r\ddot{\theta}) = 0 & \cdots\cdots② \end{cases}$$

$$\text{(1)}\ \dot{r} = \frac{\partial H}{\partial p_r}\ \cdots③ \quad \dot{p_r} = -\frac{\partial H}{\partial r}\ \cdots③´$$

$$\text{(2)}\ \dot{\theta} = \frac{\partial H}{\partial p_\theta}\ \cdots④ \quad \dot{p_\theta} = -\frac{\partial H}{\partial \theta}\ \cdots④´$$

$$\dot{r} = \frac{p_r}{m}\ \cdots\cdots⑥ \quad \dot{\theta} = \frac{p_\theta}{mr^2}\ \cdots\cdots⑦$$

$$H = \frac{1}{2m}\left(p_r{}^2 + \frac{p_\theta{}^2}{r^2} \right) - \frac{GMm}{r}\ \cdots\cdots⑧$$

　以上で，ラグランジュの運動方程式とハミルトンの正準方程式の練習は終了です。以上の計算練習により，ラグランジュ方程式とハミルトンの正準

方程式が，ニュートンの運動方程式と等価であることが分かったと思う。ハミルトンの正準方程式の内，$\dot{q}_i = \dfrac{\partial H}{\partial p_i}$ ……($*$e)の方は，一般化運動量の定義式 $p_i = \dfrac{\partial L}{\partial \dot{q}_i}$ と同じ式になって，ニュートンの運動方程式はもっぱら $\dot{p}_i = -\dfrac{\partial H}{\partial q_i}$ ……($*$e)´からのみ導かれたんだね。これから，($*$e)は不要だと思われるかも知れないけれど，正準方程式は，この2つの方程式がペア，もっと言うならば，2つの変数 q_i と p_i のペアが重要な役割を演じることになるので，覚えておいてほしい。

　プロローグなので，理論的な解説や証明は一切行わず，ひたすらラグランジュ方程式と正準方程式の計算練習を行った訳だけれど，これによって，一般化座標や一般化運動量，それにラグランジアン L やハミルトニアン H についても違和感なく取り組めるようになったと思う。

　では次，解析力学ではかなりのレベルの応用数学が使われることになるので，このプロローグでもその基礎となる数学（全微分と偏微分の応用，座標軸の回転，オイラー角）について解説しておこうと思う。

§4. 基礎数学のプロローグ

それでは，"プロローグ"の最後のテーマとして，解析力学でよく用いられる数学の基礎知識について解説しておこう。

まず，解析力学で扱う関数はすべて多変数関数を前提としているので，多変数関数の**全微分**と**偏微分**の関係について教えよう。さらに多変数関数の時間微分とその応用についても解説するつもりだ。

前に，2次元の直交座標系の回転については，単振り子の解説のところ **(P19)** でも簡単に解説したが，ここではさらに本格的な3次元の直交座標の回転についても詳しく教えよう。一般に原点 0 を共有する角度のずれた2つの直交座標を一致させるための手法として，"**オイラー角**"と呼ばれるものがある。このオイラー角については，これまでの解説書では1つの3次元座標系を「まず z 軸の周りに角 α だけ回転し，次に y 軸の周りに角 β だけ回転し，最後にまた z 軸の周りに角 γ だけ回転する」ことにより，もう1つの3次元座標系に移すことができると解説しているものが多い。しかし，どのように角 α, β, γ を取ればよいのかについては何も書かれていないため，"**オイラー角**"のイメージをよく理解できていない方がほとんどだったと思う。ここでは，数学者オイラーがどのように考えたのか？その原点に戻って，角 α, β, γ を具体的にどのように取れば，一方から他方の3次元直交座標系に移るのかを詳しく教えよう。そして，この考え方が，球座標における"**ラグランジュの運動方程式**"を理解する上でも重要な鍵となることも覚えておいてくれ。

● 全微分と偏微分の関係を押さえよう！

まず，2変数関数 $f(x, y)$ と3変数関数 $f(x, y, z)$ の全微分 df が偏微分 $\frac{\partial f}{\partial x}$ や $\frac{\partial f}{\partial y}$ などを使って，次のように定義されるのは大丈夫だね。

> 全微分の定義について御存知ない方は「**微分積分キャンパス・ゼミ**」で勉強されることを勧めます。

全微分の定義

(1) 2 変数関数 $f(x, y)$ が全微分可能なとき，その全微分 df は次式で定義される。

$$df = \frac{\partial f}{\partial x} dx + \frac{\partial f}{\partial y} dy \cdots\cdots (*h)$$

(2) 3 変数関数 $f(x, y, z)$ が全微分可能なとき，その全微分 df は次式で定義される。

$$df = \frac{\partial f}{\partial x} dx + \frac{\partial f}{\partial y} dy + \frac{\partial f}{\partial z} dz \cdots\cdots (*h)'$$

ここで，図1に示すように，xy 座標を極座標で表すと，x, y はそれぞれ r と θ の2変数関数として次のように表される。

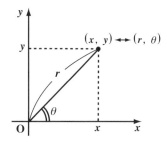

図1 xy 座標 ⟷ 極座標

$$\begin{cases} x = x(r, \theta) = r\cos\theta \cdots\cdots ① \\ y = y(r, \theta) = r\sin\theta \cdots\cdots ② \end{cases}$$

よって，x と y それぞれの全微分 dx, dy が次のように計算できる。

$$dx = \underbrace{\frac{\partial x}{\partial r}}\cdot dr + \underbrace{\frac{\partial x}{\partial \theta}}\cdot d\theta = \cos\theta \cdot dr - r\sin\theta \cdot d\theta \cdots\cdots ③$$

$$\boxed{\frac{\partial}{\partial r}(r\cos\theta) = \cos\theta} \quad \boxed{\frac{\partial}{\partial \theta}(r\cos\theta) = -r\sin\theta}$$
定数扱い 　　　　　定数扱い

$$dy = \underbrace{\frac{\partial y}{\partial r}}\cdot dr + \underbrace{\frac{\partial y}{\partial \theta}}\cdot d\theta = \sin\theta \cdot dr + r\cos\theta \cdot d\theta \cdots\cdots ④$$

$$\boxed{\frac{\partial}{\partial r}(r\sin\theta) = \sin\theta} \quad \boxed{\frac{\partial}{\partial \theta}(r\sin\theta) = r\cos\theta}$$
定数扱い 　　　　定数扱い

よって，x と y の時間微分は，形式的に，③と④のそれぞれの両辺を dt で割った形になるので，

$$\begin{cases} \dot{x} = \dfrac{dx}{dt} = \cos\theta \cdot \dfrac{dr}{dt} - r\sin\theta \cdot \dfrac{d\theta}{dt} = \dot{r}\cos\theta - r\dot{\theta}\sin\theta \cdots\cdots ③' \\ \dot{y} = \dfrac{dy}{dt} = \sin\theta \cdot \dfrac{dr}{dt} + r\cos\theta \cdot \dfrac{d\theta}{dt} = \dot{r}\sin\theta + r\dot{\theta}\cos\theta \cdots\cdots ④' \end{cases}$$ となって，

P20で計算した結果と一致するんだね。
ここで、③´、④´より、r、θ と、$\dot{r}$、$\dot{\theta}$ も独立な変数と考えるので、x、y は、

$$\dot{x}=(\cos\theta)\cdot\dot{r}-(r\sin\theta)\cdot\dot{\theta}\ \cdots\cdots③´$$
$$\dot{y}=(\sin\theta)\cdot\dot{r}+(r\cos\theta)\cdot\dot{\theta}\ \cdots\cdots④´$$

$x(r,\ \theta)$、$y(r,\ \theta)$ の **2** 変数関数だけれど、その時間微分 $\dot{x}$、$\dot{y}$ は、$\dot{x}(r,\ \theta,\ \dot{r},\ \dot{\theta})$、$\dot{y}(r,\ \theta,\ \dot{r},\ \dot{\theta})$ と **4** 変数関数になる。ここで、異なる独立変数同士の偏微分は当然すべて **0**、つまり、

$$\frac{\partial\dot{r}}{\partial r}=\frac{\partial\theta}{\partial r}=\frac{\partial\dot{\theta}}{\partial r}=0,\quad \frac{\partial r}{\partial\theta}=\frac{\partial\dot{r}}{\partial\theta}=\frac{\partial\dot{\theta}}{\partial\theta}=0,\quad \frac{\partial r}{\partial\dot{r}}=\frac{\partial\theta}{\partial\dot{r}}=\frac{\partial\dot{\theta}}{\partial\dot{r}}=0$$

$$\frac{\partial r}{\partial\dot{\theta}}=\frac{\partial\dot{r}}{\partial\dot{\theta}}=\frac{\partial\theta}{\partial\dot{\theta}}=0 \qquad となる。$$

そして、同じ独立変数同士の偏微分は当然 **1**、つまり

$$\frac{\partial r}{\partial r}=\frac{\partial\theta}{\partial\theta}=\frac{\partial\dot{r}}{\partial\dot{r}}=\frac{\partial\dot{\theta}}{\partial\dot{\theta}}=1 \quad となるのも大丈夫だね。$$

よって、③´より、$\dot{x}$ を $\dot{r}$、$\dot{\theta}$ でそれぞれ偏微分すると、

$$\frac{\partial\dot{x}}{\partial\dot{r}}=\frac{\partial}{\partial\dot{r}}\left\{\underbrace{(\cos\theta)\dot{r}}_{定数扱い}-\underbrace{(r\sin\theta)\cdot\dot{\theta}}_{定数扱い}\right\}=\cos\theta\cdot\underbrace{\frac{\partial\dot{r}}{\partial\dot{r}}}_{①}=\cos\theta$$

これは $\frac{\partial x}{\partial r}$ と等しい。$\left(\because x=r\cos\theta\right)$

$$\frac{\partial\dot{x}}{\partial\dot{\theta}}=\frac{\partial}{\partial\dot{\theta}}\left\{\underbrace{(\cos\theta)\dot{r}}_{定数扱い}-\underbrace{(r\sin\theta)\dot{\theta}}_{定数扱い}\right\}=-r\sin\theta\cdot\underbrace{\frac{\partial\dot{\theta}}{\partial\dot{\theta}}}_{①}=-r\sin\theta$$

これは $\frac{\partial x}{\partial\theta}$ と等しい。$\left(\because x=r\cos\theta\right)$

となる。また、④´より、$\dot{y}$ を $\dot{r}$、$\dot{\theta}$ でそれぞれ偏微分すると、

$$\frac{\partial\dot{y}}{\partial\dot{r}}=\frac{\partial}{\partial\dot{r}}\left\{\underbrace{(\sin\theta)\dot{r}}_{定数扱い}+\underbrace{(r\cos\theta)\cdot\dot{\theta}}_{定数扱い}\right\}=\sin\theta\cdot\underbrace{\frac{\partial\dot{r}}{\partial\dot{r}}}_{①}=\sin\theta$$

これは $\frac{\partial y}{\partial r}$ と等しい。$\left(\because y=r\sin\theta\right)$

$$\frac{\partial\dot{y}}{\partial\dot{\theta}}=\frac{\partial}{\partial\dot{\theta}}\left\{\underbrace{(\sin\theta)\dot{r}}_{定数扱い}+\underbrace{(r\cos\theta)\cdot\dot{\theta}}_{定数扱い}\right\}=r\cos\theta\cdot\underbrace{\frac{\partial\dot{\theta}}{\partial\dot{\theta}}}_{①}=r\cos\theta$$

これは $\frac{\partial y}{\partial\theta}$ と等しい。$\left(\because y=r\sin\theta\right)$

となる。

以上より、$\dfrac{\partial\dot{x}}{\partial\dot{r}}=\dfrac{\partial x}{\partial r}$、$\dfrac{\partial\dot{x}}{\partial\dot{\theta}}=\dfrac{\partial x}{\partial\theta}$、$\dfrac{\partial\dot{y}}{\partial\dot{r}}=\dfrac{\partial y}{\partial r}$、$\dfrac{\partial\dot{y}}{\partial\dot{\theta}}=\dfrac{\partial y}{\partial\theta}$ が成り立つことも分かったと思う。

それでは次，球座標についても次の例題で練習しておこう。

例題1　右図に示すように xyz

直交座標上の点 $\mathbf{P}(x,\ y,\ z)$ は
球座標 $\mathbf{P}(r,\ \theta,\ \varphi)$ で表され，
$x,\ y,\ z$ はそれぞれ次のように
$r,\ \theta,\ \varphi$ の **3** 変数関数として表
される。

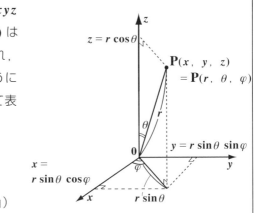

$$\begin{cases} x = r\sin\theta\,\cos\varphi & \cdots\cdots\text{(a)} \\ y = r\sin\theta\,\sin\varphi & \cdots\cdots\text{(b)} \\ z = r\cos\theta & \cdots\cdots\cdots\text{(c)} \end{cases}$$

（θ：天頂角，φ：方位角）

このとき，全微分 $dx,\ dy,\ dz$ を求めてみよう。さらに，x の時間微
分 $\dot{x}$ を求め，$\dfrac{\partial \dot{x}}{\partial \dot{r}} = \dfrac{\partial x}{\partial r},\ \dfrac{\partial \dot{x}}{\partial \dot{\theta}} = \dfrac{\partial x}{\partial \theta},\ \dfrac{\partial \dot{x}}{\partial \dot{\varphi}} = \dfrac{\partial x}{\partial \varphi}$ が成り立つことも確
認してみよう。

(a) より，x の全微分 dx は，

$$dx = \frac{\partial x}{\partial r}dr + \frac{\partial x}{\partial \theta}d\theta + \frac{\partial x}{\partial \varphi}d\varphi$$

$$= \underbrace{\frac{\partial}{\partial r}(r\sin\theta\,\cos\varphi)}_{\boxed{\text{定数扱い}}}dr + \underbrace{\frac{\partial}{\partial \theta}(r\sin\theta\,\cos\varphi)}_{\boxed{\text{定数扱い}}}d\theta + \underbrace{\frac{\partial}{\partial \varphi}(r\sin\theta\,\cos\varphi)}_{\boxed{\text{定数扱い}}}d\varphi$$

$$= \sin\theta\cos\varphi \cdot dr + r\cos\theta\,\cos\varphi \cdot d\theta - r\sin\theta\,\sin\varphi \cdot d\varphi \quad \cdots\cdots\text{(d)} \quad となる。$$

同様に，(b)，(c) より，y と z の全微分 dy と dz も

$$dy = \frac{\partial y}{\partial r}dr + \frac{\partial y}{\partial \theta}d\theta + \frac{\partial y}{\partial \varphi}d\varphi$$

$$= \sin\theta\,\sin\varphi \cdot dr + r\cos\theta\,\sin\varphi \cdot d\theta + r\sin\theta\,\cos\varphi \cdot d\varphi$$

$$dz = \frac{\partial z}{\partial r}dr + \frac{\partial z}{\partial \theta}d\theta + \frac{\partial z}{\partial \varphi}d\varphi$$

z は φ の関数ではないので，$\dfrac{\partial z}{\partial \varphi} = 0$ となる。

$$= \cos\theta \cdot dr - r\sin\theta \cdot d\theta$$

となるんだね。

次，x の時間微分 $\dot{x}$ は，形式的には
(d) の両辺を dt で割ったものなので，

$$\boxed{\begin{aligned}dx &= \sin\theta\cdot\cos\varphi\cdot dr + r\cos\theta\cos\varphi\cdot d\theta\\ &\quad - r\sin\theta\sin\varphi\cdot d\varphi \quad\cdots\cdots\text{(d)}\end{aligned}}$$

$$\dot{x} = \frac{dx}{dt} = (\sin\theta\cos\varphi)\cdot\dot{r} + (r\cos\theta\cos\varphi)\dot{\theta}$$
$$- (r\sin\theta\sin\varphi)\dot{\varphi}\quad\cdots\cdots\text{(e)}\ \text{となるのもいいね。ここで，}$$

$$\boxed{\dot{x}\ \text{は，}\ r,\ \theta,\ \varphi,\ \dot{r},\ \dot{\theta},\ \dot{\varphi}\ \text{の 6 変数関数}\ \dot{x}(r,\ \theta,\ \varphi,\ \dot{r},\ \dot{\theta},\ \dot{\varphi})\ \text{になっている。}}$$

6 変数関数 $\dot{x}(r,\ \theta,\ \varphi,\ \dot{r},\ \dot{\theta},\ \dot{\varphi})$ をそれぞれ $\dot{r}$，$\dot{\theta}$，$\dot{\varphi}$ で偏微分すると，
(e) より，

$$\frac{\partial\dot{x}}{\partial\dot{r}} = \frac{\partial}{\partial\dot{r}}\left\{\underbrace{(\sin\theta\cos\varphi)\dot{r}}_{} + \underbrace{(r\cos\theta\cos\varphi)\dot{\theta}}_{\text{定数扱い}} - \underbrace{(r\sin\theta\sin\varphi)\dot{\varphi}}_{}\right\}$$
定数扱い   定数扱い

$$= \sin\theta\cos\varphi\left(= \frac{\partial x}{\partial r}\right)\quad\text{となる。}$$

$$\boxed{x = r\sin\theta\cos\varphi\ \text{より，これは，}\ \frac{\partial x}{\partial r}\ \text{と等しい。}}$$

$$\frac{\partial\dot{x}}{\partial\dot{\theta}} = \frac{\partial}{\partial\dot{\theta}}\left\{\underbrace{(\sin\theta\cos\varphi)\dot{r}}_{\text{定数扱い}} + \underbrace{(r\cos\theta\cos\varphi)\dot{\theta}}_{} - \underbrace{(r\sin\theta\sin\varphi)\dot{\varphi}}_{\text{定数扱い}}\right\}$$
定数扱い   定数扱い   定数扱い

$$= r\cos\theta\cos\varphi\left(= \frac{\partial x}{\partial\theta}\right)\quad\text{となる。}$$

$$\frac{\partial\dot{x}}{\partial\dot{\varphi}} = \frac{\partial}{\partial\dot{\varphi}}\left\{\underbrace{(\sin\theta\cos\varphi)\dot{r}}_{\text{定数扱い}} + \underbrace{(r\cos\theta\cos\varphi)\dot{\theta}}_{\text{定数扱い}} - (r\sin\theta\sin\varphi)\dot{\varphi}\right\}$$
定数扱い   定数扱い

$$= -r\sin\theta\sin\varphi\left(= \frac{\partial x}{\partial\varphi}\right)\quad\text{となるのもいいね。}$$

以上より，$\dfrac{\partial\dot{x}}{\partial\dot{r}} = \dfrac{\partial x}{\partial r}$，$\dfrac{\partial\dot{x}}{\partial\dot{\theta}} = \dfrac{\partial x}{\partial\theta}$，$\dfrac{\partial\dot{x}}{\partial\dot{\varphi}} = \dfrac{\partial x}{\partial\varphi}$ が成り立つことが分かった
んだね。同様に，

$$\frac{\partial\dot{y}}{\partial\dot{r}} = \frac{\partial y}{\partial r},\ \frac{\partial\dot{y}}{\partial\dot{\theta}} = \frac{\partial y}{\partial\theta},\ \frac{\partial\dot{y}}{\partial\dot{\varphi}} = \frac{\partial y}{\partial\varphi}\quad\text{も}\quad \frac{\partial\dot{z}}{\partial\dot{r}} = \frac{\partial z}{\partial r},\ \frac{\partial\dot{z}}{\partial\dot{\theta}} = \frac{\partial z}{\partial\theta},\ \frac{\partial\dot{z}}{\partial\dot{\varphi}} = \frac{\partial z}{\partial\varphi}$$

も成り立つ。これらについても，ご自分で実際に計算して確認されるとい
い。それでは，以上のことをより一般化して，公式として次に示そう。

全微分と時間微分の応用

f 個の独立変数 q_1, q_2, $\cdots$, q_f の関数 $x(q_1, q_2, \cdots, q_f)$ が全微分可能であるとき，その全微分 dx は次式で表される。

$$dx = \sum_{k=1}^{f} \frac{\partial x}{\partial q_k} dq_k$$

$$= \frac{\partial x}{\partial q_1} dq_1 + \frac{\partial x}{\partial q_2} dq_2 + \cdots + \frac{\partial x}{\partial q_i} dq_i + \cdots + \frac{\partial x}{\partial q_f} dq_f \quad \cdots\cdots(*\mathrm{i})$$

よって，x の時間微分 $\dot{x}$ は次のように表される。

$$\dot{x} = \frac{dx}{dt} = \sum_{k=1}^{f} \frac{\partial x}{\partial q_k} \dot{q}_k$$

$$= \frac{\partial x}{\partial q_1} \dot{q}_1 + \frac{\partial x}{\partial q_2} \dot{q}_2 + \cdots + \frac{\partial x}{\partial q_i} \dot{q}_i + \cdots + \frac{\partial x}{\partial q_f} \dot{q}_f \quad \cdots\cdots\cdots\cdots(*\mathrm{j})$$

したがって，$\dot{x}$ の $\dot{q}_i (i = 1, 2, \cdots, f)$ による偏微分は次式で表せる。

$$\frac{\partial \dot{x}}{\partial \dot{q}_i} = \frac{\partial x}{\partial q_i} \quad (i = 1, 2, \cdots, f) \quad \cdots\cdots\cdots\cdots\cdots\cdots\cdots(*\mathrm{k})$$

自由度 f を意識して，f 個の独立変数の関数 $x(q_1, q_2, \cdots, q_f)$ の全微分 dx の公式を $(*\mathrm{i})$ に示した。この $(*\mathrm{i})$ と x の時間微分 $\dot{x}$ の公式 $(*\mathrm{j})$ については特に問題ないと思う。独立変数の個数が増えても公式の形に変化はないからね。

最後の公式 $(*\mathrm{k})$ については，$(*\mathrm{j})$ から導ける。$(*\mathrm{j})$ の右辺の各項の $\dfrac{\partial x}{\partial q_1}$, $\dfrac{\partial x}{\partial q_2}$, $\cdots\cdots$, $\dfrac{\partial x}{\partial q_f}$ がすべて，q_1, q_2, $\cdots\cdots$, q_f の関数になるため，

これは，例題 1 で，$\dfrac{\partial x}{\partial r}$, $\dfrac{\partial x}{\partial \theta}$, $\dfrac{\partial x}{\partial \varphi}$ がすべて r, θ, φ の関数であることを思い出してくれたらいい。これを一般化しただけだからね。

$(*\mathrm{j})$ の右辺は，$\dot{q}_i (i = 1, 2, \cdots, f)$ の 1 次式になるんだね。よって，$(*\mathrm{j})$ の両辺を $\dot{q}_i$ で偏微分すると，

これのみが残る（q_1, q_2, $\cdots$, q_f の関数）

$$\frac{\partial \dot{x}}{\partial \dot{q}_i} = \frac{\partial x}{\partial q_1} \cdot \underbrace{\frac{\partial \dot{q}_1}{\partial \dot{q}_i}}_{\boxed{0}} + \frac{\partial x}{\partial q_2} \cdot \underbrace{\frac{\partial \dot{q}_2}{\partial \dot{q}_i}}_{\boxed{0}} + \cdots + \frac{\partial x}{\partial q_i} \cdot \underbrace{\frac{\partial \dot{q}_i}{\partial \dot{q}_i}}_{\boxed{1}} + \cdots + \frac{\partial x}{\partial q_f} \cdot \underbrace{\frac{\partial \dot{q}_f}{\partial \dot{q}_i}}_{\boxed{0}} = \frac{\partial x}{\partial q_i}$$

となって，公式 $(*\mathrm{k})$ が導けるんだね。納得いった？

● まず *xy* 座標系の回転から始めよう！

では次，座標系の回転について解説することにしよう。3 次元空間座標系の回転の解説に入る前段階として，平面座標系の回転について考えてみよう。図 1 に示すように，*xy* 座標上の点 P(*x*, *y*) を原点の周りに θ だけ反時計回り（⊕の向き）に回転させた点を P´(*x´*, *y´*) とおくと，

図 1 点の回転移動

$$\begin{bmatrix} x´ \\ y´ \end{bmatrix} = \underbrace{\begin{bmatrix} \cos\theta & -\sin\theta \\ \sin\theta & \cos\theta \end{bmatrix}}_{\boxed{\text{回転の行列 } R(\theta)}} \begin{bmatrix} x \\ y \end{bmatrix} \quad \cdots\cdots ①$$

が成り立つのは大丈夫だね。

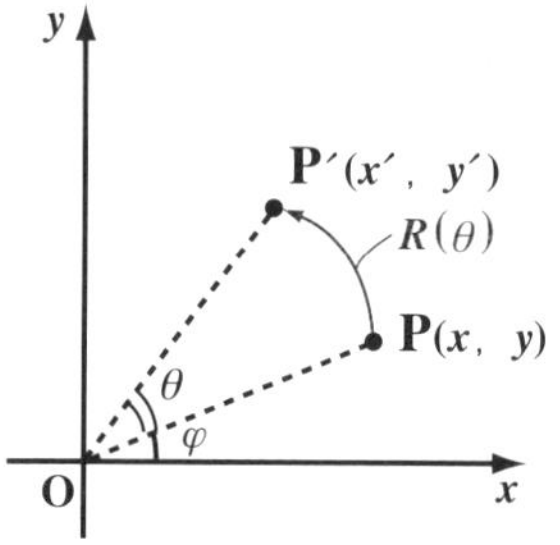

OP = OP´ = *r*, ∠POx = φ とおくと，*x* = *r*cosφ, *y* = *r*sinφ であり，

$x´ = r\cos(\varphi + \theta) = r(\cos\varphi\cos\theta - \sin\varphi\sin\theta)$ ◀ 右上に ⊖ が付く

$y´ = r\sin(\varphi + \theta) = r(\sin\varphi\cos\theta + \cos\varphi\sin\theta)$ より，これをまとめて，

$$\begin{bmatrix} x´ \\ y´ \end{bmatrix} = \begin{bmatrix} \overset{x}{\boxed{r\cos\varphi}}\cos\theta - \overset{y}{\boxed{r\sin\varphi}}\sin\theta \\ \underset{x}{\boxed{r\cos\varphi}}\sin\theta + \underset{y}{\boxed{r\sin\varphi}}\cos\theta \end{bmatrix} = \begin{bmatrix} \cos\theta & -\sin\theta \\ \sin\theta & \cos\theta \end{bmatrix} \begin{bmatrix} x \\ y \end{bmatrix} \quad \cdots\cdots①$$

だからね。

①の右辺の 2 次正方行列を "**回転の行列**" といい，$R(\theta)$ で表す。すなわち，

$$R(\theta) = \begin{bmatrix} \cos\theta & -\sin\theta \\ \sin\theta & \cos\theta \end{bmatrix}$$ となる。 ◀ これは，既に P19 で出てきた！

$R(\theta)$ の逆行列 $R^{-1}(\theta)$ は $R(-\theta)$ のことであり， ┌ 左下に ⊖ が来るだけ！ ┐

$$R^{-1}(\theta) = R(-\theta) = \begin{bmatrix} \cos(-\theta) & -\sin\theta(-\theta) \\ \sin(-\theta) & \cos\theta(-\theta) \end{bmatrix} = \begin{bmatrix} \cos\theta & \sin\theta \\ -\sin\theta & \cos\theta \end{bmatrix}$$ と表される。

そして，これは点 P(*x*, *y*) を原点の周りに時計回り（⊖の向き）に回転させる働きをもつ行列なんだね。

では次，2 次元の *xy* 座標系の回転について考えてみよう。図 2(i)に示すように，元の *xy* 座標系に対して，原点を共有して θ だけ反時計回りに回転させた *x´y´* 座標系を考える。座標系の移動の場合，元の座標における点 P(*x*, *y*) と同一の点が，回転した座標系では P(*x´*, *y´*) と表されるはずであり，この (*x*, *y*) と (*x´*, *y´*) の関係を調べればいいんだね。

そのためには, 図 **2**(ⅱ) に示
すように, **x´y´** 座標系を逆
に $-\theta$ だけ回転して元の **xy**
座標系と重なるようにすれば
いい。これから, **P**(**x**, **y**) を
$-\theta$ だけ回転したものが
P(**x´**, **y´**) であることが分かるので,

図 2 平面座標系の回転

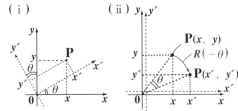

$$\begin{bmatrix} x' \\ y' \end{bmatrix} = R(-\theta)\begin{bmatrix} x \\ y \end{bmatrix}, \quad \text{つまり,} \quad \begin{bmatrix} x' \\ y' \end{bmatrix} = \begin{bmatrix} \cos\theta & \sin\theta \\ -\sin\theta & \cos\theta \end{bmatrix}\begin{bmatrix} x \\ y \end{bmatrix}$$

の関係式が成り立つことが分かったんだね。納得いった？

● 3次元座標系の回転についても考えよう！

それでは次, **xyz** 座標系の各軸の周
りの回転について考えよう。

(Ⅰ) **x** 軸の周りの回転の場合

図 **3**(ⅰ) に示すように, **xyz** 座標系
を **x** 軸の周りに θ だけ回転してで
きる **x´y´z´** 座標系について考える。

これのみは, **x** と同じだね。

図 **3**(ⅰ) に示した視点から見た
図が図 **3**(ⅱ) なんだね。図 **3**(ⅱ) に
xyz 座標系上のある点 **P**(**x**, **y**, **z**)
を示した。これが, **x´y´z´** 座標系
から見ると **P**(**x´**, **y´**, **z´**) となる

これのみは, **x** と同じ

ので, (**x**, **y**, **z**) と (**x´**, **y´**, **z´**) と
の関係を知るためには, 平面座標
のときと同様に, 図 **3**(ⅲ) に示す
ように, **x´** 軸の周りに **x´y´z´** 座
標系を逆向きに θ だけ回転して,
xyz 座標系と重なるようにすれば

図 3 **xyz** 座標の
x 軸の周りの回転

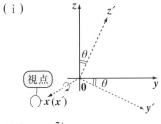

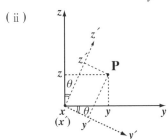

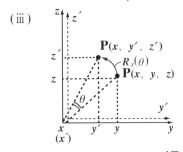

いい。その結果，$x' = x$ は変化せずに，(y, z) と (y', z') に関しては，平面座標のときと逆向きだけれど，同様に，

$$(y, z) \xrightarrow[R(\theta)]{\theta \text{ 回転}} (y', z') \text{ より，} \begin{bmatrix} y' \\ z' \end{bmatrix} = R(\theta) \begin{bmatrix} y \\ z \end{bmatrix}$$

すなわち，$\begin{bmatrix} y' \\ z' \end{bmatrix} = \begin{bmatrix} \cos\theta & -\sin\theta \\ \sin\theta & \cos\theta \end{bmatrix} \begin{bmatrix} y \\ z \end{bmatrix} = \begin{bmatrix} y\cos\theta - z\sin\theta \\ y\sin\theta + z\cos\theta \end{bmatrix}$

の関係があることが分かったんだね。以上の式を列挙すると，

$$\begin{cases} x' = x \\ y' = y\cos\theta - z\sin\theta \\ z' = y\sin\theta + z\cos\theta \end{cases} \text{ となり，これをまとめると，}$$

$$\begin{bmatrix} x' \\ y' \\ z' \end{bmatrix} = \underbrace{\begin{bmatrix} 1 & 0 & 0 \\ 0 & \cos\theta & -\sin\theta \\ 0 & \sin\theta & \cos\theta \end{bmatrix}}_{R_x(\theta)} \begin{bmatrix} x \\ y \\ z \end{bmatrix} \quad \cdots\cdots(*1) \text{ となる。}$$

ここで $(*1)$ 右辺の 3 次正方行列を $R_x(\theta)$ とおき，x 軸の周りの回転行列と定義しよう。つまり，

$$R_x(\theta) = \begin{bmatrix} 1 & 0 & 0 \\ 0 & \cos\theta & -\sin\theta \\ 0 & \sin\theta & \cos\theta \end{bmatrix} \quad \boxed{\text{右上}\ominus} \cdots\cdots(*1)'$$

図3

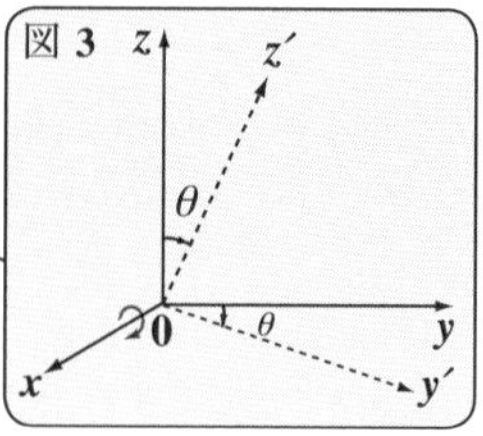

となる。もし，図 3 と逆向きに x 軸の周りに θ だけ回転する場合，$R_x(\theta)$ の逆行列 $R_x{}^{-1}(\theta)$ を用いて $(*1)$ は，

$$\begin{bmatrix} x' \\ y' \\ z' \end{bmatrix} = R_x{}^{-1}(\theta) \begin{bmatrix} x \\ y \\ z \end{bmatrix} \quad \text{と表されることになる。}$$

当然 $R_x{}^{-1}(\theta) = R_x(-\theta)$ となる。よって $R_x{}^{-1}(\theta)$ が次のように表せるのもいいね。

$$R_x{}^{-1}(\theta) = R_x(-\theta) = \begin{bmatrix} 1 & 0 & 0 \\ 0 & \cos\theta & \sin\theta \\ 0 & -\sin\theta & \cos\theta \end{bmatrix} \quad \cdots\cdots(*1)''$$

$\boxed{\text{左下}\ominus}$

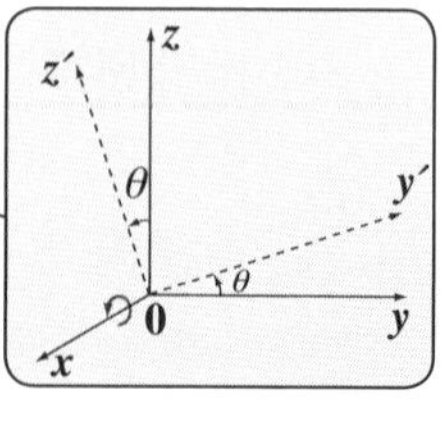

48

(II) y 軸の周りの回転の場合

図 4　*xyz* 座標の
y 軸の周りの回転

次，図 **4**(i) に示すように，*xyz*
座標系を y 軸の周りに θ だけ回転
してできる *x´y´z´* 座標系につい

> これのみは，y と同じだね。

て考える。図 **4**(i) に示した視点
から見た図が **4**(ii) だ。図 **4**(ii)
には，*xyz* 座標系上にある点 **P**(*x*,
y,　*z*) を示した。これを *x´y´z´* 座
標系から見ると **P**(*x´*,　*y´*,　*z´*) とな

> これのみは，y と同じだ。

るので，(*x*,　*y*,　*z*) と (*x´*,　*y´*,　*z´*)
との関係を調べるためには，図 **4**
(iii) に示すように，*y´* 軸の周り
に *x´y´z´* 座標系を逆向きに θ だけ
回転して，*xyz* 座標系と重なるよう
にすればいい。その結果，*y´* = *y* は
そのままで，(*x*,　*z*) と (*x´*,　*z´*) に
関しては，次の関係が成り立つこと
が分かるはずだ。

(i)
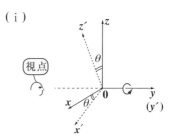

(ii)
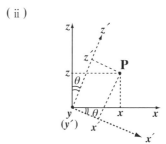

(iii)
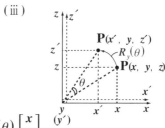

$$(x,\ z) \xrightarrow[R(\theta)]{\theta\ 回転} (x´,\ z´) \ より，\ \begin{bmatrix} x´ \\ z´ \end{bmatrix} = R(\theta) \begin{bmatrix} x \\ z \end{bmatrix}$$

すなわち，$\begin{bmatrix} x´ \\ z´ \end{bmatrix} = \begin{bmatrix} \cos\theta & -\sin\theta \\ \sin\theta & \cos\theta \end{bmatrix} \begin{bmatrix} x \\ z \end{bmatrix} = \begin{bmatrix} x\cos\theta - z\sin\theta \\ x\sin\theta + z\cos\theta \end{bmatrix}$

以上を *x´*,　*y´*,　*z´* の順に列挙すると，

$$\begin{cases} x´ = x\cos\theta - z\sin\theta \\ y´ = y \\ z´ = x\sin\theta + z\cos\theta \end{cases}$$ となり，これをまとめると，

$$\begin{bmatrix} x´ \\ y´ \\ z´ \end{bmatrix} = \begin{bmatrix} \cos\theta & 0 & -\sin\theta \\ 0 & 1 & 0 \\ \sin\theta & 0 & \cos\theta \end{bmatrix} \begin{bmatrix} x \\ y \\ z \end{bmatrix}$$ …(＊m) となるのもいいね。

ここで，(＊m) 右辺の **3** 次
正方行列を **y** 軸の周りの回転
の行列として，$R_y(\theta)$ と表す
ことにする。つまり，

$$\begin{bmatrix} x' \\ y' \\ z' \end{bmatrix} = \begin{bmatrix} \cos\theta & 0 & -\sin\theta \\ 0 & 1 & 0 \\ \sin\theta & 0 & \cos\theta \end{bmatrix} \begin{bmatrix} x \\ y \\ z \end{bmatrix} \cdots(\ast\text{m})$$

$$R_y(\theta) = \begin{bmatrix} \cos\theta & 0 & -\sin\theta \\ 0 & 1 & 0 \\ \sin\theta & 0 & \cos\theta \end{bmatrix} \cdots\cdots(\ast\text{m})'$$

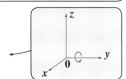

とする。この $R_y(\theta)$ の逆行列 $R_y^{-1}(\theta)$
は当然，**y** 軸の周りに逆向きに θ だけ回
転する行列であり，

$$R_y^{-1}(\theta) = R_y(-\theta) = \begin{bmatrix} \cos\theta & 0 & \sin\theta \\ 0 & 1 & 0 \\ -\sin\theta & 0 & \cos\theta \end{bmatrix} \cdots\cdots(\ast\text{m})''$$

と表されることも，$R_x^{-1}(\theta)$ と同様だから分かると思う。

(Ⅲ) **z** 軸の周りの回転の場合

最後に，図 **5**(ⅰ) に示すように，**xyz**
座標系を **z** 軸の周りに θ だけ回転し
てできる **x′y′z′** 座標系について考

> これのみは，**z** のままだ。

えよう。

図 **5**(ⅰ) に示した視点から見た図が
5(ⅱ) だね。図 **5**(ⅱ) には，**xyz** 座標
系のある点 **P**(**x**, **y**, **z**) を示した。これ
を **x′y′z′** 座標系から見ると **P**(**x′**,
y′, **z′**) となるので，(**x**, **y**, **z**) と

> これのみは，**z** と同じだ。

(**x′**, **y′**, **z′**) との関係を得るために，
図 **5**(ⅲ) に示すように，**z′** 軸の周り
に **x′y′z′** 座標系を逆向きに θ だけ回転
して，**xyz** 座標系と重なるようにすれば
いいんだね。その結果，**z′**＝**z** はこの

図 **5** **xyz** 座標の
z 軸の周りの回転

(ⅰ)

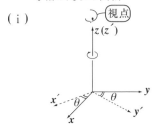

(ⅱ)

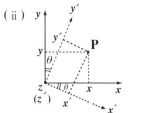

(ⅲ)

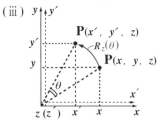

50

ままで，(x, y) と (x', y') については次の関係が成り立つんだね。

$(x, y) \xrightarrow[R(\theta)]{\theta \text{ 回転}} (x', y')$ より，$\begin{bmatrix} x' \\ y' \end{bmatrix} = R(\theta) \begin{bmatrix} x \\ y \end{bmatrix}$

すなわち，$\begin{bmatrix} x' \\ y' \end{bmatrix} = \begin{bmatrix} \cos\theta & -\sin\theta \\ \sin\theta & \cos\theta \end{bmatrix} \begin{bmatrix} x \\ y \end{bmatrix} = \begin{bmatrix} x\cos\theta - y\sin\theta \\ x\sin\theta + y\cos\theta \end{bmatrix}$

よって，以上の結果を x', y', z' の式の順に列挙すると，

$$\begin{cases} x' = x\cos\theta - y\sin\theta \\ y' = x\sin\theta + y\cos\theta \\ z' = z \end{cases}$$

となり，これをまとめると，

$$\begin{bmatrix} x' \\ y' \\ z' \end{bmatrix} = \underbrace{\begin{bmatrix} \cos\theta & -\sin\theta & 0 \\ \sin\theta & \cos\theta & 0 \\ 0 & 0 & 1 \end{bmatrix}}_{\boxed{R_z(\theta)}} \begin{bmatrix} x \\ y \\ z \end{bmatrix} \quad \cdots\cdots(*\mathrm{n})$$

となる。

ここで，$(*\mathrm{n})$ の右辺の 3 次正方行列は，xyz 座標系を z 軸の周りに θ だけ回転させる行列であり，これを $R_z(\theta)$ と表すことにすると，

$$R_z(\theta) = \begin{bmatrix} \cos\theta & -\sin\theta & 0 \\ \sin\theta & \cos\theta & 0 \\ 0 & 0 & 1 \end{bmatrix} \quad \cdots\cdots(*\mathrm{n})'$$

となる。そして，これまでの回転の行列と同様に，この $R_z(\theta)$ の逆行列 $R_z^{-1}(\theta)$ は z 軸の周りを逆向きに回転する行列のことなんだね。よって，

$$R_z^{-1}(\theta) = R_z(-\theta) = \begin{bmatrix} \cos\theta & \sin\theta & 0 \\ -\sin\theta & \cos\theta & 0 \\ 0 & 0 & 1 \end{bmatrix} \quad \cdots(*\mathrm{n})''$$

以上より，xyz 直交座標系を $(\text{i})x$ 軸の周り，$(\text{ii})y$ 軸の周り，そして $(\text{iii})z$ 軸の周りに θ だけ回転する行列 $R_x(\theta)$, $R_y(\theta)$, $R_z(\theta)$ がすべて求まったんだね。これを公式として，次にまとめて示しておこう。

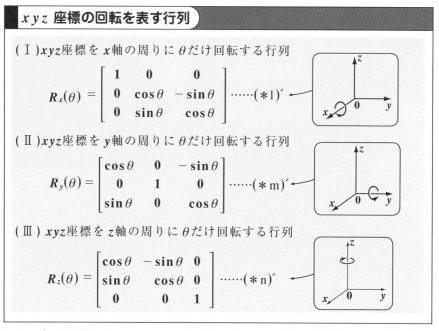

（Ⅰ）xyz座標を x 軸の周りに θ だけ回転する行列

$$R_x(\theta) = \begin{bmatrix} 1 & 0 & 0 \\ 0 & \cos\theta & -\sin\theta \\ 0 & \sin\theta & \cos\theta \end{bmatrix} \cdots\cdots (*1)'$$

（Ⅱ）xyz座標を y 軸の周りに θ だけ回転する行列

$$R_y(\theta) = \begin{bmatrix} \cos\theta & 0 & -\sin\theta \\ 0 & 1 & 0 \\ \sin\theta & 0 & \cos\theta \end{bmatrix} \cdots\cdots (*\mathrm{m})'$$

（Ⅲ）xyz座標を z 軸の周りに θ だけ回転する行列

$$R_z(\theta) = \begin{bmatrix} \cos\theta & -\sin\theta & 0 \\ \sin\theta & \cos\theta & 0 \\ 0 & 0 & 1 \end{bmatrix} \cdots\cdots (*\mathrm{n})'$$

以上の知識を基にして，いよいよ **"オイラー角"** の問題に挑戦してみよう。

● オイラー角の問題にチャレンジしよう！

"オイラー角" の問題とは，図 6 に示す
ように，原点 0 を共有する 2 つの角度の
ずれた直交座標 $0xyz$ と $0x'y'z'$ が与え
られたとき，$0xyz$ 座標を $0x'y'z'$ 座標
に一致させるための手法のことなんだね。
これは，オイラーが考案したもので，
（ⅰ）まず z 軸の周りに $-\alpha$ だけ回転し，
（ⅱ）次に y 軸の周りに β だけ回転し，
（ⅲ）最後に，また z 軸の周りに $-\gamma$ だけ回転
　　　すればいい，と言われている。
　　　（ただし，α, β, γ は正の向きの角を表すものとする。）

図 6 オイラー角の問題

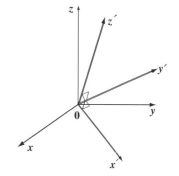

これだけでは何のことか分からないって？当然だね。しかし，多くの解説書はこれだけで終わっているものが多いのも事実だ。ここでは，大数学者オイラーが何故このような発想を思い付いたのか？その思考経路を推測してみよう。

オイラーはまず，図7のように原点0とz軸が一致している2つの直交座標系 $0x_2y_2z_2$ と $0x'y'z'$ を考えたはずだ。これならば，$0x_2y_2z_2$ を z_2 軸の周りに x_2, y_2 軸が共に x', y' 軸に一致するように角 γ だけ回転させればいいだけだ

〔図7では負の向き〕

からね。そして実は，これが（ⅲ）のプロセスだったんだね。

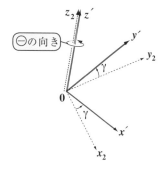

図7 z軸が一致している場合

〔⊖の向き〕

では，このように元の $0xyz$ 座標の z 軸をどうすれば，図7の z_2 軸のように z´軸と一致させることができるのか？と考えればいい。そのためには，

（ⅰ）まず図8に示すように，

$0xyz$ を z 軸の周りに角 α

〔図8では負の向き〕

だけ回転して，新たに $0x_1y_1z_1$ 座標とする。このとき，$0x_1y_1z_1$ は直交座標

〔これはzと同じ〕

だから当然

$\angle z_1 0 y_1 = \angle R$（直角）

だけれど，z´軸と y_1 軸も直交するように，すなわち

$\angle z' 0 y_1 = \angle R$（直角）

となるように角 α をとるのがポイントなんだね。

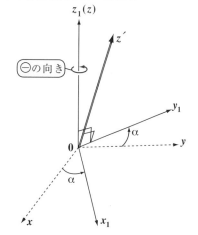

図8 （ⅰ）z軸の周りに $-\alpha$ 回転

〔⊖の向き〕

(ⅱ) $\angle z_1 0 y_1 = \angle z' 0 y_1 = \angle R$ （直角）

であることから，図**9**に示すように
$0x_1y_1z_1$を今度はy_1軸の周りに<u>角 β</u>

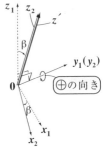

図 9 （ⅱ）y 軸の周りに β 回転

> 図 **9** では正の向き

だけ回転して，新たに<u>$0x_2y_2z_2$座標</u>

> これはy_1と同じ

とする。当然，角 β は，z_2軸 と z'軸
が一致するようにとるんだね。この後

（x'軸，y'軸は略している）

は，前ページの図**7**の状態になっているので，（ⅲ）の操作を行えばい
いだけなんだね。以上より，オイラー角の取り方をもう **1**度まとめて
示すと次のようになる。

(ⅰ)まず，そのy軸がz'軸と垂直になるように，$0xyz$座標をz軸の周り
に $-α$ だけ回転して，$0x_1y_1z_1$とする。これを式で表すと，

$$\begin{bmatrix} x_1 \\ y_1 \\ z_1 \end{bmatrix} = R_z(-α) \begin{bmatrix} x \\ y \\ z \end{bmatrix} \quad \cdots\cdots ① \quad となる。$$

(ⅱ)次に，そのz_1軸がz'軸と一致するように，$0x_1y_1z_1$座標をy_1軸の周
りに β だけ回転して，$0x_2y_2z_2$とする。これを式で表すと，

$$\begin{bmatrix} x_2 \\ y_2 \\ z_2 \end{bmatrix} = R_y(β) \begin{bmatrix} x_1 \\ y_1 \\ z_1 \end{bmatrix} \quad \cdots\cdots ② \quad となる。$$

(ⅲ)最後に，そのx_2軸とy_2軸が，それぞれx'軸とy'軸と一致するよ
うに，$0x_2y_2z_2$座標をz_2軸の周りに$-γ$だけ回転して，$0x'y'z'$と一
致させる。これを式で表すと，

$$\begin{bmatrix} x' \\ y' \\ z' \end{bmatrix} = R_z(-γ) \begin{bmatrix} x_2 \\ y_2 \\ z_2 \end{bmatrix} \cdots\cdots ③ \quad となるんだね。$$

以上より，①を②に，そして②を③に代入すると，

$$\begin{bmatrix} x' \\ y' \\ z' \end{bmatrix} = \underbrace{R_z(-\gamma)}_{(iii)} \cdot \underbrace{R_y(\beta)}_{(ii)} \cdot \underbrace{R_z(-\alpha)}_{(i)} \begin{bmatrix} x \\ y \\ z \end{bmatrix}$$
となる。よって，

$$\begin{bmatrix} x' \\ y' \\ z' \end{bmatrix} = \begin{bmatrix} \cos\gamma & \sin\gamma & 0 \\ -\sin\gamma & \cos\gamma & 0 \\ 0 & 0 & 1 \end{bmatrix} \begin{bmatrix} \cos\beta & 0 & -\sin\beta \\ 0 & 1 & 0 \\ \sin\beta & 0 & \cos\beta \end{bmatrix} \underbrace{\begin{bmatrix} \cos\alpha & \sin\alpha & 0 \\ -\sin\alpha & \cos\alpha & 0 \\ 0 & 0 & 1 \end{bmatrix}}_{} \begin{bmatrix} x \\ y \\ z \end{bmatrix}$$

$$\begin{bmatrix} \cos\alpha\cos\beta & \sin\alpha\cos\beta & -\sin\beta \\ -\sin\alpha & \cos\alpha & 0 \\ \cos\alpha\sin\beta & \sin\alpha\sin\beta & \cos\beta \end{bmatrix}$$

より，これを計算すると，

$$\begin{bmatrix} x' \\ y' \\ z' \end{bmatrix} = \begin{bmatrix} \cos\alpha\cos\beta\cos\gamma-\sin\alpha\sin\gamma & \sin\alpha\cos\beta\cos\gamma+\cos\alpha\sin\gamma & -\sin\beta\cos\gamma \\ -\cos\alpha\cos\beta\sin\gamma-\sin\alpha\cos\gamma & -\sin\alpha\cos\beta\sin\gamma+\cos\alpha\cos\gamma & \sin\beta\sin\gamma \\ \cos\alpha\sin\beta & \sin\alpha\sin\beta & \cos\beta \end{bmatrix} \begin{bmatrix} x \\ y \\ z \end{bmatrix}$$

となるんだね。納得いった？

この角 α，β，γ のことを **"オイラー角"** と言うんだけれど，以上のように
オイラーの考え方を理解してしまえば，初めに x 軸を一致させてもかまわ
ないわけだから，

(i)まず x 軸のまわりに α だけ回転して，

　　新たな y 軸が x' 軸と直交するようにし，

(ii)次に，y 軸のまわりに β だけ回転して，

　　新たな x 軸が x' 軸と一致するようにし，

(iii)最後に，x 軸のまわりに γ だけ回転して，

　　新たな y 軸と z 軸がそれぞれ y' 軸と z'

　　軸と一致するようにする。

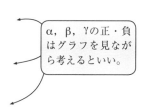

α，β，γ の正・負
はグラフを見なが
ら考えるといい。

としても「構わない」とオイラー先生はおっしゃるはずだ。

これで，解析力学を理解する上で必要な基礎数学の解説も終わったので，
いよいよこの後，本格的な解析力学の講義に入っていこう。もちろん，こ
れら以外にも数学的な知識が必要なところもあるけれど，それはその都度
解説していくことにする。

1. ラグランジュの運動方程式

$$\frac{d}{dt}\left(\frac{\partial L}{\partial \dot{q_i}}\right) - \frac{\partial L}{\partial q_i} = 0 \quad \cdots\cdots(*a) \quad (i = 1, 2, \cdots, f)$$

自由度

ただし，L：ラグランジアン，　q_i：一般化座標，　t：時刻

$L = T - U$　（T：運動エネルギー，U：ポテンシャルエネルギー）

2. ハミルトンの正準方程式

$$\frac{dq_i}{dt} = \frac{\partial H}{\partial p_i} \quad \cdots\cdots(*e) \quad , \quad \frac{dp_i}{dt} = -\frac{\partial H}{\partial q_i} \quad \cdots\cdots(*e)´ \quad (i = 1, 2, \cdots, f)$$

"ヘ (H) ク (q) ト (t) パ (p) スカル" と覚えよう！

ただし，H：ハミルトニアン，　q_i：一般化座標，

p_i：一般化運動量であり，$p_i = \dfrac{\partial L}{\partial \dot{q_i}}$ $\cdots\cdots(*f)$

$H = \displaystyle\sum_{i=1}^{f} p_i\dot{q_i} - L$ $\cdots\cdots(*g)$　である。

3. xyz 座標の回転を表す行列

（Ⅰ）xyz座標を x軸の周りに θだけ回転する行列

$$R_x(\theta) = \begin{bmatrix} 1 & 0 & 0 \\ 0 & \cos\theta & -\sin\theta \\ 0 & \sin\theta & \cos\theta \end{bmatrix} \cdots\cdots(*l)´$$

（Ⅱ）xyz座標を y軸の周りに θだけ回転する行列

$$R_y(\theta) = \begin{bmatrix} \cos\theta & 0 & -\sin\theta \\ 0 & 1 & 0 \\ \sin\theta & 0 & \cos\theta \end{bmatrix} \cdots\cdots(*m)´$$

（Ⅲ）xyz座標を z軸の周りに θだけ回転する行列

$$R_z(\theta) = \begin{bmatrix} \cos\theta & -\sin\theta & 0 \\ \sin\theta & \cos\theta & 0 \\ 0 & 0 & 1 \end{bmatrix} \cdots\cdots(*n)´$$

ラグランジュの運動方程式

▶ ラグランジュの運動方程式

$$\left(\frac{d}{dt}\left(\frac{\partial L}{\partial \dot{q}_i} \right) - \frac{\partial L}{\partial q_i} = 0, \quad L = T - U \right)$$

▶ 変分原理

$$\left(\delta I = \delta \int_{t_1}^{t_2} F(x, \ \dot{x}, \ t)dt = 0 \right)$$

▶ 仮想仕事の原理

$$\left(\delta W = \sum_{i=1}^{f} (F_i - m\ddot{x}_i)\delta x_i = 0 \right)$$

§1. ラグランジュの運動方程式の基本

さァ，これから本格的な "**解析力学**"（*analytical mechanics*）の講義を始めよう。もちろん最初のテーマとして "**ラグランジュの運動方程式**"（または "**ラグランジュ方程式**"）を解説する。ラグランジュの運動方程式が数学的により洗練されたものではあるけれど，ニュートンの運動方程式を書き変えたものに過ぎないことは，前節のプロローグでいくつもの例で示したので理解して頂けたと思う。

従って，ここではまず，"ラグランジュの方程式がどのようにして導けるのか？" について解説しよう。このラグランジュ方程式を導く際に，前節で解説した "**一般化座標**" や "**一般化運動量**" を用いるんだけれど，さらに "**一般化力**" も重要な役割を演じることになる。このように，ニュートン力学を数学的により一般化して導かれたラグランジュ方程式は，各質点に働く外力や束縛力など，ニュートンの運動方程式を立てるときに考慮しなければならなかった要素を考えることなく，機械的に表現することができる。ラグランジュ方程式は，このような便利な性質を持っているため，これまでのニュートン力学では複雑に思われた問題もアッサリ表現できる場合もある。ここではさらに，"**循環座標**" や "**エネルギー積分**"，それにラグランジアンの "**不定性**" など，ラグランジュ方程式の様々な特徴についても詳しく解説するつもりだ。

●ラグランジュの運動方程式を導いてみよう！

"**ラグランジュの運動方程式**"（または "**ラグランジュ方程式**"）が次のように表されることは，既に **P10** で解説した。

> ### ラグランジュの運動方程式
>
> $$\frac{d}{dt}\left(\frac{\partial L}{\partial \dot{q}_i}\right) - \frac{\partial L}{\partial q_i} = 0 \quad \cdots\cdots\cdots\cdots (*a) \quad (i = 1,2,\cdots,f)$$
>
> ラグランジアン $L = T - U$ ……$(*b)$ 　　　自由度
>
> （T：運動エネルギー，　U：ポテンシャル，　q_i：一般化座標）

ここでは，どのようにして，このラグランジュ方程式 (＊a) が導かれるの
か？について詳しく解説していこう。

まず例として，**2** 次元の **xy** 座標系において，質量が **m** と **M** の **2** つの質点
の座標をそれぞれ (x_1, y_1)，(x_2, y_2) とおくと，この **2** 質点の運動エネル
ギーの総和 **T** が，

$$T = \frac{1}{2} m(\dot{x}_1{}^2 + \dot{y}_1{}^2) + \frac{1}{2} M(\dot{x}_2{}^2 + \dot{y}_2{}^2) \quad \cdots\cdots ① \quad となることはいいね。$$

座標をより一般化して，x_1，y_1，x_2，y_2 を順に x_1，x_2，x_3，x_4 と呼ぶこと
にしよう。さらに，それに対応する質量 **m**，**m**，**M**，**M** も順に m_1，m_2，
m_3，m_4 と名前を付けると，①の運動エネルギー **T** は，

$$T = \frac{1}{2} m\dot{x}_1{}^2 + \frac{1}{2} m\dot{y}_1{}^2 + \frac{1}{2} M\dot{x}_2{}^2 + \frac{1}{2} M\dot{y}_2{}^2$$

$$= \frac{1}{2} m_1\dot{x}_1{}^2 + \frac{1}{2} m_2\dot{x}_2{}^2 + \frac{1}{2} m_3\dot{x}_3{}^2 + \frac{1}{2} m_4\dot{x}_4{}^2 \quad となるので，$$

T は Σ 計算を使って，

$$T = \frac{1}{2} \sum_{i=1}^{4} m_i\dot{x}_i{}^2 \quad \cdots\cdots①'と簡単に表すことができるんだね。$$

エッ，単に形式的に単純化しただけだって？そうだね，でも，解析力学で
はこの数学的表記の単純化と一般化を常に意識して議論するので，注意し
ておこう。

ここで，運動エネルギー **T** は，$\dot{x}_1$，$\dot{x}_2$，$\dot{x}_3$，$\dot{x}_4$ の **4** つの独立変数の関数と
見ることができる。それではこれを一般化しよう。同様に考えて，**2** 次元
の **xy** 座標系における **N** 個の質点を考えるとき，①'の **T** は $\dot{x}_1$，$\dot{x}_2$，…，
$\dot{x}_{2N}$ の **2N** 個の独立変数で表されることになるし，また **3** 次元の **xyz** 座標
系における **N** 個の質点を考えるとき，①'の **T** は，$\dot{x}_1$，$\dot{x}_2$，…，$\dot{x}_{3N}$ の **3N**
個の独立変数で表されることになるんだね。よって，この **2N** や **3N** をさ
らに一般化して **n** と置くことにすると，**xy** 座標平面 (または，**xyz** 座標空
間) 上を運動する **1** 個 (または複数個) の質点の運動エネルギー **T** は，次
式で表されることになるんだね。

$$T = T(\dot{x}_1, \dot{x}_2, \cdots, \dot{x}_n) = \frac{1}{2} \sum_{i=1}^{n} m_i\dot{x}_i{}^2 \quad \cdots\cdots(＊0)$$

> **xy** 座標系や，**xyz** 座標系のことを "**デカルト座標系**" と呼ぶ。だから (＊0) は
> デカルト座標系における質点系の運動エネルギーの総和ということになるんだね。

ここでまた，xy 座標系の座標 $(x_1,\ x_2)$ <u>かつての y_1</u>　$\boxed{T = \dfrac{1}{2}\sum\limits_{i=1}^{n} m_i x_i^2 \quad \cdots(*\text{o})}$

$(\underset{\boxed{x_2}\ \boxed{y_2}}{x_3},\ x_4)$ の 2 質点の例に戻ると，これらの座標は次のように極座標でも表

すことができた。

$x_1 = r_1\cos\theta_1,\ x_2 = r_1\sin\theta_1,\ x_3 = r_2\cos\theta_2,\ x_4 = r_2\sin\theta_2$ より，

今回の場合　$\underset{\boxed{x_1 \text{と} x_2 \text{は，} r_1 \text{と} \theta_1 \text{の関数}}}{x_1 = x_1(r_1,\ \theta_1)},\ x_2 = x_2(r_1,\ \theta_1),\ \underset{\boxed{x_3 \text{と} x_4 \text{は，} r_2 \text{と} \theta_2 \text{の関数}}}{x_3 = x_3(r_2,\ \theta_2)},\ x_4 = x_4(r_2,\ \theta_2)$

と表されるのはいいね。

これをまた一般化して，デカルト座標である $x_1,\ x_2,\ \cdots,\ x_n$ それぞれが，

一般化されたある座標 $q_1,\ q_2,\ \cdots,\ q_n$ の関数であると考えると，

$$\begin{cases} x_1 = x_1(q_1,\ q_2,\ \cdots,\ q_n) \\ x_2 = x_2(q_1,\ q_2,\ \cdots,\ q_n) \qquad \cdots\cdots(*\text{p}) \\ \qquad\vdots \\ x_n = x_n(q_1,\ q_2,\ \cdots,\ q_n) \quad (q_1,\ q_2,\ \cdots,\ q_n：\text{一般化座標}) \end{cases}$$

と表すことができる。

$\boxed{\begin{array}{l} \text{たとえば，} xyz \text{座標上の座標} \underset{\boxed{(x,\ y,\ z) \text{のこと}}}{(x_1,\ x_2,\ x_3)} \text{を球座標で，} \\[2mm] \begin{cases} x_1 = x_1(r,\ \theta,\ \phi) = r\sin\theta\cos\phi \\ x_2 = x_2(r,\ \theta,\ \phi) = r\sin\theta\sin\phi \\ x_3 = x_3(r,\ \theta,\ \phi) = r\cos\theta \quad \text{と表せるようなものだね。} \end{cases} \\[2mm] \quad\ \underset{\boxed{q_1}}{}\ \underset{\boxed{q_2}}{}\ \underset{\boxed{q_3 \text{と考えればいい}}}{} \end{array}}$

ここで，$(*\text{p})$ は単純化して，

$x_j = x_j(q_1,\ q_2,\ \cdots,\ q_n) \quad \cdots\cdots(*\text{p})' \quad (j = 1,\ 2,\ \cdots,\ n)$

と表すこともできる。

さらに，集合の記号法を利用して，一般化座標：$q_1, q_2, \cdots, q_n$ をまとめて，

$\{q_i\}$ と表すこともできるので，$(*\text{p})'$ はさらに単純に

$x_j = x_j(\{q_i\}) \quad \cdots\cdots(*\text{p})'' \quad (i = 1, 2, \cdots, n \quad j = 1, 2, \cdots, n)$

と表現できることも覚えておこう。

次，$(*\text{p})$ の式における時刻 t の問題についても解説しておこう。

$\{x_i\}$ であれ，$\{q_i\}$ $(i = 1, 2, \cdots, n)$ であれ，これら質点が時刻 t と共に運

$\underset{\boxed{x_1, x_2, \cdots, x_n \text{のこと}}}{}\ \underset{\boxed{q_1, q_2, \cdots, q_n \text{のこと}}}{}$

動するわけだから，座標 $\{x_i\}$ や $\{q_i\}$ $(i = 1, 2, \cdots, n)$ はすべて時刻 t の関数と考えられるんだね。よって，当然

$x_i = x_i(t)$　$q_i = q_i(t)$　$(i = 1, 2, \cdots, n)$

と表されるのは大丈夫だね。つまり，$\{x_i\}$ も $\{q_i\}$ も陰に時刻 t を含んだ関数であるわけだ。しかし，$(*p)$ において，$x_j (j = 1, 2, \cdots, n)$ が時刻 t を次のように陽に含む場合もある。この場合，次式のように表現する。

"直接に" という意味

$x_j = x_j(\{q_i\},\ t)$　……$(*q)$　$(i = 1, 2, \cdots, n,\ j = 1, 2, \cdots, n)$

$q_1, q_2, \cdots, q_n$ のこと

右図のようにばね振り子の支点 O' が
時刻 t に依存して，$OO' = S(t)$ に従っ
て変動するとき，x_1，x_2 座標は

たとえば，地震のような強制振動

$x_1 = r\sin\theta + \underline{S(t)}$
$x_2 = r\cos\theta$

x_1 は陽に t の
関数になる

(q_1) $(q_2$ と考える$)$

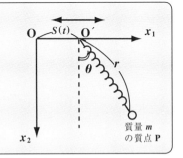

質量 m
の質点 P

ただし，ここでは $(*q)$ の形ではなく，より単純な $(*p)$（または $(*p)'$ や $(*p)''$）の形であるとして，ラグランジュの方程式を導いていくことにしよう。ここで，$x_j = x_j(\{q_i\})$ を時刻 t で微分すると，

$\dot{x}_j = \dot{x}_j(\{q_i\},\ \{\dot{q}_i\})$　……$(*r)$ となることは大丈夫？

$q_1, q_2, \cdots, q_n$　$\dot{q}_1, \dot{q}_2, \cdots, \dot{q}_n$ のこと

たとえば，$x_1 = r\sin\theta\cos\phi$ のとき，

$\dot{x}_1 = \dot{r}\sin\theta\cos\phi + \dot{\theta} r\cos\theta\cos\phi - \dot{\phi} r\sin\theta\sin\phi$

$(\dot{q}_1)$ (q_2) (q_3) $(\dot{q}_2)(q_1)$ (q_2) (q_3) $(\dot{q}_3)(q_1)$ (q_2) (q_3)

となって，$\dot{x}_1 = \dot{x}_1(q_1, q_2, q_3, \dot{q}_1, \dot{q}_2, \dot{q}_3)$ となることから，分かるだろう？

以上より，運動エネルギー $T = \dfrac{1}{2}\sum\limits_{i=1}^{n} m_i \dot{x}_i^2$ ……$(*o)$ の式から，

$T = T(\dot{x}_1, \dot{x}_2, \cdots, \dot{x}_n)$

$\quad = T(\dot{x}_1(\{q_i\}, \{\dot{q}_i\}), \dot{x}_2(\{q_i\}, \{\dot{q}_i\}), \cdots, \dot{x}_n(\{q_i\}, \{\dot{q}_i\}))$　……$(*o)'$

より，T は $\{\dot{q}_i\}$ すなわち $\dot{q}_1, \dot{q}_2, \cdots, \dot{q}_n$ の関数であることが分かるので，T を $\dot{q}_i (i = 1, 2, \cdots, n)$ で偏微分することができる。

ここで，運動エネルギー T を $\dot{q}_i$ で
偏微分したものを "**一般化運動量**"
p_i と定義する。つまり

$$p_i = \frac{\partial T}{\partial \dot{q}_i} \quad \cdots\cdots(*f)' \quad (i = 1, 2, \cdots, n)$$

$$\boxed{\begin{aligned} T &= \frac{1}{2}\sum_{i=1}^{n} m_i \dot{x}_i^2 \quad \cdots\cdots(*o) \\ x_j &= x_j(\{q_i\}) \quad \cdots\cdots(*p)' \\ \dot{x}_j &= \dot{x}_j(\{q_i\},\{\dot{q}_i\}) \cdots\cdots(*r) \end{aligned}}$$

となる。エッ，一般化運動量 p_i の定義は

$$p_i = \frac{\partial L}{\partial \dot{q}_i} \quad \cdots\cdots(*f) \quad \text{で，\textbf{P27} に既に示されているじゃないかって？}$$

その通り！よく復習しているね。しかし，ここでは，まだラグランジアン
L なんて分からない状態なので，とりあえず，p_i の定義は $(*f)'$ として話
を進めることにする。(どうせ，後で $(*f)$ と $(*f)'$ が同じものであるこ
とが分かるから心配しなくていいよ。)

$(*f)'$ から次のように変形できるのは大丈夫だろうか？

$$p_i = \frac{\partial T}{\partial \dot{q}_i} = \sum_{j=1}^{n} \underbrace{\frac{\partial T}{\partial \dot{x}_j}}_{} \cdot \frac{\partial \dot{x}_j}{\partial \dot{q}_i} = \sum_{j=1}^{n} m_j \dot{x}_j \cdot \frac{\partial \dot{x}_j}{\partial \dot{q}_i} \quad \cdots\cdots②$$

$$\boxed{m_j \dot{x}_j} \longleftarrow \boxed{(*o)\ \text{より}}$$

$T = T(\dot{x}_1, \dot{x}_2, \cdots, \dot{x}_n)$ より，まず，T の全微分 dT は ┌ **P41** 参照 ┐

$$dT = \frac{\partial T}{\partial \dot{x}_1} d\dot{x}_1 + \frac{\partial T}{\partial \dot{x}_2} d\dot{x}_2 + \cdots + \frac{\partial T}{\partial \dot{x}_n} d\dot{x}_n \quad \cdots(a) \text{ となる。}$$

(a) の両辺を形式的に $d\dot{q}_i$ で割ればいい。ただし，T も $\dot{x}_j (j = 1, 2, \cdots, n)$

も多変数関数なので，常微分 $\dfrac{dT}{d\dot{q}_i}$ や $\dfrac{d\dot{x}_j}{d\dot{q}_i}$ ではなく，偏微分 $\dfrac{\partial T}{\partial \dot{q}_i}$ や $\dfrac{\partial \dot{x}_j}{\partial \dot{q}_i}$ の

形になって，

$$\frac{\partial T}{\partial \dot{q}_i} = \underbrace{\frac{\partial T}{\partial \dot{x}_1}}_{m_1\dot{x}_1} \cdot \frac{\partial \dot{x}_1}{\partial \dot{q}_i} + \underbrace{\frac{\partial T}{\partial \dot{x}_2}}_{m_2\dot{x}_2} \cdot \frac{\partial \dot{x}_2}{\partial \dot{q}_i} + \cdots + \underbrace{\frac{\partial T}{\partial \dot{x}_n}}_{m_n\dot{x}_n} \cdot \frac{\partial \dot{x}_n}{\partial \dot{q}_i}$$

$$= \sum_{j=1}^{n} m_j \dot{x}_j \frac{\partial \dot{x}_j}{\partial \dot{q}_i} \quad \text{となるんだね。納得いった？}$$

さらに，②の $\dfrac{\partial \dot{x}_j}{\partial \dot{q}_i}$ が，$\dfrac{\partial \dot{x}_j}{\partial \dot{q}_i} = \dfrac{\partial x_j}{\partial q_i}$ ……③ となることもいい？

$x_j = x_j(q_1, q_2, \cdots, q_n)$ ……$(*p)''$ より，**P41** で解説した dx と同様に，

この全微分 dx_j は次のようになる。

$$dx_j = \frac{\partial x_j}{\partial q_1} dq_1 + \frac{\partial x_j}{\partial q_2} dq_2 + \cdots + \frac{\partial x_j}{\partial q_i} dq_i + \cdots + \frac{\partial x_j}{\partial q_n} dq_n \quad \cdots\cdots(a)$$

よって，x_j を時刻 t で微分したものは，(a) の両辺を形式的に dt で割った

形になるので，次のようになるのもいいね。

$$\dot{x}_j = \frac{\partial x_j}{\partial q_1} \dot{q}_1 + \frac{\partial x_j}{\partial q_2} \dot{q}_2 + \cdots + \frac{\partial x_j}{\partial q_i} \dot{q}_i + \cdots + \frac{\partial x_j}{\partial q_n} \dot{q}_n \quad \cdots\cdots(b)$$

ここで，(b) の右辺の $\dfrac{\partial x_j}{\partial q_1}, \dfrac{\partial x_j}{\partial q_2}, \cdots, \dfrac{\partial x_j}{\partial q_n}$ は，すべて $q_1, q_2, \cdots, q_n$ の関数より，

(b) の右辺は，$\dot{q}_i (i = 1, 2, \cdots, n)$ の **1** 次式なんだね。

よって，(b) の両辺を $\dot{q}_i$ で偏微分すると， これのみ残る

$$\frac{\partial \dot{x}_j}{\partial \dot{q}_i} = \frac{\partial x_j}{\partial q_1} \underbrace{\frac{\cancel{\partial \dot{q}_1}}{\partial \dot{q}_i}}_{0} + \frac{\partial x_j}{\partial q_2} \underbrace{\frac{\cancel{\partial \dot{q}_2}}{\partial \dot{q}_i}}_{0} + \cdots + \frac{\partial x_j}{\partial q_i} \cdot \underbrace{\frac{\partial \dot{q}_i}{\partial \dot{q}_i}}_{1} + \cdots + \frac{\partial x_j}{\partial q_n} \underbrace{\frac{\cancel{\partial \dot{q}_n}}{\partial \dot{q}_i}}_{0}$$

$$= \frac{\partial x_j}{\partial q_i} \quad \cdots\cdots③ が導ける。$$

よって，③を②に代入して，

$$p_i = \frac{\partial T}{\partial \dot{q}_i} = \sum_{j=1}^{n} m_j \dot{x}_j \frac{\partial x_j}{\partial q_i} \quad \cdots\cdots④ となる。$$

ここで，④の両辺をさらに t で微分すると， Σ 計算と微分の順序を入れ替えた！

$$\dot{p}_i = \frac{d}{dt} \left(\sum_{j=1}^{n} m_j \dot{x}_j \frac{\partial x_j}{\partial q_i} \right) = \sum_{j=1}^{n} \underset{定数}{m_j} \frac{d}{dt} \left(\dot{x}_j \frac{\partial x_j}{\partial q_i} \right)$$

$(f \cdot g)' = f' \cdot g + f \cdot g'$

$$\left\{ \ddot{x}_j \frac{\partial x_j}{\partial q_i} + \dot{x}_j \frac{d}{dt} \left(\frac{\partial x_j}{\partial q_i} \right) \right\}$$

$$\frac{\partial}{\partial q_i} \left(\frac{dx_j}{dt} \right) = \frac{\partial \dot{x}_j}{\partial q_i}$$

よって，

$$\dot{p}_i = \sum_{j=1}^{n} m_j \left(\ddot{x}_j \frac{\partial x_j}{\partial q_i} + \dot{x}_j \frac{\partial \dot{x}_j}{\partial q_i} \right) より，$$

$$\dot{p}_i = \sum_{j=1}^{n} \underbrace{m_j \ddot{x}_j}_{\boxed{F_j}} \frac{\partial x_j}{\partial q_i} + \underbrace{\sum_{j=1}^{n} m_j \dot{x}_j \frac{\partial \dot{x}_j}{\partial q_i}}_{\boxed{\frac{\partial T}{\partial q_i}}} \quad \cdots\cdots ⑤$$

となる。ここで，ニュートンの運動方程式
より，$m_j \ddot{x}_j$ はある質点に働く，ある向きの
外力 F_j のことなので，

$m_j \ddot{x}_j = F_j$ ……⑥となる。

また，運動エネルギー T の式(＊o)より，この全微分 dT は，

$$dT = \frac{\partial T}{\partial \dot{x}_1} d\dot{x}_1 + \frac{\partial T}{\partial \dot{x}_2} d\dot{x}_2 + \cdots + \frac{\partial T}{\partial \dot{x}_n} d\dot{x}_n \quad となる。よって，$$

T を q_i で偏微分したものは，

$$\frac{\partial T}{\partial q_i} = \underbrace{\frac{\partial T}{\partial \dot{x}_1}}_{\boxed{m_1 \dot{x}_1}} \cdot \frac{\partial \dot{x}_1}{\partial q_i} + \underbrace{\frac{\partial T}{\partial \dot{x}_2}}_{\boxed{m_2 \dot{x}_2}} \cdot \frac{\partial \dot{x}_2}{\partial q_i} + \cdots + \underbrace{\frac{\partial T}{\partial \dot{x}_n}}_{\boxed{m_n \dot{x}_n}} \cdot \frac{\partial \dot{x}_n}{\partial q_i} \quad より，$$

$$\sum_{j=1}^{n} m_j \dot{x}_j \frac{\partial \dot{x}_j}{\partial q_i} = \frac{\partial T}{\partial q_i} \quad \cdots\cdots ⑦$$

（左・右両辺を入れ替えた）

よって，⑥，⑦を⑤に代入すると，次式が導けるんだね。

$$\dot{p}_i = \underbrace{\sum_{j=1}^{n} F_j \frac{\partial x_j}{\partial q_i}}_{\boxed{Q_i(\text{一般化力})}} + \frac{\partial T}{\partial q_i} \quad \cdots\cdots ⑧$$

ン？何をやってるのか，見通しが立たなくて，疲れるって？ でも，⑧は
もうかなりラグランジュの運動方程式に近付いて来ているんだよ。
この後，"**一般化力**" Q_i についての解説が終われば，一気にラグランジュ
の運動方程式に持ち込むことが出来る。もう一頑張りだ！

ある質点にある軸の向きに働く外力を F_j とおくと，それにこの向きの微
小な変位 dx_j をかけたものの総和を取れば，質点系全体にした微小な仕事
dW になるのは大丈夫だね。つまり

$$dW = \sum_{j=1}^{n} F_j dx_j \quad \cdots\cdots ⑨と表せる。$$

（具体的に⑨は，$dW = F_1 dx_1 + F_2 dx_2 + \cdots + F_n dx_n$ のことだ。）

$$\boxed{\begin{array}{l} T = \frac{1}{2} \sum_{i=1}^{n} m_i \dot{x}_i^2 \cdots\cdots (＊o) \\ x_j = x_j(\{q_i\}) \quad \cdots\cdots (＊p)'' \\ p_i = \frac{\partial T}{\partial \dot{q}_i} \quad \cdots\cdots (＊f)' \end{array}}$$

この微小な仕事 dW は，一般化座標の微小変位 dq_i を使っても，同様に次のように表せるはずだね。

$$dW = \sum_{i=1}^{n} Q_i dq_i \quad \cdots\cdots(*\text{s})$$

具体的には，
$dW = Q_1 dq_1 + Q_2 dq_2 + \cdots + Q_n dq_n \quad$ のこと

この $(*\text{s})$ に現れる $Q_i (i = 1, 2, \cdots, n)$ のことを "**一般化力**" と呼ぶ。

ここで，注意を1つ。前述した一般化運動量 $p_i \left(= \dfrac{\partial T}{\partial \dot{q}_i} \right)$ は，運動量の<u>次元</u>

$(dimension)$ である (kg·m/s) を取るとは限らないし，また，この一般化

単位のこと

力も，力の次元である $(\text{N}$ または $\text{kg·m/s}^2)$ を取るとは限らないんだね。あくまでも，$(*\text{f})'$ や $(*\text{s})$ で定義される物理量と考えるといいんだ。(しかし，$Q_i dq_i$ の次元は常に仕事(エネルギー)の次元になることに要注意だ。)では，⑨と $(*\text{s})$ から，一般化力 Q_i がどのように表せるか考えてみよう。

$x_j = x_j(\{q_i\}) = x_j(q_1, q_2, \cdots, q_n) \quad \cdots\cdots(*\text{p})''$ より，x_j の全微分は，

$$dx_j = \frac{\partial x_j}{\partial q_1} dq_1 + \frac{\partial x_j}{\partial q_2} dq_2 + \cdots + \frac{\partial x_j}{\partial q_n} dq_n \quad \cdots\cdots⑩ \quad \text{すなわち,}$$

$$dx_j = \sum_{i=1}^{n} \frac{\partial x_j}{\partial q_i} dq_i \quad \cdots\cdots⑪ \quad \text{となるのはいいね。}$$

この⑪を⑨に代入すると，次式のようになる。

$$dW = \sum_{j=1}^{n} F_j \underbrace{\left(\sum_{i=1}^{n} \frac{\partial x_j}{\partial q_i} dq_i \right)}_{dx_j} \quad \text{ここで, } \Sigma \text{ 計算の順序を変えると,}$$

$$dW = \sum_{i=1}^{n} \underbrace{\left(\sum_{j=1}^{n} F_j \frac{\partial x_j}{\partial q_i} \right)}_{Q_i} dq_i \quad \cdots\cdots⑫ \quad \text{となる。これから,}$$

⑫と $(*\text{s})$ を比較して，一般化力 Q_i が，

$$Q_i = \sum_{j=1}^{n} F_j \frac{\partial x_j}{\partial q_i} \quad \cdots\cdots(*\text{t}) \quad \text{と表せることが分かるんだね。}$$

具体的には，$Q_i = F_1 \dfrac{\partial x_1}{\partial q_i} + F_2 \dfrac{\partial x_2}{\partial q_i} + \cdots + F_n \dfrac{\partial x_n}{\partial q_i} \quad$ のこと

よって，（∗t）を⑧に代入すると，

$$\dot{p}_i = Q_i + \frac{\partial T}{\partial q_i} \quad \cdots\cdots ⑬ \text{となる。}$$

$$p_i = \frac{\partial T}{\partial \dot{q}_i} \quad \cdots\cdots\cdots\cdots（∗f）'$$

$$\dot{p}_i = \sum_{j=1}^{n} F_j \frac{\partial x_j}{\partial q_i} + \frac{\partial T}{\partial q_i} \cdots ⑧$$

$$Q_i = \sum_{j=1}^{n} F_j \frac{\partial x_j}{\partial q_i} \quad \cdots\cdots（∗t）$$

ここで，外力 F_j が保存力であると
すると，これはポテンシャル U を用いて，

$$F_j = -\frac{\partial U}{\partial x_j} \quad \cdots\cdots ⑭ \text{と表せるんだね。これを（∗t）に代入すると，}$$

$$Q_i = \sum_{j=1}^{n} \left(\underbrace{-\frac{\partial U}{\partial x_j}}_{F_j} \right) \frac{\partial x_j}{\partial q_i} = -\sum_{j=1}^{n} \frac{\partial U}{\partial x_j} \cdot \frac{\partial x_j}{\partial q_i} = -\frac{\partial U}{\partial q_i} \text{となる。}$$

ポテンシャル U は位置のみの関数と考えていいので，

$U = U(\{x_i\}) = U(x_1, x_2, \cdots, x_n)$ だね。よって，U の全微分 dU は，

$$dU = \frac{\partial U}{\partial x_1} dx_1 + \frac{\partial U}{\partial x_2} dx_2 + \cdots + \frac{\partial U}{\partial x_n} dx_n \quad \cdots\cdots(a)$$

ここで，

$U = U(x_1(\{q_i\}), x_2(\{q_i\}), \cdots, x_n(\{q_i\}))$ と考えると

U は $q_i(i = 1, 2, \cdots, n)$ の関数でもあるので，U を q_i で偏微分できる。
形式的には，(a) の両辺を dq_i で割ればいい。ただし，これは常微分で
はなく，偏微分であることに気を付けると，

$$\frac{\partial U}{\partial q_i} = \frac{\partial U}{\partial x_1} \cdot \frac{\partial x_1}{\partial q_i} + \frac{\partial U}{\partial x_2} \cdot \frac{\partial x_2}{\partial q_i} + \cdots + \frac{\partial U}{\partial x_n} \cdot \frac{\partial x_n}{\partial q_i}$$

$$= \sum_{j=1}^{n} \frac{\partial U}{\partial x_j} \cdot \frac{\partial x_j}{\partial q_i} \quad \text{が導けるんだね。同様の変形を何度もやっている}$$

ので，ずい分慣れてきたんじゃないかな？

$$\therefore Q_i = -\frac{\partial U}{\partial q_i} \quad \cdots\cdots（∗u） \quad \text{が成り立つ。}$$

（∗u）を⑬に代入すると，

$$\dot{p}_i = -\frac{\partial U}{\partial q_i} + \frac{\partial T}{\partial q_i} \quad \text{より，} \quad \dot{p}_i = \frac{\partial(T - U)}{\partial q_i} \quad \cdots\cdots ⑮ \text{となる。}$$

ここで，$T - U = L$ とおいて，ようやくラグランジアン L が登場した！

さらに，$p_i = \dfrac{\partial T}{\partial \dot{q}_i}$ ……(＊f)′ も⑮の左辺に代入すると，

$$\frac{d}{dt}\left(\frac{\partial T}{\partial \dot{q}_i}\right) = \frac{\partial L}{\partial q_i} \quad \text{……⑯} \quad \text{となる。}$$

ここで，U は位置のみの関数なので，$U = U(\{q_i\}) = U(q_1, q_2, \cdots, q_n)$ と考えることができる。よって，U は $\dot{q}_i$ の関数ではないので，U を $\dot{q}_i$ で偏微分しても，当然

$$\frac{\partial U}{\partial \dot{q}_i} = 0 \quad \text{……⑰} \quad \text{となる。⑰より，⑯をさらに変形すると，}$$

$$\frac{d}{dt}\left(\frac{\partial T}{\partial \dot{q}_i} - \frac{\partial U}{\partial \dot{q}_i}\right) = \frac{\partial L}{\partial q_i} \quad \text{となる。}$$

$$\boxed{\text{0 より，これを}\frac{\partial T}{\partial q_i}\text{から引いても，何の変化も生じない。}}$$

$$\therefore \frac{d}{dt}\left(\frac{\partial \overset{L}{\overbrace{(T - U)}}}{\partial \dot{q}_i}\right) - \frac{\partial L}{\partial q_i} = 0 \quad \text{から，ラグランジュの運動方程式：}$$

$$\frac{d}{dt}\left(\frac{\partial L}{\partial \dot{q}_i}\right) - \frac{\partial L}{\partial q_i} = 0 \quad \text{……(＊a)} \quad (i = 1, 2, \cdots, n)$$

が導けたんだね。

そして，この $q_i(i = 1, 2, \cdots, n)$ は一般化座標であり，運動する質点の位置を特定できるものであればなんでも構わないので，(＊a)のラグランジュ方程式は，非常に汎用性の高い方程式であることも分かったんだね。

このラグランジュ方程式を導くプロセスを大変に感じられた方も多いと思うけど，解析力学でよく用いられる式変形のパターンが随所に散りばめられているので，1回ですべて理解しようとするのではなく，納得いくまで何回でも読み直してマスターしていかれるといいと思う。

それでは，このラグランジュの運動方程式 (＊a) について，さらに考察を加えていくことにしよう。

●ラグランジュ運動方程式を深めよう！

それでは，ラグランジュ方程式 $(*a)$ について，さらにその特徴など詳しく調べていこう。

$$p_i = \frac{\partial L}{\partial \dot{q}_i} \quad \cdots\cdots\cdots\cdots (*f)$$

$$p_i = \frac{\partial T}{\partial \dot{q}_i} \quad \cdots\cdots\cdots\cdots (*f)'$$

$$\frac{d}{dt}\left(\frac{\partial L}{\partial \dot{q}_i}\right) - \frac{\partial L}{\partial q_i} = 0 \quad \cdots\cdots (*a)$$

$$(i = 1, 2, \cdots, n)$$

（Ⅰ）まず，一般化運動量 p_i の定義について，ポテンシャル U は，位置 $\{q_i\}$ のみの関数で，$\{\dot{q}_i\}$ の関数ではないので，$\frac{\partial U}{\partial \dot{q}_i} = 0$ となる。

これから，$(*f)$ の p_i の定義式を変形すると，

$$p_i = \frac{\partial L}{\partial \dot{q}_i} = \frac{\partial(T - U)}{\partial \dot{q}_i} = \frac{\partial T}{\partial \dot{q}_i} - \underbrace{\frac{\partial U}{\partial \dot{q}_i}}_{0} = \frac{\partial T}{\partial \dot{q}_i} \quad \text{となって，}$$

$(*f)'$ の定義式が現れる。つまり，p_i の定義は $(*f)$，$(*f)'$ いずれでも構わないということなんだね。

（Ⅱ）次，束縛条件についても考えておこう。図1に示すように，

（ⅰ）質点が斜面（または曲面）に沿って運動する場合や

（ⅱ）糸の長さが一定の単振り子の場合や

（ⅲ）異なる質点間の距離が一定に保たれる場合など，

質点の運動には，さまざまな"束縛条件"が付けられることがある。

そして，ニュートンの運動方程式を立てる際には，質点が斜面から受ける垂直抗力や，系による張力などの"束縛力"を考慮に入れなければならなかったんだけれど，ラグランジュの運動方程式では，

図1 束縛条件

（ⅰ）斜面上の運動

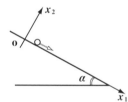

（ⅱ）振り子

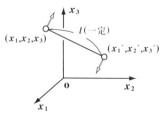

（ⅲ）距離が一定

68

それらを考慮することなく，ラグランジアン L を求めて方程式を機械的に立てることができるわけなんだね。これはすごい長所だ。

そして，この束縛条件はさらに，“自由度”(*degree of freedom*) とも関わってくるので，さらに解説しておこう。図 **1** (i), (ii), (iii)

$x_1 x_2$ 座標 　極座標　 $x_1 x_2 x_3$ 座標

に示すように，それぞれの座標系を設けたとすると，それぞれの束縛条件により，質点の運動は次の方程式により制約を受ける。

(i) の場合，質点は斜面上を運動するので，

$\qquad x_2 = 0$　……(a)

(ii) の場合，単振り子の糸の長さは l (一定) なので，

$\qquad r = l$　……(b)

(iii) の場合，**2** 質点間の距離は l (一定) なので，

$$\sqrt{(x_1 - x_1')^2 + (x_2 - x_2')^2 + (x_3 - x_3')^2} = l \quad ……(c)$$

以上 (i)(ii)(iii) の (a)(b)(c) のように，座標間の方程式で表現できる束縛条件のことを“ホロノミック”(*holonomic*) な束縛という。一般に，ホロノミックな束縛条件は，一般化座標 $\{q_i\}$ を用いれば，**1** つの方程式

$q_1, q_2, \cdots, q_n$ のこと

$f(q_1, q_2, \cdots, q_n) = 0$　……①　　の形で表される。

これ以外に，時刻 t を陽に含む場合には，

$f(q_1, q_2, \cdots, q_n, t) = 0$　……①´　の形で表される。逆に言えば，①や①´の形で表される束縛条件を，ホロノミックな束縛と呼んでいい。

(i)(ii)(iii) の (a)(b)(c) もそれぞれ座標の方程式の形で表されているので，これらはホロノミックな束縛と言えるんだね。

そして，$q_1, q_2, \cdots, q_n$ の一般化座標で表される自由度 n の問題に対して，g 個のホロノミックな束縛の関係式 (方程式) が与えられている場合，(c) のように直接的ではないにせよ，実質的には g 個の変数が決定されていると考えてもいいんだね。よって，この場合の自由度 f は，$f = n - g$ となり，求めるべき一般化座標も $q_1, q_2, \cdots, q_f$ となるた

$n - g$

め，ラグランジュ方程式 (＊a) の数も，$f = n - g$ になるんだね。

つまり，この場合 (＊a) は，

$$\frac{d}{dt}\left(\frac{\partial L}{\partial \dot{q}_i}\right) - \frac{\partial L}{\partial q_i} = 0 \quad \cdots\cdots(*a) \quad (i = 1, 2, \cdots, f) \text{ となる。}$$

自由度 $n - g$

このように，ホロノミックな束縛とは，自由度を下げる束縛条件のことなんだね。これに対して，座標間の方程式で表せない，例えば不等式でしか表せないような束縛条件のことを，"**非ホロノミック**" (*non-holonomic*) な束縛という。

図1(ⅰ) の問題でも，質点が斜面を離れた後の運動まで考えなければならないとき，その条件式は $x_2 = 0$ ……(*a*) では表せないので，非ホロノミックな束縛ということになる。また，図1(ⅱ) の単振り子においても，糸がたるむことを考えないといけない場合，その条件式は，$r = l$ ……(*b*) ではなく，$0 \leqq r \leqq l$ ……(*b*)′ となるので，これも非ホロノミックな束縛ということになるんだね。納得いった？

(Ⅲ) では次，"**循環座標**" (*cyclic coordinate*) と保存量についても解説しておこう。ポテンシャル U と運動エネルギー T は，

$$\begin{cases} U = U(\{q_i\}) = U(q_1, q_2, \cdots, q_f) \leftarrow \boxed{U \text{ は，} q_1, q_2, \cdots, q_f \text{ の関数}} \\ T = T(\{q_i\}, \{\dot{q}_i\}) = T(q_1, q_2, \cdots, q_f, \dot{q}_1, \dot{q}_2, \cdots, \dot{q}_f) \text{ より，} \end{cases}$$

デカルト座標系 (直交座標系) においては，$T = \frac{1}{2}\sum_{i=1}^{f} m_i \dot{x}_i^2$ となって，$\dot{x}_1, \dot{x}_2, \cdots, \dot{x}_f$ のみの関数だけど，例えば，1質点 2次元の極座標において，$T = \frac{1}{2}m(\dot{r}^2 + r^2\dot{\theta}^2)$ のように，一般に T は，$\{q_i\}$ と $\{\dot{q}_i\}$ の

$\boxed{r, (\theta), \dot{r}, \dot{\theta} \text{ の関数}}$

関数であり，さらに，$\dot{q}_i$ についてみると，$T = a_1\dot{q}_1^2 + a_2\dot{q}_2^2 + \cdots + a_f\dot{q}_f^2$ $(a_i : \dot{q}_i \text{ の係数} (\dot{q}_i \text{ から見て定数扱い}))$ となることにも気を付けよう。

ラグランジアン $L(= T - U)$ は，

$L = L(\{q_i\}, \{\dot{q}_i\}) = L(q_1, q_2, \cdots, q_f, \dot{q}_1, \dot{q}_2, \cdots, \dot{q}_f)$ となる。

ここで，この L の中に変数 q_k が含まれない場合，$i = k$ のときの

$\boxed{1, 2, \cdots, f \text{ の内のいずれか}}$

ラグランジュの運動方程式 (*a) は，

$$\frac{d}{dt}\left(\frac{\partial L}{\partial \dot{q}_k}\right) - \frac{\partial L}{\partial q_k} = 0 \quad \text{より，} \quad \frac{d}{dt}(p_k) = 0 \quad \text{となるので，}$$

$\boxed{p_k}$ $\boxed{0(L \text{ は } q_k \text{ の関数ではないからね})}$

一般化運動量：$p_k = C$(定数) となる。

つまり，一般化運動量 p_k は，時刻 t が変化しても一定に保存される
ので，"保存量" と呼ばれることになる。そして，このように L に含
まれない一般化座標 q_k のことを "循環座標" と呼ぶことも覚えてお
こう。座標系をうまくとって，L に含まれない循環座標 q_k が存在す
るようにすると，保存量 p_k が求まるので，式の取り扱いが簡単にな
るんだね。

この循環座標の例としては図 2
に示すように，質量 M の太陽
O の周りを楕円軌道を描きなが
ら運動する質量 m の惑星 P の
問題がある。これは P25 で既に
解説したように，O を極とする
極座標で表すと，このラグラン
ジアン L は

図 2 万有引力の法則

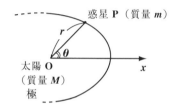

$$L = T - U = \frac{1}{2} m(\dot{r}^2 + r^2 \dot{\theta}^2) + \frac{GMm}{r} \quad \cdots\cdots(a) \text{ となる。}$$

本来，L は $L = L(r, \theta, \dot{r}, \dot{\theta})$ となるはずだが，(a) の右辺から分かる
ように θ が欠落している。つまり，θ が循環座標となるので，

$p_\theta = \dfrac{\partial L}{\partial \dot{\theta}} = mr^2 \dot{\theta}$　が保存量，すなわち時刻 t に対して変化しない物

理量になる。そして，これがケプラーの第 2 法則 (面積速度一定の
法則) に対応しているんだね。

(Ⅳ) 保存量と関連して，"エネルギー積分" についても解説しておこう。

$(*a)$ のラグランジュ方程式から，

$$\frac{\partial L}{\partial q_i} = \frac{d}{dt}\left(\frac{\partial L}{\partial \dot{q}_i}\right) \quad \cdots\cdots① \quad (i = 1, 2, \cdots, f) \text{ となる。}$$

ここで，$L = L(\{q_i\}, \{\dot{q}_i\})$ を時刻 t で微分すると，

$$\frac{dL}{dt} = \sum_{i=1}^{f} \left(\frac{\partial L}{\partial q_i}\dot{q}_i + \frac{\partial L}{\partial \dot{q}_i}\ddot{q}_i\right) \quad \cdots\cdots② \text{ となる。ここで，}$$

$dL = \dfrac{\partial L}{\partial q_1}dq_1 + \cdots + \dfrac{\partial L}{\partial q_f}dq_f + \dfrac{\partial L}{\partial \dot{q}_1}d\dot{q}_1 + \cdots + \dfrac{\partial L}{\partial \dot{q}_f}d\dot{q}_f$ の両辺を dt で
割った形だね。

①を②に代入すると，

$$\frac{dL}{dt} = \sum_{i=1}^{f} \left\{ \dot{q}_i \cdot \frac{d}{dt}\left(\frac{\partial L}{\partial \dot{q}_i}\right) + \ddot{q}_i \cdot \frac{\partial L}{\partial \dot{q}_i} \right\} \quad \text{より，}$$

$$\frac{\partial L}{\partial q_i} = \frac{d}{dt}\left(\frac{\partial L}{\partial \dot{q}_i}\right) \quad \cdots\cdots\cdots\cdots \text{①}$$

$$\frac{dL}{dt} = \sum_{i=1}^{f}\left(\frac{\partial L}{\partial q_i}\dot{q}_i + \frac{\partial L}{\partial \dot{q}_i}\ddot{q}_i\right) \quad \cdots\text{②}$$

これは，$\dfrac{d}{dt}\left(\dot{q}_i \cdot \dfrac{\partial L}{\partial \dot{q}_i}\right) = \ddot{q}_i\dfrac{\partial L}{\partial \dot{q}_i} + \dot{q}_i \cdot \dfrac{d}{dt}\left(\dfrac{\partial L}{\partial \dot{q}_i}\right)$ より，$\dfrac{d}{dt}\left(\dot{q}_i \cdot \dfrac{\partial L}{\partial \dot{q}_i}\right)$ とおける。

$$\frac{dL}{dt} = \sum_{i=1}^{f} \frac{d}{dt}\left(\dot{q}_i \frac{\partial L}{\partial \dot{q}_i}\right) = \frac{d}{dt}\left(\sum_{i=1}^{f} \dot{q}_i \frac{\partial L}{\partial \dot{q}_i}\right)$$

微分操作と Σ 計算の順序を入れ替えた。

よって，$\dfrac{d}{dt}\left(\sum\limits_{i=1}^{f} \dot{q}_i \dfrac{\partial L}{\partial \dot{q}_i} - L\right) = 0$　　すなわち，

$$\frac{\partial(T-U)}{\partial \dot{q}_i} = \frac{\partial T}{\partial \dot{q}_i} - \frac{\partial U}{\partial \dot{q}_i} = \frac{\partial T}{\partial \dot{q}_i}$$

$\underset{\textcircled{0}}{}$　　$\because U$ は $\{q_i\}$ のみの関数より

$\dfrac{d}{dt}\left(\sum\limits_{i=1}^{f} \dot{q}_i \dfrac{\partial T}{\partial \dot{q}_i} - L\right) = 0$　となるので，

$\sum\limits_{i=1}^{f} \dot{q}_i \dfrac{\partial T}{\partial \dot{q}_i} - L = (\text{一定}) \cdots\cdots\text{③}$ となる。 ←── 時刻 t に依存しない保存量

ここで，一般に運動エネルギー T は次のように，$\dot{q}_i$ の2次の同次式で表せる。

$$T = \sum_{i=1}^{f} a_i \dot{q}_i{}^2 = a_1 \dot{q}_1{}^2 + a_2 \dot{q}_2{}^2 + \cdots + a_i \dot{q}_i{}^2 + \cdots + a_f \dot{q}_f{}^2 \cdots\cdots\text{④}$$

たとえば，1質点の2次元極座標における運動の場合は，

$$T = \frac{1}{2}m(\dot{r}^2 + r^2 \dot{\theta}^2) = \underset{\boxed{a_1}}{\frac{1}{2}m\dot{r}^2} + \underset{\boxed{a_2 \text{とおけばいい}}}{\frac{1}{2}mr^2\dot{\theta}^2} = a_1\dot{r}^2 + a_2\dot{\theta}^2 \text{ と表せるからね。}$$

よって，④を $\dot{q}_i$ で微分すると，$\dot{q}_i{}^2$ の項以外はすべて 0 となるので，

$\dfrac{\partial T}{\partial \dot{q}_i} = 2a_i \dot{q}_i \cdots\cdots\text{⑤}$ となる。

⑤を③に代入し，また $L = T - U$ も③に代入すると，

$\underset{\boxed{2\sum\limits_{i=1}^{f} a_i\dot{q}_i{}^2 = 2T \quad (\text{④より})}}{\sum\limits_{i=1}^{f} \dot{q}_i \cdot 2a_i\dot{q}_i} - (T - U) = (\text{一定})$ より，$T + U = (\text{一定}) \cdots\cdots\text{⑥}$ となる。

$T + U$ は全力学的エネルギー E のことだから，⑥は全力学的エネルギー保存則 $E = T + U = (一定)$ を表しているんだね。これを"**エネルギー積分**"と呼ぶ。

(Ⅴ) では次，ラグランジアン L の**不定性**についても解説しておこう。

$L = T - U$ とおくと，ラグランジュ方程式がニュートンの運動方程式と同等になることは，いくつもの例題で確認した。しかし，このようなラグランジアン L が $L = T - U$ のみでないことをこれから示そう。エッ！$L = T - U$ に定数 C をたして，$L' = L + C = T - U + C$ としてもいいんじゃないかって？確かにそうだね。でも，ここで検討するのは，もっと本質的な問題なんだ。つまり，$L = T - U$ に，ある関数をたした場合でも同じ結果が導けることを，これから示す。

まず例で示そう。図 **3** に示すような質量 m の質点の自由落下の問題について，これは **P11** で既に解説した通り，ラグランジュ方程式は，

図 **3** 質点の自由落下

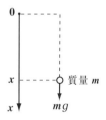

$$\frac{d}{dt}\left(\frac{\partial L}{\partial \dot{x}}\right) - \frac{\partial L}{\partial x} = 0 \quad \cdots\cdots(a)$$

であり，このときラグランジアン L は，

$$L = T - U = \frac{1}{2}m\dot{x}^2 + mgx \quad \cdots\cdots(b)$$

となるんだったね。

そして，この (b) を (a) に代入すると，ニュートンの運動方程式：

$$m\ddot{x} = mg \quad \cdots\cdots(c)$$ が導けるんだったね。

しかし，ここで，(b) の L に，関数 $\dot{x}e^x$ を加えたものを新たなラグランジアン L' とおいてみよう。すなわち，

$$L' = \frac{1}{2}m\dot{x}^2 + mgx + \dot{x}e^x \quad \cdots\cdots(b)'$$ とし，さらに (a) に

L の代わりに L' を代入したものを $(a)'$ とおくと，$(a)'$ からも同様に，ニュートンの運動方程式 (c) を導くことができるんだ。

実際に計算してみると，

$\dfrac{\partial L'}{\partial \dot{x}} = m\dot{x} + e^x$ より，

合成関数の微分

$\dfrac{d}{dt}\left(\dfrac{\partial L'}{\partial \dot{x}}\right) = m\ddot{x} + \dot{x}e^x$ ……(d)

$\dfrac{\partial L'}{\partial x} = \underline{mg + \dot{x}e^x}$ ……(e)

$$\boxed{\begin{aligned} &\dfrac{d}{dt}\left(\dfrac{\partial L'}{\partial \dot{x}}\right) - \dfrac{\partial L'}{\partial x} = 0 \quad \cdots\cdots (a)' \\ &m\ddot{x} = mg \quad\quad\quad\quad\quad\quad\quad \cdots\cdots (c) \\ &L' = \dfrac{1}{2}m\dot{x}^2 + mgx + \dot{x}e^x \ \cdots (b)' \end{aligned}}$$

(d)，(e) を $(a)'$ に代入すると，

$\underline{m\ddot{x} + \dot{x}e^x} - (\underline{mg + \dot{x}e^x}) = 0$， $m\ddot{x} = mg$ ……(c) となって，

同じ結果が導ける。

他にも例外は無数に存在する。$L' = L + \dot{x}cosx$ や $L' = L + 3\dot{x}x^2$ など

など…，御自身で確認されるといい。

それでは，これから一般論に入ろう。一般にラグランジュ方程式：

$\dfrac{d}{dt}\left(\dfrac{\partial L}{\partial \dot{q}_i}\right) - \dfrac{\partial L}{\partial q_i} = 0$ ……$(*a)$ $(i = 1, 2, \cdots, f)$

のラグランジアン $L = T - U$ の代わりに，これに $\dfrac{dW}{dt}$ を加えた

$L' = L + \dfrac{dW}{dt}$ ……$(*v)$ を用いても，同じニュートンの運動方程式を

導ける。ここで，W は $\{q_i\}$ の関数で，全微分可能な関数であり，また

$q_1, q_2, \cdots, q_f$ のこと

シュワルツの定理：$\dfrac{\partial^2 W}{\partial q_i \partial q_j} = \dfrac{\partial^2 W}{\partial q_j \partial q_i}$ ……① も成り立つものとする。

これを示すには，$(*v)$ を $(*a)$ の L の代わりに代入して，

$\dfrac{d}{dt}\left\{\dfrac{\partial(L + \dot{W})}{\partial \dot{q}_i}\right\} - \dfrac{\partial(L + \dot{W})}{\partial q_i} = 0$ であり，線形性を用いて，

$\dfrac{d}{dt}\left(\dfrac{\partial L}{\partial \dot{q}_i}\right) - \dfrac{\partial L}{\partial q_i} + \underline{\dfrac{d}{dt}\left(\dfrac{\partial \dot{W}}{\partial \dot{q}_i}\right) - \dfrac{\partial \dot{W}}{\partial q_i}} = 0$ となるので，

これが，0 であることを示せば，$(*a)$ と一致する。

$\dfrac{d}{dt}\left(\dfrac{\partial \dot{W}}{\partial \dot{q}_i}\right) = \dfrac{\partial \dot{W}}{\partial q_i}$ ……$(*)$ $(i = 1, 2, \cdots, f)$ を示せば，

L の代わりに L' を用いてもラグランジュ方程式に変化はないこと，

つまりニュートンの運動方程式と等価であることが証明できるんだね。

それでは早速証明してみよう。

$W = W(\{q_i\})$ より，これを時刻 t で微分すると次式になる。

$$\dot{W} = \frac{dW}{dt} = \sum_{j=1}^{f} \frac{\partial W}{\partial q_j}\dot{q}_j = \underbrace{\frac{\partial W}{\partial q_1}}\dot{q}_1 + \underbrace{\frac{\partial W}{\partial q_2}}\dot{q}_2 + \cdots + \underbrace{\frac{\partial W}{\partial q_i}}\dot{q}_i + \cdots + \underbrace{\frac{\partial W}{\partial q_f}}\dot{q}_f \quad \cdots\cdots ②$$

これらは，みんな $q_1, q_2, \cdots, q_f$ の関数

たとえば，$W(r, \theta, \phi) = r\sin\theta\cos\phi$ のとき，これを r や θ や ϕ で偏微分しても，r や θ や ϕ の関数になるからね。

ここで，$\frac{\partial W}{\partial q_j}$ $(j = 1, 2, \cdots, f)$ はすべて $\{q_i\}$ の関数より，②は $\{\dot{q}_i\}$ の
1 次式になっている。よって，②を $\dot{q}_i$ で偏微分すると，

これのみ残る

$$\frac{\partial \dot{W}}{\partial \dot{q}_i} = \frac{\partial W}{\partial q_1}\underbrace{\frac{\partial \dot{q}_1}{\partial \dot{q}_i}}_{0} + \frac{\partial W}{\partial q_2}\underbrace{\frac{\partial \dot{q}_2}{\partial \dot{q}_i}}_{0} + \cdots + \frac{\partial W}{\partial q_i}\cdot\underbrace{\frac{\partial \dot{q}_i}{\partial \dot{q}_i}}_{1} + \cdots + \frac{\partial W}{\partial q_f}\underbrace{\frac{\partial \dot{q}_f}{\partial \dot{q}_i}}_{0}$$

$$\therefore \frac{\partial \dot{W}}{\partial \dot{q}_i} = \frac{\partial W}{\partial q_i} \quad \cdots\cdots ③ \quad \text{となる。}$$

これは，$q_1, q_2, \cdots, q_f$ の関数

よって，③を時刻 t で微分すると，

$$\frac{d}{dt}\left(\frac{\partial \dot{W}}{\partial \dot{q}_i}\right) = \frac{d}{dt}\left(\frac{\partial W}{\partial q_i}\right)$$

$q_1, q_2, \cdots, q_f$ の関数

$$= \frac{\partial}{\partial q_1}\left(\frac{\partial W}{\partial q_i}\right)\dot{q}_1 + \frac{\partial}{\partial q_2}\left(\frac{\partial W}{\partial q_i}\right)\dot{q}_2 + \cdots + \frac{\partial}{\partial q_f}\left(\frac{\partial W}{\partial q_i}\right)\dot{q}_f$$

$$= \sum_{j=1}^{f} \frac{\partial}{\partial q_j}\left(\frac{\partial W}{\partial q_i}\right)\dot{q}_j$$

$$\therefore \frac{d}{dt}\left(\frac{\partial \dot{W}}{\partial \dot{q}_i}\right) = \sum_{j=1}^{f} \dot{q}_j \frac{\partial^2 W}{\partial q_j \partial q_i} \quad \cdots\cdots ④ \text{となる。}$$

次に，②の両辺を q_i で偏微分すると，

q_i からみたら定数項扱い

$$\frac{\partial \dot{W}}{\partial q_i} = \frac{\partial}{\partial q_i}\left(\sum_{j=1}^{f} \frac{\partial W}{\partial q_j}\cdot\dot{q}_j\right) = \sum_{j=1}^{f} \frac{\partial}{\partial q_i}\left(\frac{\partial W}{\partial q_j}\right)\cdot\dot{q}_j$$

微分と Σ 計算の順序を入れ替えた

$$\therefore \frac{\partial \dot{W}}{\partial q_i} = \sum_{j=1}^{f} \dot{q}_j \frac{\partial^2 W}{\partial q_i \partial q_j} \quad \cdots\cdots ⑤$$

ここで，シュワルツの定理①が成り立つので，④と⑤は等しい。

$\therefore (*)$ は成り立つ。

このようにラグランジアンは一定には決まらず，不定性をもつので，
ラグランジュの定義による $L = T - U$ の代わりに

$$L' = L + \frac{dW}{dt} = T - U + \frac{dW}{dt} \quad \cdots\cdots(*\text{v})$$

を用いてもかまわないんだね。

だから 1 変数 $q_1 = x$ の関数のとき，**P73** では，$W(x) = e^x$ として，
$\frac{dW}{dt} = \dot{x}e^x$ を加えたものを例として示したんだ。また，**P74** に示した
$L' = L + \dot{x}cosx$ や $L' = L + 3\dot{x}x^2$ の意味も今ではよく分かるはずだ。
そう…，$W(x) = sinx$ や $W(x) = x^3$ とおいて，$\dot{W}(x)$ を求めて L に足
したんだね。納得いった？

このようにラグランジアン L が一意に決まらないことについては，何
か理論的な欠陥のように思っておられる方も多いと思う。しかし，数
学を含む科学史を振り返ってみると，理論的な弱点と思われる所から
実は実り豊かな展望が開かれていくことが多いんだね。今回の関数
W についても然りで，実はこの W には，"**母関数**"（*generator*）とい
う名前があり，ハミルトンの正準方程式の変数を変換（正準変換）す
るときに，重要な役割を演じることになるんだね。**(P183)** シッカリ
覚えておこう。

(VI) 最後に，質点に作用する力に保存力だけでなく，摩擦力などの非保存
力が含まれる場合のラグランジュ方程式についても解説しておこう。
話を，ラグランジュ方程式を導く途中の **P64** の

$$\dot{p}_i = \overbrace{\underbrace{\sum_{j=1}^{f} F_j \frac{\partial x_j}{\partial q_i}}_{Q_i(\text{一般化力})} + \frac{\partial T}{\partial q_i}}^{n \text{ の代わりに自由度} f \text{とした}} \quad \cdots\cdots\text{⑧} \quad \text{に戻そう。}$$

前回の解説では，外力 $F_j (j = 1, 2, \cdots, f)$ はすべて保存力ということで，
$Q_i = -\frac{\partial U}{\partial q_i}$ とした **(P66)** が，ここに，摩擦などの非保存力による一
般化力 Q_i' が存在するものとすると，一般化力 Q_i は次のようになる
はずだ。

$$Q_i = \underbrace{-\frac{\partial U}{\partial q_i}}_{\substack{\text{保存力による}\\\text{一般化力}}} + \underbrace{Q_i{}'}_{\substack{\text{非保存力に}\\\text{よる一般化力}}} \quad \cdots\cdots ⑧'$$

⑧′を⑧に代入して,

$$\underbrace{\frac{d}{dt}\left(\frac{\partial L}{\partial \dot{q}_i}\right)}_{\dot{p}_i\text{ のこと}} = \underbrace{\frac{\partial T}{\partial q_i} - \frac{\partial U}{\partial q_i}}_{\frac{\partial(T-U)}{\partial q_i} = \frac{\partial L}{\partial q_i}} + Q_i{}' \quad \text{となるので,}$$

外力に非保存力が含まれる場合のラグランジュの運動方程式は,

$$\frac{d}{dt}\left(\frac{\partial L}{\partial \dot{q}_i}\right) - \frac{\partial L}{\partial q_i} = Q_i{}' \quad \cdots\cdots(*a)' \quad (i = 1, 2, \cdots, f)$$

(ただし, $Q_i{}'$:非保存力による一般化力) ということになるんだね。

以上で,ラグランジュ方程式の基本についての解説は終了です。

この後は,ラグランジュ方程式の応用として,回転座標系における慣性力の問題や,極座標や球座標におけるラグランジュ方程式について詳しく解説していこう。

§2. ラグランジュの運動方程式の応用

前節で，"**循環座標**"や"**エネルギー積分**"やラグランジアンの"**不定性**"
なども含めて，ラグランジュの運動方程式の基本について解説したので，
ここでは,ラグランジュの運動方程式を実際に利用してみることにしよう。

まず，xy 慣性座標系に対して一定の角速度で回転する回転座標系にラグラ
ンジュの運動方程式を利用してみよう。回転座標系においては，慣性力とし
て"**遠心力**"や"**コリオリの力**"が現われる。これについては「**力学キャンパス・
ゼミ**」でも詳しく解説しているが，ここでは，ラグランジュの運動方程式を
利用して，これらの慣性力を導いてみよう。計算が楽になるわけではないけ
れど，考え方がシンプルなので分かりやすいと思う。

次に，極座標のラグランジュ方程式について，解説しよう。これにつ
いては前に解説しているけれど，ここではさらに詳しく"**一般化力**" Q_r,
Q_θ と外力 F_r, F_θ の関係について教えよう。さらに，"**面積要素**"（$dxdy$ と
$rdrd\theta$）と"**ヤコビアン**" J の関係についても解説するつもりだ。これは，
ずっと後になるけれど，"**ポアソン括弧**"のところでも重要なポイントと
なるので，シッカリ覚えておこう。

最後に，球座標のラグランジュ方程式についても解説する。ここでも，
一般化力 Q_r, Q_θ, Q_φ と外力 F_r, F_θ, F_φ の関係や，"**体積要素**"（$dxdydz$ と
$r^2\sin\theta drd\theta d\varphi$）と"**ヤコビアン**" J の関係についても教えよう。
ここでは，3 次元の回転の行列とオイラー角の考え方も交えながら詳しく
解説するつもりだ。そして，ラグランジュの運動方程式を利用して各加速
度成分 a_r, a_θ, a_φ も求めてみよう。

エッ，かなり難しそうだって!? そうだね。レベルがかなり上がると思う。
でも，これまでに解説した知識をうまく使いながらできるだけ親切に解説
していくので，すべて理解できるはずだ。

それではまず,回転座標系におけるラグランジュの運動方程式について，
講義を始めよう!

● 回転座標系のコリオリの力を導いてみよう！

それではこれから，ラグランジュの運動方程式をまた利用してみよう。ここではまず，慣性系 $\mathbf{O}x_1x_2$ に対して，$\mathbf{O}$ の周りを一定の角速度 ω で正の向きに回転する回転座標系 $\mathbf{O}x_1{'}x_2{'}$ における質量 m の質点 $\mathbf{P}(x_1{'},\ x_2{'})$ の運動について考える。エッ，この場合 "遠心力" や "コリオリの力" といった "**慣性力**" が加わって次のような運動方程式になることは知っているって？

$$m\begin{bmatrix} \ddot{x_1{'}} \\ \ddot{x_2{'}} \end{bmatrix} = m\begin{bmatrix} a_{x_1{'}} \\ a_{x_2{'}} \end{bmatrix} + m\omega^2\begin{bmatrix} x_1{'} \\ x_2{'} \end{bmatrix} + 2m\begin{bmatrix} \omega\dot{x_2{'}} \\ -\omega\dot{x_1{'}} \end{bmatrix} \cdots\cdots (*1)$$

<u>回転系で $\mathbf{P}$ に働く力</u>　<u>慣性系で $\mathbf{P}$ に働く力</u>　<u>遠心力</u>　<u>コリオリの力</u>

慣性力（見かけ上の力）

その通り！力学のメインテーマの1つで，「**力学キャンパス・ゼミ**」でも詳しく解説しているので，御存知ない方は一読されるといい。

図1(ⅰ)に示すように，慣性系(静止座標系)から見た点 $\mathbf{P}(x_1, x_2)$ と回転座標系から見た点 $\mathbf{P}(x_1{'}, x_2{'})$ の関係を知りたければ，図1(ⅱ)に示すように，回転座標系を逆向きに ωt だけ回転させて慣性系と一致させればいいんだね。これから，

$$(x_1{'}, x_2{'}) \xrightarrow[\text{回転}]{\omega t} (x_1, x_2)$$

の関係が分かるので，回転の行列 $R(\omega t)$ を用いて，

$$\begin{bmatrix} x_1 \\ x_2 \end{bmatrix} = \begin{bmatrix} \cos\omega t & -\sin\omega t \\ \sin\omega t & \cos\omega t \end{bmatrix}\begin{bmatrix} x_1{'} \\ x_2{'} \end{bmatrix}$$ より，

$$\begin{cases} x_1 = x_1{'}\cos\omega t - x_2{'}\sin\omega t & \cdots\cdots \text{(a)} \\ x_2 = x_1{'}\sin\omega t + x_2{'}\cos\omega t & \cdots\cdots \text{(b)} \end{cases}$$ となる。

図1　回転座標系

（ⅰ）
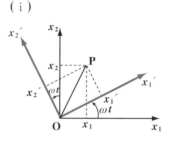

（ⅱ）
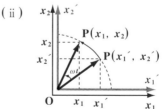

ここで、これからの作戦を簡単に示して
おこう。まず、静止系においてはポテンシ

$$\begin{cases} x_1 = x_1' \cos\omega t - x_2' \sin\omega t \cdots\cdots \text{(a)} \\ x_2 = x_1' \sin\omega t + x_2' \cos\omega t \cdots\cdots \text{(b)} \end{cases}$$

ャル $U(x_1, x_2)$ による保存力のみが質点 P に作用しているものとすると、静止
系におけるラグランジアン L は、

$L = T - U = \dfrac{1}{2} m(\dot{x_1}^2 + \dot{x_2}^2) - U(x_1, x_2) \cdots\cdots$ (c) となる。

この(c)を、回転座標系の変数 x_1', x_2' で書き変えて、この座標系におけるラグ
ランジュの運動方程式:

$\dfrac{d}{dt}\left(\dfrac{\partial L}{\partial \dot{x_i}'}\right) = \dfrac{\partial L}{\partial x_i'} \quad \cdots\cdots$ (d) $\quad (i = 1, 2)$

にもち込めばいいんだね。

では、早速、(a), (d)の両辺を時刻 t で微分して、

・$\dot{x_1} = \dot{x_1}'\cos\omega t - \omega x_1'\sin\omega t - (\dot{x_2}'\sin\omega t + \omega x_2'\cos\omega t)$ より、

$\quad \dot{x_1} = (\dot{x_1}'\cos\omega t - \dot{x_2}'\sin\omega t) - \omega(x_1'\sin\omega t + x_2'\cos\omega t) \cdots\cdots$ (a)′

・$\dot{x_2} = \dot{x_1}'\sin\omega t + \omega x_1'\cos\omega t + (\dot{x_2}'\cos\omega t - \omega x_2'\sin\omega t)$ より、

$\quad \dot{x_2} = (\dot{x_1}'\sin\omega t + \dot{x_2}'\cos\omega t) + \omega(x_1'\cos\omega t - x_2'\sin\omega t) \cdots\cdots$ (b)′

となる。

まず、(c)の $U(x_1, x_2)$ については、(a),(b)を代入して、新たに x_1' と x_2' の関数
$\widetilde{U}(x_1', x_2')$ になったものとすればいい。

次に、(c)の $T = \dfrac{1}{2} m(\dot{x_1}^2 + \dot{x_2}^2)$ には、(a)′,(b)′ を代入して変形すると、

$T = \dfrac{1}{2} m\Big[\big\{\underbrace{(\dot{x_1}'\cos\omega t - \dot{x_2}'\sin\omega t)}_{\boxed{A}} - \underbrace{\omega(x_1'\sin\omega t + x_2'\cos\omega t)}_{\boxed{B}}\big\}^2$

$\qquad\qquad + \big\{\underbrace{(\dot{x_1}'\sin\omega t + \dot{x_2}'\cos\omega t)}_{\boxed{C}} + \underbrace{\omega(x_1'\cos\omega t - x_2'\sin\omega t)}_{\boxed{D \text{とおく}}}\big\}^2\Big]$

$= \dfrac{1}{2} m\big\{\underbrace{\dot{x_1}'^2 + \dot{x_2}'^2}_{\boxed{A^2 + C^2}} + \underbrace{\omega^2(x_1'^2 + x_2'^2)}_{\boxed{B^2 + D^2}}$

$\qquad\quad \underbrace{- 2\omega(\dot{x_1}'\cos\omega t - \dot{x_2}'\sin\omega t)(x_1'\sin\omega t + x_2'\cos\omega t)}_{\boxed{2AB}}$

$\qquad\quad \underbrace{+ 2\omega(\dot{x_1}'\sin\omega t + \dot{x_2}'\cos\omega t)(x_1'\cos\omega t - x_2'\sin\omega t)}_{\boxed{2CD}}\big\}$

よって，$T = \underbrace{\dfrac{1}{2}m(\dot{x_1}'^2 + \dot{x_2}'^2)}_{(A^2+C^2)} + \underbrace{m\omega(x_1'\dot{x_2}' - \dot{x_1}'x_2')}_{(2(AB+CD))} + \underbrace{\dfrac{1}{2}m\omega^2(x_1'^2 + x_2'^2)}_{(B^2+D^2)}$

以上を(c)に代入すると，回転座標系におけるラグランジアン L は，

$L = \dfrac{1}{2}m(\dot{x_1}'^2 + \dot{x_2}'^2) + m\omega(x_1'\dot{x_2}' - \dot{x_1}'x_2') + \dfrac{1}{2}m\omega^2(x_1'^2 + x_2'^2) - \widetilde{U}(x_1', x_2')$ … (c)′

となる。後は，(c)′ をラグランジュ方程式(d)に代入するだけだね。

（ⅰ）$i = 1$ のとき，

・$\dfrac{\partial L}{\partial \dot{x_1}'} = m\dot{x_1}' - m\omega x_2'$ より，$\dfrac{d}{dt}\left(\dfrac{\partial L}{\partial \dot{x_1}'}\right) = m\ddot{x_1}' - m\omega\dot{x_2}'$

・$\dfrac{\partial L}{\partial x_1'} = m\omega\dot{x_2}' + m\omega^2 x_1' - \dfrac{\partial \widetilde{U}}{\partial x_1'}$　　　よって，(d)は，

$m\ddot{x_1}' - m\omega\dot{x_2}' = m\omega\dot{x_2}' + m\omega^2 x_1' - \dfrac{\partial \widetilde{U}}{\partial x_1'}$　より，

$m\ddot{x_1}' = -\dfrac{\partial \widetilde{U}}{\partial x_1'} + m\omega^2 x_1' + 2m\omega\dot{x_2}'$　……(e)　となる。

（ⅱ）$i = 2$ のとき，

・$\dfrac{\partial L}{\partial \dot{x_2}'} = m\dot{x_2}' + m\omega x_1'$ より，$\dfrac{d}{dt}\left(\dfrac{\partial L}{\partial \dot{x_2}'}\right) = m\ddot{x_2}' + m\omega\dot{x_1}'$

・$\dfrac{\partial L}{\partial x_2'} = -m\omega\dot{x_1}' + m\omega^2 x_2' - \dfrac{\partial \widetilde{U}}{\partial x_2'}$　　　　　よって，(d)は，

$m\ddot{x_2}' + m\omega\dot{x_1}' = -m\omega\dot{x_1}' + m\omega^2 x_2' - \dfrac{\partial \widetilde{U}}{\partial x_2'}$ より，

$m\ddot{x_2}' = -\dfrac{\partial \widetilde{U}}{\partial x_2'} + m\omega^2 x_2' - 2m\omega\dot{x_1}'$　……(f)　となる。

以上（ⅰ）（ⅱ）の(e), (f)を列挙して示すと，

$m\begin{bmatrix} \ddot{x_1}' \\ \ddot{x_2}' \end{bmatrix} = -\mathbf{grad}\widetilde{U} + m\omega^2\begin{bmatrix} x_1' \\ x_2' \end{bmatrix} + 2m\begin{bmatrix} \omega\dot{x_2}' \\ -\omega\dot{x_1}' \end{bmatrix}$　となって，

$-\left[\dfrac{\partial \widetilde{U}}{\partial x_1'}, \dfrac{\partial \widetilde{U}}{\partial x_2'}\right]$のことで，これが (∗1) の $m[a_{x_1'}, a_{x_2'}]$ に対応する。

$m\begin{bmatrix} \ddot{x_1}' \\ \ddot{x_2}' \end{bmatrix} = m\begin{bmatrix} a_{x_1'} \\ a_{x_2'} \end{bmatrix} + m\omega^2\begin{bmatrix} x_1' \\ x_2' \end{bmatrix} + 2m\begin{bmatrix} \omega\dot{x_2}' \\ -\omega\dot{x_1}' \end{bmatrix}$ ……(∗1) と一致するんだね。

● 極座標のラグランジュ方程式を再び！

プロローグ (**P19**) で，極座標のラグランジュ方程式について概略を解説したけれど，ここでもう **1** 度検討してみることにしよう。プロローグでは，速度ベクトルについて，

$$\begin{bmatrix} v_x \\ v_y \end{bmatrix} = R(\theta) \begin{bmatrix} v_r \\ v_\theta \end{bmatrix} ，すなわち \begin{bmatrix} \dot{x} \\ \dot{y} \end{bmatrix} = R(\theta) \begin{bmatrix} \dot{r} \\ r\dot{\theta} \end{bmatrix} \cdots\cdots ①$$ が成り立つことを

示した。また，①は $R(\theta)^{-1} = R(-\theta)$ を使って，

$$\begin{bmatrix} \dot{r} \\ r\dot{\theta} \end{bmatrix} = R(-\theta) \begin{bmatrix} \dot{x} \\ \dot{y} \end{bmatrix} \cdots\cdots ①'$$ と表すことができるのも大丈夫だね。

$$\left(ここで，R(\theta) = \begin{bmatrix} \cos\theta & -\sin\theta \\ \sin\theta & \cos\theta \end{bmatrix} ，R(-\theta) = \begin{bmatrix} \cos\theta & \sin\theta \\ -\sin\theta & \cos\theta \end{bmatrix} \right)$$

この①と①´の関係は，速度だけでなく，加速度や力の関係についても当てはまる。ここで，デカルト座標系の外力 $[F_x, F_y]$ と極座標系の外力 $[F_r, F_\theta]$ の関係を示すと，①, ①´と同様に，

$$\begin{bmatrix} F_x \\ F_y \end{bmatrix} = R(\theta) \begin{bmatrix} F_r \\ F_\theta \end{bmatrix} \cdots\cdots ② \qquad \begin{bmatrix} F_r \\ F_\theta \end{bmatrix} = R(-\theta) \begin{bmatrix} F_x \\ F_y \end{bmatrix} \cdots\cdots ②'$$ となる。

しかし，これまで解説したように，解析力学においては，$[F_r, F_\theta]$ の代わりに一般化力 $[Q_r, Q_\theta]$ を用いる。何故なのかって？ それは，

ラグランジュ方程式：$\dfrac{d}{dt}\left(\dfrac{\partial L}{\partial \dot{q}_i} \right) - \underbrace{\dfrac{\partial L}{\partial q_i}}_{\left(\underbrace{\dfrac{\partial T}{\partial q_i} - \underbrace{\dfrac{\partial U}{\partial q_i}}_{Q_i}}\right)} = 0 \quad \cdots\cdots (*a) \quad (i = 1, 2, \cdots, f)$

を変形する際に出てくる $-\dfrac{\partial U}{\partial q_i}$ が，F_i の形ではなく，一般化力 $Q_i (i = 1, 2, \cdots, f)$ の形で現れるからなんだね。

ここで，Q_i の公式 (*t) を思い出してくれ。(**P65**)

$$Q_i = \sum_{j=1}^{f} F_j \dfrac{\partial x_j}{\partial q_i} \cdots\cdots (*t) \quad (i = 1, 2, \cdots, f)$$

この (*t) を極座標とデカルト座標に当てはめて，

$$\begin{cases} Q_1 = Q_r ，Q_2 = Q_\theta ，F_1 = F_x ，F_2 = F_y ， \\ x_1 = x ，x_2 = y ，q_1 = r ，q_2 = \theta \end{cases} \qquad とおくと，$$

$x = r\cos\theta$, $y = r\sin\theta$ より，

$$\begin{cases} Q_r = F_x \underbrace{\dfrac{\partial x}{\partial r}}_{\cos\theta} + F_y \underbrace{\dfrac{\partial y}{\partial r}}_{\sin\theta} \quad\quad \boxed{Q_1 = F_1 \dfrac{\partial x_1}{\partial q_1} + F_2 \dfrac{\partial x_2}{\partial q_1}} \\[3em] Q_\theta = F_x \underbrace{\dfrac{\partial x}{\partial \theta}}_{-r\sin\theta} + F_y \underbrace{\dfrac{\partial y}{\partial \theta}}_{r\cos\theta} \quad\quad \boxed{Q_2 = F_1 \dfrac{\partial x_1}{\partial q_2} + F_2 \dfrac{\partial x_2}{\partial q_2}} \end{cases}$$

この両辺を r で割る。

となり，これを②´と比較できるように変形すると，

$$\begin{bmatrix} \overset{F_r}{\overbrace{Q_r}} \\[1em] \underset{F_\theta}{\underbrace{\dfrac{Q_\theta}{r}}} \end{bmatrix} = \begin{bmatrix} F_x\cos\theta + F_y\sin\theta \\[1em] -F_x\sin\theta + F_y\cos\theta \end{bmatrix} = \underbrace{\begin{bmatrix} \cos\theta & \sin\theta \\[1em] -\sin\theta & \cos\theta \end{bmatrix}}_{R(-\theta)} \begin{bmatrix} F_x \\[1em] F_y \end{bmatrix} \quad\cdots\cdots ③ \quad となる。$$

②´と③から，一般化力 Q_r, Q_θ と，極座標における外力の成分 F_r, F_θ との関係が

$$Q_r = F_r \ \cdots\cdots ④, \quad \frac{Q_\theta}{r} = F_\theta \ \cdots\cdots ⑤ \quad であることが分かったんだね。$$

これから，Q_r と F_r は等しく，Q_r は力の次元 (*dimension*) をもつが，Q_θ と F_θ は異なり，$Q_\theta = rF_\theta$ となるので Q_θ は力ではなく，エネルギー(仕事)の次元をもつことが分かったんだね。

このことを頭に入れて，極座標におけるラグランジュの方程式をもう1度立ててみよう。まず，ラグランジアン L は，

$$L = \underbrace{\frac{1}{2}m(\dot{r}^2 + r^2\dot{\theta}^2)}_{T} - U(r, \theta) \ \cdots\cdots ⑥ となる。よって，ラグランジュ方程式は，$$

U は，r と θ の関数とする。

(ⅰ) ⑥より，$\dfrac{d}{dt}\left(\dfrac{\partial L}{\partial \dot{r}}\right) - \dfrac{\partial L}{\partial r} = 0$ よって，

$\underbrace{}_{m\dot{r}}$ $\boxed{mr\dot{\theta}^2 - \dfrac{\partial U}{\partial r}}$

$$m\ddot{r} - \left(mr\dot{\theta}^2 - \frac{\partial U}{\partial r}\right) = 0$$

$\boxed{Q_r = F_r,(④より\,)}$ ← $\boxed{Q_i = -\dfrac{\partial U}{\partial q_i} \ \cdots\cdots (*\text{u}) \ (\text{P66})}$

$$\therefore m(\underbrace{\ddot{r} - r\dot{\theta}^2}_{a_r}) = F_r, より，\quad (動径)方向の加速度 a_r が，a_r = \ddot{r} - r\dot{\theta}^2 と求まる。$$

(ⅱ) ⑥ より， $\dfrac{d}{dt}\left(\dfrac{\partial L}{\partial \dot{\theta}}\right) - \dfrac{\partial L}{\partial \theta} = 0$ は，

$\underbrace{}_{mr^2\dot{\theta}}$ $\underbrace{}_{\left(-\dfrac{\partial U}{\partial \theta}\right)}$

$$\dfrac{Q_\theta}{r} = F_\theta \quad \cdots\cdots\cdots\cdots\cdots\cdots ⑤$$
$$L = \dfrac{1}{2}m(\dot{r}^2 + r^2\dot{\theta}^2) - U(r,\theta) \cdots\cdots ⑥$$

$m2r\dot{r}\dot{\theta} + mr^2\ddot{\theta} - \left(-\dfrac{\partial U}{\partial \theta}\right) = 0$ ， $mr(2\dot{r}\dot{\theta} + r\ddot{\theta}) = rF_\theta$ より，

$\underbrace{}_{Q_\theta = rF_\theta(⑤より)}$ ← $\boxed{Q_i = -\dfrac{\partial U}{\partial q_i} \cdots\cdots (*u)\ (\text{P66})}$

この両辺を r で割って，$m(\underbrace{2\dot{r}\dot{\theta} + r\ddot{\theta}}_{a_\theta}) = F_\theta$ となる。これから，

θ (接線) 方向の加速度 a_θ が，$a_\theta = 2\dot{r}\dot{\theta} + r\ddot{\theta}$ と求まる。大丈夫？
このような a_r, a_θ の求め方があることも頭に入れておこう。

では次，微小な " **面積要素** " について
も解説しておこう。図 **2**(ⅰ)に xy 座標
(デカルト座標)における面積要素
$dxdy$ と，図 **2**(ⅱ)に極座標における面
積要素 $\underbrace{rdrd\theta}_{rd\theta \times dr \text{のこと}}$ を斜線部で示した。そし

て，これらの面積要素には，

$dxdy = \underbrace{rdrd\theta}_{|J|} \cdots\cdots (a)$

の関係がある。(a) の r は，数学的には
ヤコビアン J の絶対値のことなんだね。
この場合，

$x = r\cos\theta$ ，$y = r\sin\theta$ より，ヤコビア
ン J は次のように求められる。

図 **2** 面積要素
(ⅰ) デカルト座標

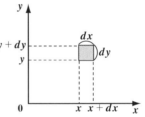

(ⅱ) 極座標

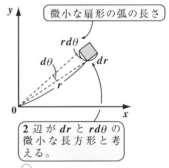

$J = \dfrac{\partial(x,y)}{\partial(r,\theta)} = \begin{vmatrix} \dfrac{\partial x}{\partial r} & \dfrac{\partial x}{\partial \theta} \\ \dfrac{\partial y}{\partial r} & \dfrac{\partial y}{\partial \theta} \end{vmatrix} = \begin{vmatrix} \cos\theta & -r\sin\theta \\ \sin\theta & r\cos\theta \end{vmatrix}$ → $\boxed{\begin{array}{l}\text{行列式の計算} \\ \begin{vmatrix} a & b \\ c & d \end{vmatrix} = ad - bc\end{array}}$

$= r\cos^2\theta - (-r)\sin^2\theta = r(\cos^2\theta + \sin^2\theta) = r$

$\therefore |J| = |r| = r$ となって，(a) の中の $|J|$ が導けるんだね。

このヤコビアン J は，次のように 2 変数関数 $f(x, y)$ の 2 重積分を極座標での 2 重積分に変換するときに有用なんだね。

ヤコビアンが必要！

$$\iint f(x, y)dxdy = \iint g(r, \theta)|J|drd\theta = \iint g(r, \theta)rdrd\theta$$

$f(r\cos\theta,\ r\sin\theta)$ のこと　　$\dfrac{\partial(x, y)}{\partial(r, \theta)} = r$

$\left(\text{ヤコビアン } J \text{ について御存知ない方は，「微分積分キャンパス・ゼミ」}\atop\text{で学習されるといいと思う。}\right)$

また，面積要素の 2 辺 dx, dy と $dr, rd\theta$ を形式上 dt で割ったものが，それぞれの座標系における速度の成分になることも大丈夫だね。つまり，

$$\begin{cases} \cdot\ v_x = \dfrac{dx}{dt} = \dot{x}\ ,\ v_y = \dfrac{dy}{dt} = \dot{y}\ \text{であるし，} \\ \cdot\ v_r = \dfrac{dr}{dt} = \dot{r}\ ,\ v_\theta = \dfrac{rd\theta}{dt} = r\dot{\theta}\ \text{であるんだね。} \end{cases}$$

さらに，極座標における一般化力 Q_r, Q_θ についても，

$$Q_r = -\frac{\partial U}{\partial r} = F_r\ \text{となるが，}$$

dr に対応

$Q_\theta = -\dfrac{\partial U}{\partial \theta}$ の場合，両辺を r で割って，$\dfrac{Q_\theta}{r} = -\dfrac{\partial U}{r\partial\theta} = F_\theta$ となるんだね。

納得いった？

$rd\theta$ に対応

　極座標表示のラグランジュ方程式についても，様々な知識が必要であることがよく分かったと思う。ここで解説したヤコビアン J は，$P194$ 以降に解説する "ポアソン括弧" でも重要な役割を演じることになるので，覚えておこう。

　それでは次は，球座標表示のラグランジュ方程式について解説しよう。これは，3 次元問題になるので，さらに複雑になるけれど，2 次元の極座標についてこれまでシッカリ解説したので，かなり類推ができるようになっているはずだ。頑張ろう！

● 球座標表示のラグランジュ方程式にもチャレンジしよう！

それでは，これから球座標表示によるラグランジュの運動方程式について
詳しく解説しよう。図 **3** に示すように，
点 **P** を球座標で点 $\mathbf{P}(r, \theta, \varphi)$ と表すと，

図 **3** 球座標

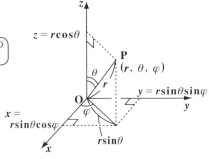

[天頂角] [方位角]

2 次元の極座標の θ と
は異なるので要注意！

これが，極座標の
θ に相当する。

(x, y, z) との変換公式：

$$\begin{cases} x = r\sin\theta\cos\varphi & \cdots\cdots ① \\ y = r\sin\theta\sin\varphi & \cdots\cdots ② \\ z = r\cos\theta & \cdots\cdots\cdots ③ \end{cases}$$

が成り立つ。

ここで図 **4**(ⅰ)にデカルト座標
における微小な "**体積要素**"

$$dx \cdot dy \cdot dz \quad \cdots\cdots ④$$

を示し，また図 **4**(ⅱ)に球座標にお
ける微小な "**体積要素**"

$$dr \cdot rd\theta \cdot r\sin\theta d\varphi \quad \cdots\cdots ⑤$$

これも，微小な直方体と
考えることができる。

を示す。これら体積要素の各辺の
長さを形式的に dt で割ったものが，
各座標系の各軸の速度成分を表す
ので，v_x, v_y, v_z は，

$$\begin{cases} v_x = \dfrac{dx}{dt} = \dot{x} \\ v_y = \dfrac{dy}{dt} = \dot{y} \qquad \cdots\cdots ⑥ \\ v_z = \dfrac{dz}{dt} = \dot{z} \end{cases}$$

であるし，また，v_r, v_θ, v_φ は，

図 **4** 体積要素
(ⅰ) デカルト座標

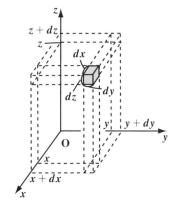

(ⅱ) 球座標

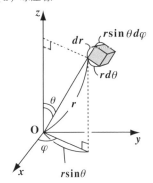

$$
\begin{cases}
v_r = \dfrac{dr}{dt} = \dot{r} \\[2mm]
v_\theta = r \cdot \dfrac{d\theta}{dt} = r\dot{\theta} \qquad\qquad \cdots\cdots ⑦ \\[2mm]
v_\varphi = r\sin\theta \cdot \dfrac{d\varphi}{dt} = r\dot{\varphi}\sin\theta
\end{cases}
$$

となるのも大丈夫だね。

それでは, ①, ②, ③を時刻 t で微分して,

$$
\begin{bmatrix} v_x \\ v_y \\ v_z \end{bmatrix} = A \begin{bmatrix} v_r \\ v_\theta \\ v_\varphi \end{bmatrix} \quad \cdots\cdots ⑧ \quad \text{の形にまとめてみよう。}
$$

・まず, ①を時刻 t で微分して,

公式 : $(f \cdot g \cdot h)' = f'gh + fg'h + fgh'$

$$
v_x = \dot{x} = \dot{r}\sin\theta\cos\varphi + r\dot{\theta}\cos\theta\cos\varphi + r\dot{\varphi}\sin\theta(-\sin\varphi)
$$

・次に, ②を t で微分して,

$$
v_y = \dot{y} = \dot{r}\sin\theta\sin\varphi + r\dot{\theta}\cos\theta\sin\varphi + r\dot{\varphi}\sin\theta\cos\varphi
$$

・最後に, ③を t で微分して,

$$
v_z = \dot{z} = \dot{r}\cos\theta + r\dot{\theta}(-\sin\theta)
$$

公式 : $(f \cdot g)' = f'g + fg'$

以上をまとめると,

$$
\begin{bmatrix} v_x \\ v_y \\ v_z \end{bmatrix} = \begin{bmatrix} \dot{x} \\ \dot{y} \\ \dot{z} \end{bmatrix} = \begin{bmatrix} \dot{r} \cdot \sin\theta\cos\varphi + r\dot{\theta} \cdot \cos\theta\cos\varphi - r\dot{\varphi}\sin\theta \cdot \sin\varphi \\ \dot{r} \cdot \sin\theta\sin\varphi + r\dot{\theta} \cdot \cos\theta\sin\varphi + r\dot{\varphi}\sin\theta \cdot \cos\varphi \\ \dot{r} \cdot \cos\theta \qquad - r\dot{\theta} \cdot \sin\theta \end{bmatrix}
$$

$$
\begin{bmatrix} \dot{x} \\ \dot{y} \\ \dot{z} \end{bmatrix} = \begin{bmatrix} \sin\theta\cos\varphi & \cos\theta\cos\varphi & -\sin\varphi \\ \sin\theta\sin\varphi & \cos\theta\sin\varphi & \cos\varphi \\ \cos\theta & -\sin\theta & 0 \end{bmatrix} \begin{bmatrix} \dot{r} \\ r\dot{\theta} \\ r\dot{\varphi}\sin\theta \end{bmatrix} \quad \cdots\cdots ⑨
$$

x, y, z 系　　　これを, 行列 A とおく。　　r, θ, φ 系

∴⑨の右辺の行列を A とおくと,

$$
A = \begin{bmatrix} \sin\theta\cos\varphi & \cos\theta\cos\varphi & -\sin\varphi \\ \sin\theta\sin\varphi & \cos\theta\sin\varphi & \cos\varphi \\ \cos\theta & -\sin\theta & 0 \end{bmatrix} \quad \cdots\cdots ⑩
$$

となり, $v_r = \dot{r}$, $v_\theta = r\dot{\theta}$, $v_\varphi = r\dot{\varphi}\sin\theta$ より, $[v_x, v_y, v_z]$ と $[v_r, v_\theta, v_\varphi]$ の関係式が, ⑧の形で表されたことになるんだね。

ここで，⑨の両辺をさらに時刻 t で微分すれば，原理的には，

$$\begin{bmatrix} a_x \\ a_y \\ a_z \end{bmatrix} = \begin{bmatrix} \ddot{x} \\ \ddot{y} \\ \ddot{z} \end{bmatrix} = A \begin{bmatrix} a_r \\ a_\theta \\ a_\varphi \end{bmatrix} \quad \cdots\cdots ⑨'$$ となって，

$$\begin{cases} x = r\sin\theta\cos\varphi \ \cdots \ ① \\ y = r\sin\theta\sin\varphi \ \cdots \ ② \\ z = r\cos\theta \ \cdots\cdots \ ③ \end{cases}$$

a_r, a_θ, a_φ を求めることができるはずなんだけれど，これが意外と計算がメンドウでうまくいかない。御自身でも確認されるといい。

そこで，ここではまず，一般化力 Q_i の公式：

$$Q_i = \sum_{j=1}^{f} F_j \frac{\partial x_j}{\partial q_i} \quad \cdots\cdots (*\mathrm{t}) \quad (i = 1, 2, \cdots, f) \quad \textbf{(P65)}$$

を利用して，a_r, a_θ, a_φ を求めてみることにしよう。

例題 2 $\quad x = r\sin\theta\cos\varphi \ \cdots \ ①$，$y = r\sin\theta\sin\varphi \ \cdots \ ②$，$z = r\cos\theta \ \cdots \ ③$ から，公式 $(*\mathrm{t})$ を用いて，一般化力 Q_r, Q_θ, Q_φ を求めてみよう。

（ⅰ）まず，Q_r を $(*\mathrm{t})$ から求めると，

$$Q_r = F_x \underbrace{\frac{\partial x}{\partial r}}_{\sin\theta\cos\varphi} + F_y \underbrace{\frac{\partial y}{\partial r}}_{\sin\theta\sin\varphi} + F_z \underbrace{\frac{\partial z}{\partial r}}_{\cos\theta}$$

> 公式：
> $Q_1 = F_1\frac{\partial x_1}{\partial q_1} + F_2\frac{\partial x_2}{\partial q_1} + F_3\frac{\partial x_3}{\partial q_1}$ のこと

$$\therefore Q_r = F_x\sin\theta\cos\varphi + F_y\sin\theta\sin\varphi + F_z\cos\theta \quad \cdots\cdots ⑪ \text{ となる。}$$

（ⅱ）次，Q_θ も同様に求めると，

$$Q_\theta = F_x \underbrace{\frac{\partial x}{\partial \theta}}_{r\cos\theta\cos\varphi} + F_y \underbrace{\frac{\partial y}{\partial \theta}}_{r\cos\theta\sin\varphi} + F_z \underbrace{\frac{\partial z}{\partial \theta}}_{-r\sin\theta}$$

> 公式：
> $Q_2 = F_1\frac{\partial x_1}{\partial q_2} + F_2\frac{\partial x_2}{\partial q_2} + F_3\frac{\partial x_3}{\partial q_2}$ のこと

$$\therefore Q_\theta = r(F_x\cos\theta\cos\varphi + F_y\cos\theta\sin\varphi - F_z\sin\theta) \quad \cdots\cdots ⑫ \text{ となる。}$$

（ⅲ）最後に，Q_φ も同様に求めよう。

$$Q_\varphi = F_x \underbrace{\frac{\partial x}{\partial \varphi}}_{-r\sin\theta\sin\varphi} + F_y \underbrace{\frac{\partial y}{\partial \varphi}}_{r\sin\theta\cos\varphi} + F_z \underbrace{\frac{\partial z}{\partial \varphi}}_{0}$$

> 公式：
> $Q_3 = F_1\frac{\partial x_1}{\partial q_3} + F_2\frac{\partial x_2}{\partial q_3} + F_3\frac{\partial x_3}{\partial q_3}$ のこと

$$\therefore Q_\varphi = r\sin\theta(-F_x\sin\varphi + F_y\cos\varphi) \quad \cdots\cdots ⑬ \text{ となる。}$$

ここで，体積要素の各辺 $dr, rd\theta, r\sin\theta d\varphi$
より，r 軸, θ 軸, φ 軸方向の一般化力
Q_r, Q_θ, Q_φ と実際の外力 F_r, F_θ, F_φ の関
係は，極座標のときと同様にそれぞれ次の
ようになるのも大丈夫だね。

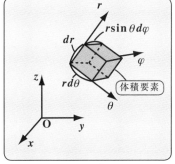

体積要素

$$F_r = Q_r \ , \ \ F_\theta = \frac{Q_\theta}{r} \ , \ \ F_\varphi = \frac{Q_\varphi}{r\sin\theta}$$

よって，⑪, ⑫, ⑬ をまとめると，

$$\begin{bmatrix} F_r \\ F_\theta \\ F_\varphi \end{bmatrix} = \begin{bmatrix} Q_r \\ \dfrac{Q_\theta}{r} \\ \dfrac{Q_\varphi}{r\sin\theta} \end{bmatrix} = \begin{bmatrix} F_x\sin\theta\cos\varphi + F_y\sin\theta\sin\varphi + F_z\cos\theta \\ F_x\cos\theta\cos\varphi + F_y\cos\theta\sin\varphi - F_z\sin\theta \\ -F_x\sin\varphi + F_y\cos\varphi \end{bmatrix}$$

$$\therefore \begin{bmatrix} F_r \\ F_\theta \\ F_\varphi \end{bmatrix} = \begin{bmatrix} \sin\theta\cos\varphi & \sin\theta\sin\varphi & \cos\theta \\ \cos\theta\cos\varphi & \cos\theta\sin\varphi & -\sin\theta \\ -\sin\varphi & \cos\varphi & 0 \end{bmatrix} \begin{bmatrix} F_x \\ F_y \\ F_z \end{bmatrix} \ \cdots\cdots ⑭ となる。$$

r, θ, φ 系 　　　　A^{-1} 　　　　x, y, z 系

よって，

$$\begin{bmatrix} v_x \\ v_y \\ v_z \end{bmatrix} = \begin{bmatrix} \sin\theta\cos\varphi & \cos\theta\cos\varphi & -\sin\varphi \\ \sin\theta\sin\varphi & \cos\theta\sin\varphi & \cos\varphi \\ \cos\theta & -\sin\theta & 0 \end{bmatrix} \begin{bmatrix} v_r \\ v_\theta \\ v_\varphi \end{bmatrix} \ \cdots\cdots ⑨ と比較して，$$

x, y, z 系 　　　　A 　　　　r, θ, φ 系

⑭ の右辺の **3** 次の正方行列は A^{-1} となる。すなわち，

$$A^{-1} = \begin{bmatrix} \sin\theta\cos\varphi & \sin\theta\sin\varphi & \cos\theta \\ \cos\theta\cos\varphi & \cos\theta\sin\varphi & -\sin\theta \\ -\sin\varphi & \cos\varphi & 0 \end{bmatrix} \ \cdots\cdots ⑮ となるはずだね。$$

実際に少し計算はメンドウだけど，AA^{-1} や $A^{-1}A$ を計算すると，

$$AA^{-1} = A^{-1}A = \begin{bmatrix} 1 & 0 & 0 \\ 0 & 1 & 0 \\ 0 & 0 & 1 \end{bmatrix} = E(単位行列) が導ける。$$ これも御自身で確
認されるといいと思う。

以上で，準備が整ったので，これ
からラグランジュ方程式：

$$\frac{d}{dt}\left(\frac{\partial L}{\partial \dot{q}_i}\right) - \frac{\partial L}{\partial q_i} = 0 \quad \cdots (*a)$$

（ただし，$q_1 = r$, $q_2 = \theta$, $q_3 = \varphi$）

にもち込んでみよう。

$$\begin{cases} v_r = \dot{r} \\ v_\theta = r\dot{\theta} \quad \cdots\cdots \text{⑦} \\ v_\varphi = r\dot{\varphi}\sin\theta \end{cases}$$

$$\begin{cases} F_r = Q_r \\ F_\theta = \dfrac{Q_\theta}{r} \\ F_\varphi = \dfrac{Q_\varphi}{r\sin\theta} \end{cases}$$

まず，ポテンシャルを $U = U(r,\theta,\varphi)$
として，ラグランジアン L を求めると，

$$L = T - U = \frac{1}{2}m\underbrace{(v_r{}^2}_{\dot{r}^2} + \underbrace{v_\theta{}^2}_{r^2\dot{\theta}^2} + \underbrace{v_\varphi{}^2)}_{r^2\dot{\varphi}^2\sin^2\theta(\text{⑦より})} - U(r,\theta,\varphi)$$

$$\therefore L = \frac{1}{2}m(\dot{r}^2 + r^2\dot{\theta}^2 + r^2\dot{\varphi}^2\sin^2\theta) - U(r,\theta,\varphi) \quad \cdots\cdots \text{⑯}$$

よって，⑯を ($*$a) に代入してみよう。

（ⅰ）$q_1 = r$ より，($*$a) を変形すると，

$$\frac{d}{dt}\left(\underbrace{\frac{\partial L}{\partial \dot{r}}}_{m\dot{r}}\right) - \underbrace{\frac{\partial L}{\partial r}}_{mr\dot{\theta}^2 + mr\dot{\varphi}^2\sin^2\theta - \underbrace{\frac{\partial U}{\partial r}}_{Q_r = F_r}} = 0$$

$$m\ddot{r} - (mr\dot{\theta}^2 + mr\dot{\varphi}^2\sin^2\theta + F_r) = 0$$

$$\therefore m(\underbrace{\ddot{r} - r\dot{\theta}^2 - r\dot{\varphi}^2\sin^2\theta}_{a_r}) = F_r \quad \cdots\cdots \text{⑰}$$

（ⅱ）$q_2 = \theta$ より，($*$a) を変形して，

$$\frac{d}{dt}\left(\underbrace{\frac{\partial L}{\partial \dot{\theta}}}_{mr^2\dot{\theta}}\right) - \underbrace{\frac{\partial L}{\partial \theta}}_{mr^2\dot{\varphi}^2\sin\theta\cos\theta - \underbrace{\frac{\partial U}{\partial \theta}}_{Q_\theta = rF_\theta}} = 0$$

$$2mr\dot{r}\dot{\theta} + mr^2\ddot{\theta} - (mr^2\dot{\varphi}^2\sin\theta\cos\theta + rF_\theta) = 0$$

両辺を r で割ってまとめると，

$$m(\underbrace{2\dot{r}\dot{\theta} + r\ddot{\theta} - r\dot{\varphi}^2\sin\theta\cos\theta}_{a_\theta}) = F_\theta \quad \cdots\cdots \text{⑱}$$

(ⅲ) $q_3 = \varphi$ より，(*a) を同様に変形すると，

$$\frac{d}{dt}\left(\underbrace{\frac{\partial L}{\partial \dot{\varphi}}}\right) - \underbrace{\frac{\partial L}{\partial \varphi}} = 0$$

$$\underbrace{mr^2\dot{\varphi}\sin^2\theta} \qquad \underbrace{\left(-\frac{\partial U}{\partial \varphi}\right) = Q_\varphi = r\sin\theta \cdot F_\varphi}$$

$$m(2r\dot{r}\dot{\varphi}\sin^2\theta + r^2\ddot{\varphi}\sin^2\theta + r^2\dot{\theta}\dot{\varphi}\cdot 2\sin\theta\cos\theta) - r\sin\theta \cdot F_\varphi = 0$$

両辺を $r\sin\theta$ で割ってまとめると，

$$m(\underbrace{2\dot{r}\dot{\varphi}\sin\theta + r\ddot{\varphi}\sin\theta + 2r\dot{\theta}\dot{\varphi}\cos\theta}) = F_\varphi \quad \cdots\cdots ⑲$$
$$\underset{a_\varphi}{\Vert}$$

以上 (ⅰ)(ⅱ)(ⅲ) の⑰，⑱，⑲より，r(動径)方向，θ(天頂角)方向，φ(方位角)方向の加速度 a_r, a_θ, a_φ はそれぞれ次のようになることが分かったんだね。

$$\begin{cases} a_r = \ddot{r} - r\dot{\theta}^2 - r\dot{\varphi}^2\sin^2\theta \cdots\cdots\cdots\cdots\cdots\cdots ⑰' \\ a_\theta = 2\dot{r}\dot{\theta} + r\ddot{\theta} - r\dot{\varphi}^2\sin\theta\cos\theta \cdots\cdots\cdots\cdots ⑱' \\ a_\varphi = 2\dot{r}\dot{\varphi}\sin\theta + r\ddot{\varphi}\sin\theta + 2r\dot{\theta}\dot{\varphi}\cos\theta \cdots\cdots ⑲' \qquad 大丈夫だった？ \end{cases}$$

では次のテーマに入ろう。次の⑭式 (**P89**) を見て，プロローグで解説した軸の回転 (オイラー角) と何か関係があるはずだ，と考えた方が多いと思う。

$$\begin{matrix}(ⅰ) \\ (ⅱ)\end{matrix}\begin{cases}\\\\\\\end{cases}\begin{bmatrix} F_r \\ F_\theta \\ F_\varphi \end{bmatrix} = \begin{matrix}(ⅰ) \\ (ⅱ)\end{matrix}\begin{cases}\\\\\\\end{cases}\begin{bmatrix} \sin\theta\cos\varphi & \sin\theta\sin\varphi & \cos\theta \\ \cos\theta\cos\varphi & \cos\theta\sin\varphi & -\sin\theta \\ -\sin\varphi & \cos\varphi & 0 \end{bmatrix}\begin{bmatrix} F_x \\ F_y \\ F_z \end{bmatrix} \quad \cdots\cdots ⑭$$

$$\underbrace{\quad}_{r,\theta,\varphi \text{系}} \qquad\qquad \underbrace{\quad}_{A^{-1}} \qquad\qquad \underbrace{\quad}_{x,y,z \text{系}}$$

これは何も力だけでなく，速度や加速度に関しても同様に，

$$\begin{bmatrix} v_r \\ v_\theta \\ v_\varphi \end{bmatrix} = A^{-1}\begin{bmatrix} v_x \\ v_y \\ v_z \end{bmatrix} \qquad \begin{bmatrix} a_r \\ a_\theta \\ a_\varphi \end{bmatrix} = A^{-1}\begin{bmatrix} a_x \\ a_y \\ a_z \end{bmatrix} \qquad の関係式 が成り立つ。$$

$$\underbrace{\quad}_{r,\theta,\varphi \text{系}} \underbrace{\quad}_{x,y,z \text{系}} \quad \underbrace{\quad}_{r,\theta,\varphi \text{系}} \underbrace{\quad}_{x,y,z \text{系}}$$

確かに，明確な関係がある。しかし，確認しようとして計算してもどうも結果が合わないと思っておられる方も多いと思う。種明かしをしておこう。問題は，⑭式の **2** つのベクトルの成分の順番にあるんだ。つまり，x, y, z の成分の順に対応するものは，r, θ, φ の順ではなくて，θ, φ, r の順になるんだね。すなわち⑭の左辺のベクトルは，F_θ, F_φ, F_r の順でないといけない。

これに対応して，⑭の右辺の行列 A^{-1} の行も入れ替えなければならない。

つまり，左辺のベクトルと右辺の行列の

(ⅰ) まず，第1行と第2行を入れ替え，

(ⅱ) 次に，第2行と第3行を入れ替える必要がある。よって，

$$\begin{bmatrix} F_\theta \\ F_\varphi \\ F_r \end{bmatrix} = \underbrace{\begin{bmatrix} \cos\theta\cos\varphi & \cos\theta\sin\varphi & -\sin\theta \\ -\sin\varphi & \cos\varphi & 0 \\ \sin\theta\cos\varphi & \sin\theta\sin\varphi & \cos\theta \end{bmatrix}}_{M} \begin{bmatrix} F_x \\ F_y \\ F_z \end{bmatrix} \quad \cdots\cdots ⑭'$$

としなければならない。ここで，⑭´の右辺の
行列を新たに M とおくと，

$$M = \begin{bmatrix} \cos\theta\cos\varphi & \cos\theta\sin\varphi & -\sin\theta \\ -\sin\varphi & \cos\varphi & 0 \\ \sin\theta\cos\varphi & \sin\theta\sin\varphi & \cos\theta \end{bmatrix} \quad \cdots\cdots ⑭''$$

となる。そして，この M は，$\mathrm{O}xyz$
座標を $\mathrm{O}\theta\varphi r$ 座標に変換する行列に
なるはずだね。確認してみよう。

図5(ⅰ)に示すように，まず，
$\mathrm{O}xyz$ 座標を z 軸の周りに角 φ
負の向き
だけ回転して，新たに，
$\mathrm{O}x_1y_1z_1$ 座標とする。

これは，φ と同じ ┃ これは，z と同じ

これを方程式で示すと，

$$\begin{bmatrix} x_1 \\ y_1 \\ z_1 \end{bmatrix} = R_z(-\varphi) \begin{bmatrix} x \\ y \\ z \end{bmatrix} \quad \cdots\cdots (a)$$

となる。
当然，この回転により，
$\angle z_1\mathrm{O}y_1 = \angle r\mathrm{O}y_1 = \angle R$
となる。そして，

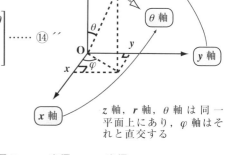

z 軸, r 軸, θ 軸は同一
平面上にあり, φ 軸はそ
れと直交する

図5　xyz 座標 → $\theta\varphi r$ 座標
(ⅰ) z 軸の周りに $-\varphi$ 回転

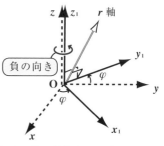

(ⅱ) y 軸の周りに θ 回転

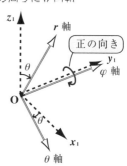

図 5(ⅱ) に示すように，$\mathbf{O}x_1y_1z_1$ 座標を y_1 軸 (φ 軸) の周りに角 θ だけ回

$$\boxed{\text{正の向き}}$$

転すると，それが，$\mathbf{O}\theta\varphi r$ 座標になる。これを方程式で示すと，

$$\begin{bmatrix} \theta \\ \varphi \\ r \end{bmatrix} = R_y(\theta) \begin{bmatrix} x_1 \\ y_1 \\ z_1 \end{bmatrix} \cdots\cdots \text{(b)} \quad \text{となる。}$$

よって，(a) を (b) に代入すると，

$$\begin{bmatrix} \theta \\ \varphi \\ r \end{bmatrix} = R_y(\theta)R_z(-\varphi) \begin{bmatrix} x \\ y \\ z \end{bmatrix} \cdots\cdots \text{(c)}$$

となる。

ここで，

$$R_y(\theta) = \begin{bmatrix} \cos\theta & 0 & -\sin\theta \\ 0 & 1 & 0 \\ \sin\theta & 0 & \cos\theta \end{bmatrix}, R_z(-\varphi) = \begin{bmatrix} \cos\varphi & \sin\varphi & 0 \\ -\sin\varphi & \cos\varphi & 0 \\ 0 & 0 & 1 \end{bmatrix} \text{より，}$$

$R_y(\theta)R_z(-\varphi)$ を求めると，当然これは，⑭˝ の M と一致するはずだ。早速，確認してみよう。

$$R_y(\theta)R_z(-\varphi) = \begin{bmatrix} \cos\theta & 0 & -\sin\theta \\ 0 & 1 & 0 \\ \sin\theta & 0 & \cos\theta \end{bmatrix} \begin{bmatrix} \cos\varphi & \sin\varphi & 0 \\ -\sin\varphi & \cos\varphi & 0 \\ 0 & 0 & 1 \end{bmatrix}$$

$$= \begin{bmatrix} \cos\theta\cos\varphi & \cos\theta\sin\varphi & -\sin\theta \\ -\sin\varphi & \cos\varphi & 0 \\ \sin\theta\cos\varphi & \sin\theta\sin\varphi & \cos\theta \end{bmatrix}$$

よって，ナルホド，$M = R_y(\theta)R_z(-\varphi)$ が成り立つことが分かった。これは，**P52** で解説した "**オイラー角**" の初めの 2 角 α と β を使った変形と同様なんだね。これで，オイラー角と球座標の関係もシッカリ頭に入ったと思う。面白かった？

前に，2 次元座標における微小な "**面積要素**" とヤコビアンの関係について解説した。ここではこれから，3 次元座標における微小な "**体積要素**" とヤコビアンの関係についても解説しよう。

まず，デカルト座標 (xyz 座標) 系に
おける微小な "**体積要素**" は，

$dx \cdot dy \cdot dz$ であり，

球座標における微小な "**体積要素**"
は，右図 (ⅱ) より明らかに，

$dr \cdot rd\theta \cdot r\sin\theta d\varphi$

　　$= r^2\sin\theta dr \cdot d\theta \cdot d\varphi$ であること
は大丈夫だね。

　　そして，これらの体積要素は等しい
とおけるので，

$$dx \cdot dy \cdot dz = \underset{\boxed{|J|}}{\underline{r^2\sin\theta dr \cdot d\theta \cdot d\varphi}} \quad \cdots\cdots ①$$

の関係式が成り立つ。この①の $r^2\sin\theta$
は，面積要素のときの類推から，ヤコ
ビアン J の絶対値であることが分かると思う。

この場合のヤコビアン J は，次のデカルト座標と球座標の変換公式：

$$x = r\sin\theta\cos\varphi \quad , \quad y = r\sin\theta\sin\varphi \quad , \quad z = r\cos\theta$$

を基に，次のような 3 行 3 列の行列式で求められる。

$$J = \frac{\partial(x, y, z)}{\partial(r, \theta, \varphi)} = \begin{vmatrix} \dfrac{\partial x}{\partial r} & \dfrac{\partial x}{\partial \theta} & \dfrac{\partial x}{\partial \varphi} \\ \dfrac{\partial y}{\partial r} & \dfrac{\partial y}{\partial \theta} & \dfrac{\partial y}{\partial \varphi} \\ \dfrac{\partial z}{\partial r} & \dfrac{\partial z}{\partial \theta} & \dfrac{\partial z}{\partial \varphi} \end{vmatrix}$$

サラスの公式
$\begin{cases} 実線は \oplus \\ 破線は \ominus \end{cases}$

(ⅰ)　　(ⅱ)　　(ⅵ)　　(ⅲ)　　(ⅴ)　　　(ⅳ)

$$= \begin{vmatrix} \sin\theta\cos\varphi & r\cos\theta\cos\varphi & -r\sin\theta\sin\varphi \\ \sin\theta\sin\varphi & r\cos\theta\sin\varphi & r\sin\theta\cos\varphi \\ \cos\theta & -r\sin\theta & 0 \end{vmatrix}$$

(ⅰ) デカルト座標系における体積要素

(ⅱ) 球座標系における体積要素

> **3** 次の行列式を求める "**サラスの公式**" について御存知ない方は,「**線形代数キャンパス・ゼミ**」で学習されるといいと思う。

よって,

$$J = \underset{(\text{i})}{\underline{0}} + \underset{(\text{ii})}{\underline{r^2\sin\theta\cos^2\theta\cos^2\varphi}} + \underset{(\text{iii})}{\underline{r^2\sin^3\theta\sin^2\varphi}}$$

$$\quad - \underset{(\text{iv})}{\underline{(-r^2)\sin\theta\cos^2\theta\sin^2\varphi}} - \underset{(\text{v})}{\underline{0}} - \underset{(\text{vi})}{\underline{(-r^2)\sin^3\theta\cos^2\varphi}}$$

$$= r^2\sin\theta\cos^2\theta\underset{1}{(\underline{\cos^2\varphi+\sin^2\varphi})} + r^2\sin^3\theta\underset{1}{(\underline{\sin^2\varphi+\cos^2\varphi})}$$

$$= r^2\sin\theta\underset{1}{(\underline{\cos^2\theta+\sin^2\theta})} = r^2\sin\theta \quad となるんだね。$$

$\therefore |J| = |r^2\sin\theta| = r^2\sin\theta$ となって,①のヤコビアン J の絶対値が導けた。

今回のヤコビアン J は,次のような **3** 変数関数 $f(x, y, z)$ の **3** 重積分を,球座標での **3** 重積分に変換するときに役に立つ。つまり,

$$\iiint f(x, y, z)\,dxdydz = \iiint \underset{f(r\sin\theta\cos\varphi,\ r\sin\theta\sin\varphi,\ r\cos\theta)\text{ のこと}}{\underline{g(r, \theta, \varphi)}}\underset{\text{これが必要}}{\underline{|J|}}\,drd\theta d\varphi$$

$$= \iiint g(r, \theta, \varphi)\underline{r^2\sin\theta}\,drd\theta d\varphi$$

のように,積分計算を行う。
$$\boxed{|J| = \left|\frac{\partial(x, y, z)}{\partial(r, \theta, \varphi)}\right|}$$

以上で,ラグランジュの運動方程式の応用についての解説は終わったので,この後,実践問題でさらに練習することにしよう。

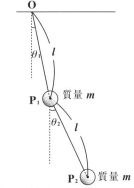

右図に示すように, 質量を無視できる長さ l
の糸の上端を点 O に固定し, 下端に質量 m
の重り P_1 を付け, さらにその下に同じ長さ l
の糸と質量 m の重り P_2 を付けて, 2 重振り
子を作る。 重り P_1, P_2 の振れ角をそれぞれ
θ_1, θ_2 とおき, これらは十分に小さいものと
する。 また, ポテンシャル U の基準点を重り
P_2 の最下点にとる。

このとき, θ_1, θ_2 を一般化座標としたラグランジアン L が

$$L = ml^2\left(\dot{\theta_1}^2 + \dot{\theta_1}\dot{\theta_2} + \frac{1}{2}\dot{\theta_2}^2\right) - mgl\left(1 + \theta_1^2 + \frac{1}{2}\theta_2^2\right) \cdots\cdots (*1)$$

となることを示せ。

$\left(ただし, \theta \fallingdotseq 0 より, 1 - \cos\theta \fallingdotseq \frac{1}{2}\theta^2 とする。\right)$

さらに, θ_1, θ_2 が次のように表されることを示せ。

$$\begin{cases} \theta_1 = \dfrac{1}{2\sqrt{2}}\{A_1\cos(\omega_1 t + \psi_1) + A_2\cos(\omega_2 t + \psi_2)\} \cdots\cdots (*2) \\ \theta_2 = \dfrac{1}{2}\{A_1\cos(\omega_1 t + \psi_1) - A_2\cos(\omega_2 t + \psi_2)\} \qquad \cdots\cdots (*3) \end{cases}$$

$\left(ただし, {\omega_1}^2 = \dfrac{\sqrt{2}g}{(\sqrt{2}+1)l}, {\omega_2}^2 = \dfrac{\sqrt{2}g}{(\sqrt{2}-1)l} であり, A_1, A_2, \psi_1, \psi_2 は\right.$
$\left.定数。\right)$

ヒント! 平面上の 2 質点の問題だけれど, 2 つの糸の長さが共に l で与えら
れているので, 自由度 $f = 4 - 2 = 2$ の問題だね。よって, θ_1, θ_2 を一般化座標
として, まず, このラグランジアン $L = T - U$ が ($*1$) で表されることを示す
んだね。さらに, ラグランジュ方程式 $\dfrac{d}{dt}\left(\dfrac{\partial L}{\partial \dot{\theta_i}}\right) - \dfrac{\partial L}{\partial \theta_i} = 0$ ($i = 1, 2$) から
2 つのニュートンの運動方程式を導き, これらを解けばいいんだね。この際,
調和振動の運動方程式 $\ddot{\theta} = -\omega^2\theta$ の解が, $\theta = A\cos(\omega t + \psi)$ (A, ψ : 定数) と
なることを利用することがポイントだ。応用問題だ!頑張ろう!

解答＆解説

平面上の **2** 質点の運動であるが，**2** つの糸の長さが l と与えられている (束縛条件) ので，自由度 $f = 4 - 2 = 2$ となる。よって，**2** つの重り P_1, P_2 のそれぞれの微小な振れ角 θ_1 と θ_2 を一般化座標と考えて解く。

2 つの重り P_1, P_2 の接線方向の速さはそれぞれ $l\dot{\theta}_1$ と $l\dot{\theta}_1 + l\dot{\theta}_2$ より，これらの運動エネルギーの総和 T は，

$$T = \frac{1}{2}ml^2\dot{\theta}_1{}^2 + \boxed{(\mathcal{T})}$$

$$= \frac{1}{2}ml^2(\dot{\theta}_1{}^2 + \dot{\theta}_1{}^2 + 2\dot{\theta}_1\dot{\theta}_2 + \dot{\theta}_2{}^2) \text{ より，}$$

$$T = ml^2\left(\dot{\theta}_1{}^2 + \dot{\theta}_1\dot{\theta}_2 + \frac{1}{2}\dot{\theta}_2{}^2\right) \cdots\cdots① \text{ となる。}$$

次，ポテンシャル U の基準点を重り P_2 の最下点にとると，

$$U = mg\{\boxed{(\mathcal{A})} + l(1 - \cos\theta_1)\} + mg\{l(1 - \cos\theta_1) + l(1 - \cos\theta_2)\}$$

$$\underbrace{\qquad\qquad}_{\boxed{P_1 \text{ のポテンシャル}}} \underbrace{\qquad\qquad}_{\boxed{P_2 \text{ のポテンシャル}}}$$

$$= mgl\{1 + 2\underbrace{(1 - \cos\theta_1)}_{\boxed{\frac{1}{2}\theta_1{}^2}} + \underbrace{(1 - \cos\theta_2)}_{\boxed{\frac{1}{2}\theta_2{}^2}}\}$$

$$= mgl\left(1 + \theta_1{}^2 + \frac{1}{2}\theta_2{}^2\right) \cdots\cdots② \text{ となる。}$$

> 極限の公式
> $\lim_{\theta \to 0} \dfrac{1 - \cos\theta}{\theta^2} = \dfrac{1}{2}$ より，
> $\theta \fallingdotseq 0$ のとき，
> $\dfrac{1 - \cos\theta}{\theta^2} \fallingdotseq \dfrac{1}{2}$
> $\therefore 1 - \cos\theta \fallingdotseq \dfrac{1}{2}\theta^2$ だからね。

以上より，この問題のラグランジアン L は，$L = T - U$ に，①，②を代入して，

$$\therefore L = ml^2\left(\dot{\theta}_1{}^2 + \dot{\theta}_1\dot{\theta}_2 + \frac{1}{2}\dot{\theta}_2{}^2\right) - mgl\left(1 + \theta_1{}^2 + \frac{1}{2}\theta_2{}^2\right) \cdots\cdots(*1) \cdots\cdots(終)$$

となることが分かった。

この $(*1)$ をラグランジュ方程式：

$$\frac{d}{dt}\left(\frac{\partial L}{\partial \dot{\theta}_i}\right) - \frac{\partial L}{\partial \theta_i} = 0 \cdots\cdots③ \quad (i = 1, 2) \text{ に代入すればいい。}$$

（ⅰ）$i = 1$ のとき，③より，

$$\frac{d}{dt}\left(\underbrace{\frac{\partial L}{\partial \dot{\theta}_1}}_{}\right) - \underbrace{\frac{\partial L}{\partial \theta_1}}_{} = 0$$

$$\underbrace{ml^2(2\ddot{\theta}_1 + \ddot{\theta}_2)}_{} \qquad \underbrace{(-2mgl\theta_1)}_{}$$

> $$L = ml^2\left(\dot{\theta}_1{}^2 + \dot{\theta}_1\dot{\theta}_2 + \frac{1}{2}\dot{\theta}_2{}^2\right)$$
> $$\quad - mgl\left(1 + \theta_1{}^2 + \frac{1}{2}\theta_2{}^2\right) \cdots (*1)$$

$ml^2(2\ddot{\theta}_1 + \ddot{\theta}_2) + \boxed{（ウ）} = 0$ となる。

よって，この両辺を $ml^2(>0)$ で割ってまとめると，

$$2\ddot{\theta}_1 + \ddot{\theta}_2 = -2\alpha\theta_1 \cdots\cdots ④ \qquad \left(\alpha = \frac{g}{l}\right)$$

となる。

（ⅱ）$i = 2$ のとき，③より，

$$\frac{d}{dt}\left(\underbrace{\frac{\partial L}{\partial \dot{\theta}_2}}_{}\right) - \underbrace{\frac{\partial L}{\partial \theta_2}}_{} = 0$$

$$\underbrace{ml^2(\dot{\theta}_1 + \dot{\theta}_2)}_{} \qquad \underbrace{(-mgl\theta_2)}_{}$$

$ml^2(\ddot{\theta}_1 + \ddot{\theta}_2) + \boxed{（エ）} = 0$ となる。

よって，この両辺を $ml^2(>0)$ で割ってまとめると，

$$\ddot{\theta}_1 + \ddot{\theta}_2 = -\alpha\theta_2 \cdots\cdots ⑤ \qquad \left(\alpha = \frac{g}{l}\right)$$

となる。

以上（ⅰ）（ⅱ）の④，⑤を列挙すると，

$$\begin{cases} 2\ddot{\theta}_1 + \ddot{\theta}_2 = -2\alpha\theta_1 \cdots\cdots ④ \\ \ddot{\theta}_1 + \ddot{\theta}_2 = -\alpha\theta_2 \cdots\cdots\cdots ⑤ \end{cases} \left(\text{ただし，} \alpha = \frac{g}{l}\right) \text{となる。}$$

> ④ $+\beta\times$⑤ を計算して，$\ddot{\Theta} = -\omega\Theta$ の形にもち込めれば，
> $\underbrace{\quad}_{\dot{\theta}_1 と \dot{\theta}_2 の式}$ $\underbrace{\quad}_{\theta_1 と \theta_2 の式}$
> これは単振動（調和振動）の方程式より，解 $\Theta = A\cos(\omega t + \psi)$ $(A, \psi：定数)$
> がすぐに導けるんだね。

④ $+\beta\times$⑤ を計算すると，

$$\underbrace{2\ddot{\theta}_1 + \ddot{\theta}_2 + \beta(\ddot{\theta}_1 + \ddot{\theta}_2) = -\alpha(2\theta_1 + \beta\theta_2)}_{(2+\beta)\ddot{\theta}_1 + (1+\beta)\ddot{\theta}_2 = \frac{d^2}{dt^2}\{(2+\beta)\theta_1 + (1+\beta)\theta_2\}}$$

$$\frac{d^2}{dt^2}\{(2+\beta)\theta_1 + (1+\beta)\theta_2\} = -\alpha(2\theta_1 + \beta\theta_2) \cdots\cdots ⑥ \text{となる。}$$

よって，$\dfrac{2+\beta}{1+\beta} = \dfrac{2}{\beta} \cdots\cdots ⑦$ が成り立てばよい。

⑦を解いて，

$$\beta(2+\beta)=2(1+\beta) \qquad \beta^2=2 \qquad \therefore \beta=\pm\sqrt{2} \qquad \text{よって，}$$

(i) $\beta=\sqrt{2}$ のとき，⑥は，

$$\frac{d^2}{dt^2}\underbrace{\{(2+\sqrt{2})\theta_1+(\sqrt{2}+1)\theta_2\}}_{(\sqrt{2}+1)(\sqrt{2}\theta_1+\theta_2)}=-\alpha\underbrace{(2\theta_1+\sqrt{2}\theta_2)}_{\sqrt{2}(\sqrt{2}\theta_1+\theta_2)} \text{ となるので，}$$

$$\frac{d^2}{dt^2}\underbrace{(\sqrt{2}\theta_1+\theta_2)}_{\Theta_1}=-\underbrace{\frac{\sqrt{2}\alpha}{\sqrt{2}+1}}_{\omega_1{}^2}\underbrace{(\sqrt{2}\theta_1+\theta_2)}_{\Theta_1}$$

> これは，$\ddot{\Theta}_1=-\omega_1{}^2\Theta_1$ の形をしているので，その解は，$\Theta_1=A_1\cos(\omega_1 t+\psi_1)$ となる。

ここで，$\omega_1{}^2=\dfrac{\sqrt{2}\alpha}{\sqrt{2}+1}=\dfrac{\sqrt{2}g}{(\sqrt{2}+1)l}$ とおくと，

$$\boxed{(\text{オ})}=A_1\cos(\omega_1 t+\psi_1) \cdots\cdots ⑧ \text{となる。}$$

(ii) $\beta=-\sqrt{2}$ のとき，⑥は，

$$\frac{d^2}{dt^2}\underbrace{\{(2-\sqrt{2})\theta_1-(\sqrt{2}-1)\theta_2\}}_{(\sqrt{2}-1)(\sqrt{2}\theta_1-\theta_2)}=-\alpha\underbrace{(2\theta_1-\sqrt{2}\theta_2)}_{\sqrt{2}(\sqrt{2}\theta_1-\theta_2)} \text{ となるので，}$$

$$\frac{d^2}{dt^2}\underbrace{(\sqrt{2}\theta_1-\theta_2)}_{\Theta_2}=-\underbrace{\frac{\sqrt{2}\alpha}{\sqrt{2}-1}}_{\omega_2{}^2}\underbrace{(\sqrt{2}\theta_1-\theta_2)}_{\Theta_2}$$

> これは，$\ddot{\Theta}_2=-\omega_2{}^2\Theta_2$ の形をしているので，その解は，$\Theta_2=A_2\cos(\omega_2 t+\psi_2)$ となる。

ここで，$\omega_2{}^2=\dfrac{\sqrt{2}\alpha}{\sqrt{2}-1}=\dfrac{\sqrt{2}g}{(\sqrt{2}-1)l}$ とおくと，

$$\boxed{(\text{カ})}=A_2\cos(\omega_2 t+\psi_2) \cdots\cdots ⑨ \text{となる。}$$

以上より，

$\dfrac{⑧+⑨}{2\sqrt{2}}$ から，$\theta_1=\dfrac{1}{2\sqrt{2}}\{A_1\cos(\omega_1 t+\psi_1)+A_2\cos(\omega_2 t+\psi_2)\} \cdots(*2)\cdots(\text{終})$

$\dfrac{⑧-⑨}{2}$ から，$\theta_2=\dfrac{1}{2}\{A_1\cos(\omega_1 t+\psi_1)-A_2\cos(\omega_2 t+\psi_2)\} \cdots\cdots(*3)\cdots(\text{終})$

となる。（ただし，A_1, A_2, ψ_1, ψ_2：定数）

解答 (ア) $\dfrac{1}{2}m(l\dot{\theta}_1+l\dot{\theta}_2)^2$ (イ) l (ウ) $2mgl\theta_1$

(エ) $mgl\theta_2$ (オ) $\sqrt{2}\theta_1+\theta_2$ (カ) $\sqrt{2}\theta_1-\theta_2$

右図に示すように，頂角が 2α で軸が鉛直で頂点が下にある滑らかな円錐面の内側に沿って，質量 m の質点 P が頂点から $h_0(=r_0\cos\alpha)$ の高さを保って円運動をしている。

このとき，ラグランジュの運動方程式を用いて，質点 P の速さ v_0 を求めよ。

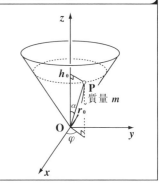

ヒント！ 円錐の頂点 O を原点とする球座標で考えるといい。このとき，P は円錐の内面に沿って運動するという束縛条件があるため，$v_\theta=0$ となるんだね。

解答 & 解説

右図のような (r, θ, φ) の球座標で考える。

$\theta=\alpha$（一定）より，点 P の運動の自由度 f は

これが，円錐内面を運動する束縛条件

$f=3-1=2$ となる。よって各方向の速度成分 v_r, v_θ, v_φ は

$$v_r=\dot{r} \quad , \quad v_\theta=0 \quad , \quad v_\varphi=r\dot{\varphi}\sin\alpha$$

$(\because r\dot{\alpha}=0)$ $(\because \theta=\alpha)$

となる。

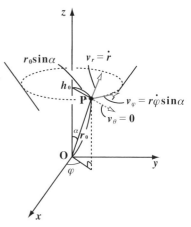

(ⅰ) よって，質点 P の運動エネルギー T は，

$T=\dfrac{1}{2}m(v_r{}^2+v_\varphi{}^2)$ より，

$$T=\frac{1}{2}m(\dot{r}^2+r^2\dot{\varphi}^2\sin^2\alpha) \ \cdots ① となる。$$

(ⅱ) 次に，頂点 O をポテンシャル U の基準点とすると，質点 P のポテンシャル U は

$$U=mgh=\boxed{(ア)} \ \cdots ② となる。$$

ここではまだ，r は変数として方程式を立てる。

以上 (i)(ii) より，ラグランジアン L は，

$L = T - U = \dfrac{1}{2} m(\dot{r}^2 + r^2\dot{\varphi}^2\sin^2\alpha) - mgr\cos\alpha$ … ③ となる。

③をラグランジュ方程式：$\dfrac{d}{dt}\left(\dfrac{\partial L}{\partial \dot{q_i}}\right) - \dfrac{\partial L}{\partial q_i} = 0$ … (*) $(i = 1, 2)$ に代入すると，

(i) $q_1 = r$ のとき，

$\dfrac{d}{dt}\left(\dfrac{\partial L}{\partial \dot{r}}\right) - \dfrac{\partial L}{\partial r} = 0$ より，$\dfrac{d}{dt}\left(\boxed{(イ)}\right) - (mr\dot{\varphi}^2\sin^2\alpha - mg\cos\alpha) = 0$

$\therefore \ddot{r} = r\dot{\varphi}^2\sin^2\alpha - g\cos\alpha$ …… ④

(ii) $q_2 = \varphi$ のとき，

$\dfrac{d}{dt}\left(\dfrac{\partial L}{\partial \dot{\varphi}}\right) - \dfrac{\partial L}{\partial \varphi} = 0$ より，$\dfrac{d}{dt}\underbrace{(mr^2\dot{\varphi}\sin^2\alpha)}_{\boxed{\text{一般化運動量}\,p_\varphi = C\,(一定)}} = 0$

よって，φ は循環座標より，この一般化運動量 $p_\varphi = mr^2\dot{\varphi}\sin^2\alpha$ は保存される。(ただし，この (ii) は本問では不要)

ここで，質点 P が高さ $h_0 = r_0\cos\alpha$ において，半径 $r_0\sin\alpha$ の円運動をするときの条件を求めると，当然 $r = r_0$ (定数) より，$\dot{r} = \ddot{r} = \boxed{(ウ)}$ となるので，④は，

$r_0\dot{\varphi}^2\sin^2\alpha = g\cos\alpha$ …… ④´ となる。

ここで，φ 方向の角速度 $\dot{\varphi}$ も一定となるため，これを $\dot{\varphi} = \omega_0$ とおくと，φ 方向 (円の接線方向) の周速度 v_0 も一定で，

$v_0 = r_0\sin\alpha \cdot \omega_0$ …… ⑤ となる。

以上④´,⑤より，

$\dfrac{\overbrace{r_0^2\,\omega_0^2\sin^2\alpha}^{\boxed{v_0^2(⑤より)}}}{r_0} = g\cos\alpha, \quad v_0^2 = r_0 g\cos\alpha$

よって，頂角 2α の円錐の内面上を高さ $h_0 = r_0\cos\alpha$ で円運動するときの質点 P の速さ v_0 は，$v_0 = \boxed{(エ)}$ である。 …………………………(答)

....

解答 $(ア)\ mgr\cos\alpha$ $(イ)\ m\dot{r}$ $(ウ)\ 0$ $(エ)\ \sqrt{r_0 g\cos\alpha}$

§3. 変分原理とオイラーの方程式

これから，ラグランジュ方程式から少し離れて，"**変分原理**"(*variational principle*) と "**オイラーの方程式**"(*Euler's equation*) について解説しよう。"**変分**"(*variation*) って何？と思っておられるかも知れないね。しかし，ここではまず具体的な例から入ろうと思う。

"**最速降下線**"(*brachistochrone*) 問題については，これまでに聞き覚えのある方もいらっしゃると思う。そう…，一様な重力場において，真下を除く高低差のある **2** 点を結ぶ曲線を考え，質点が摩擦のない状態でこの曲線に沿って高所の点から低所の点に移動する場合，どのような曲線のときに最短時間で移動するのか？を調べる問題が最速降下線問題なんだね。そして，この答えの曲線が "**サイクロイド曲線**" であることを御存じかも知れない。実は，この最速降下線を解くために，前述の"**変分原理**"と"**オイラーの方程式**" が必要となるんだね。従って，この問題の解法について詳しく丁寧に解説するつもりだ。

さらに，この変分原理から導かれるオイラーの方程式の **1** 例がラグランジュの運動方程式であることも示そう。

今回も盛り沢山の内容になるけれど，また分かりやすく解説するのでシッカリついてらっしゃい。

● 最速降下線問題にチャレンジしよう！

図 **1** に示すように，一様な重力加速度 **g** が鉛直下向きに働く場合，図のような **xy** 座標系を設けて，

> **x** 軸，**y** 軸の取り方に違和感を感じると思うけれど，これには意味があるんだ。後で詳しく解説する。

真下を除く高低差のある **2** 点を **O(0,0)** と **A(x_1,y_1)** とおくことにする。ここで，**2** 点 **O,A** を結ぶ曲線に沿って摩擦のない状態で質量 **m**

図 1　最速降下線

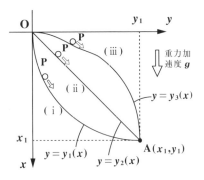

102

の質点 **P** が初速度 **0** で点 **O** から点 **A** に向かって降下するものとする。このとき，**O** から **A** に向かう束縛条件としての曲線は，図 **1** の (ⅰ), (ⅱ), (ⅲ), … に示すように無数に存在するけれど，どの曲線の場合，質点は最速（最短時間）で **O** から **A** に達するのか？

これが，"**最速降下線**" 問題と呼ばれる問題なんだね。

それでは，ある曲線 $y = y(x)$ が

> y は x の関数で表される曲線と考える

与えられたものとして，そのときの **O** → **A** に到る所要時間 I を求めることにしよう。図 **2** に示すように，曲線 $y = y(x)$ に沿って質点 **P** が降下し，x 座標が x の位置に来たときの状態を考えよう。点 **O** をポテンシャル U の基準点と考えると，初速度 $v_0 = 0$ より，全力学的エネルギー E は，

図 **2** 所要時間の計算

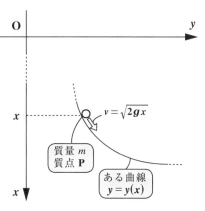

$E = U + T = 0 + \dfrac{1}{2} m \cdot 0^2 = 0$ だね。

よって，x 座標が x の位置まで **P** が降下してきたときの **P** の速さを v とおくと，

ポテンシャル $U = -mgx$，運動エネルギー $T = \dfrac{1}{2} mv^2$ であり，$\underline{U + T = 0}$ $(= E)$ が成り立つので，

> 力学的エネルギーの保存則

$-\cancel{m}gx + \dfrac{1}{2} \cancel{m} v^2 = 0$　　　両辺を m で割って v を求めると，

$v^2 = 2gx$ より，$v = \sqrt{2gx}$ ……① となる。

また，曲線 $y = y(x)$ の微小線分を ds とおくと，

$ds = \sqrt{(dx)^2 + (dy)^2} = \sqrt{\left\{1 + \left(\dfrac{dy}{dx}\right)^2\right\}(dx)^2} = \sqrt{1 + y'^2}\, dx$ ……② となる。

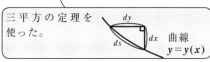

三平方の定理を使った。

曲線
$y = y(x)$

よって，②÷①より，質点 P が微小
距離 ds を移動するのに要する微小時
間 dt が，

速さ $v = \sqrt{2gx}$ ……………①
微小線分 $ds = \sqrt{1 + y'^2}\, dx$ …②

$$dt = \frac{ds}{v} = \frac{\sqrt{1 + y'^2}}{\sqrt{2gx}}\, dx \text{ より,}$$

$$dt = \underbrace{\frac{1}{\sqrt{2g}}}_{\text{定数}} \cdot \underbrace{\sqrt{\frac{1 + y'^2}{x}}\, dx}_{F(y, y', x)} \cdots ③ \text{ となる。}$$

今回は，y の関数ではなく
$F(y',x)$ と出来たので，この
後の計算が楽になるんだね。

よって，③の左辺は積分区間 $[0, t_1]$ で，また右辺は積分区間 $[0, x_1]$ で

これが O → A の所要時間だ。

積分すると，

$$\underbrace{\int_0^{t_1} dt}_{[t]_0^{t_1} = t_1} = \frac{1}{\sqrt{2g}} \int_0^{x_1} \sqrt{\frac{1 + y'^2}{x}}\, dx \text{ となる。}$$

この左辺の所要時間 t_1 を $t_1 = I[y]$ とおくと，

$$t_1 = I[y] = \frac{1}{\sqrt{2g}} \int_0^{x_1} \underbrace{\sqrt{\frac{1 + y'^2}{x}}}_{F(y, y', x)}\, dx \cdots\cdots ④ \text{ となることが, 分かるね。}$$

ここで，④をジッと見てみよう！④は，今までに見た関数とは明らかに異
なるものであることが分かるだろうか？

　たとえば，2 変数関数 $u = f(x, y)$ の場合，独立変数の x と y にある値を
代入すると，u はある値をとるんだった。また，この全微分 du が，

$$du = \frac{\partial f}{\partial x}dx + \frac{\partial f}{\partial y}dy \text{ と表されることも大丈夫だと思う。}$$

しかし…，この④は今までの関数とは違う！そう…，④の右辺の被積分関
数 $F(y, y', x) = \frac{1}{\sqrt{2g}}\sqrt{\frac{1 + y'^2}{x}}$ は，関数 $y = y(x)$ がある関数の形を取ったと
き，これを積分して，所要時間 $t_1 = I$ が決まるということだから，
$I[y]$ は，これまでの関数 (*function*) ではなく，**"汎関数"** (*functional*) と
呼ばれる。

104

そして，この汎関数 *I* の微小な変化分も，微分 (*differential*) ではなく
"**変分**" (*variation*) と呼び，これをδ*I* で表すことにする。

それではここで，目標を明確にしておこう。ボク達の目的は，
$I[y] = t_1($ 所要時間 $)$ を最小にするような関数 $y = y(x)$ を求めることだ。
そして，この関数形を $y = y_0(x)$ と表すことにすると，これこそ求めたい
最速降下線ということになる。でも，無数にある曲線群の中からどうや
って，この最速降下線 $y = y_0(x)$ を導き出せばいいのか，見当もつかない
って？ここで発想を変えて，既に $y = y_0(x)$ は求まっているものとしよう。
すると，そのときの汎関数 $I(y,y',x)$ も最小値をとっているはずだ。そし
て，最小値をとった *I* の変分δ*I* は当然，

　δ*I* = 0 …… (*w) となるはずだね。
これを "**変分原理**" (*variational principle*) というので覚えておこう。

　汎関数 $I[y]$ は，グラフ化などできるわけもないので，ここでは，1 変数
関数 $u = f(x)$ でこの変分原理の意味とイメージを解説しておこう。もし，
$u = f(x)$ がある x の値 x_0 で最小値をとる場合，$u = f(x)$ が微分可能な滑ら
かな曲線であれば，$x = x_0$ の近傍で，値を微小な dx だけ変化させたとし
ても，u の値はほぼ一定値をとるはずだ。従って，その微分 du は，当然
$du = 0$ となるんだね。これが，変分原理 (*w) の簡単なイメージだ。

　しかし，問題は，$du = 0$ になったからといって，そのときの $x = x_0$
で u が最小値 (極小値) を取るとは限らないということだ。図 3(ii)
のように，最大値 (極大値) を取る場合もあれば，図 3(iii) のように，
$x = x_0$ で変曲点となって極値 (極大値または極小値) を取らない場合

図 3　$u = f(x)$ が $du = 0$ となる場合
（ i ）$u = f(x)$ が最小　　　（ ii ）$u = f(x)$ が最大　　　（ iii ）$u = f(x)$ が変曲点
　　（ 極小 ）となるとき　　　　（ 極大 ）となるとき　　　　をとるとき

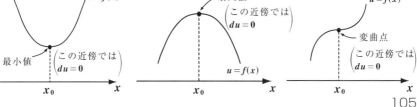

だってある。つまり，$du = 0$ からは，$x = x_0$ で停留値をとるとしか言えない。しかし，物理学では，今回のように「予め，ある物理量 u が最小値 (または，最大値) をとることを前提として，$du = 0$ から，そのときの $x = x_0$ で u は最小値 (または，最大値) をとる。」と結論付ける手法を用いる。このように，数学的にはあいまいであっても物理的な判断から結論を導くことも，物理学では当然必要なんだね。

それでは，話を最速降下線問題に戻そう。以上より，変分原理：

$\delta I = 0$ ……$(*\mathrm{w})$ から，I は停留値 (物理的には最小値) をとるので，これから "**オイラーの方程式**" を導き，これを解いて最速降下線を求めることができる。このオイラーの方程式の導き方については，この後，一般論として詳しく話そう。

でもその前に，ここでは少し先回りして，最速降下線の答えである "**サイクロイド曲線**" について，その基本を解説しておくことにする。

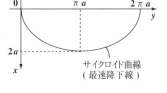

サイクロイド曲線
(最速降下線)

● サイクロイド曲線の復習をやっておこう！

一般のサイクロイド曲線の公式とは異なり，x，y 座標を入れ替えた形になるけれど，最速降下線を意識して，この曲線の基本公式を下に示そう。

サイクロイド曲線

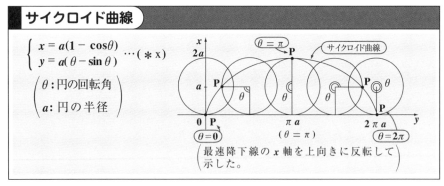

$$\begin{cases} x = a(1 - \cos\theta) \\ y = a(\theta - \sin\theta) \end{cases} \cdots (*\mathrm{x})$$

θ：円の回転角

a：円の半径

(最速降下線の x 軸を上向きに反転して示した。)

サイクロイド曲線とは，円が y 軸上をスリップすることなく回転するとき，円周上の **1** 点が描く曲線のことなんだ。

106

図 **4**(i) に示すように，初め半径 **a** の円 **C** が原点 **O** に接しているものとし，**O** と接する円 **C** 上の点を **P** とおく。そして，円 **C** がスリップすることなく **y** 軸上を **θ** だけ回転したときの点 **P** の座標 (**x,y**) を求めよう。円 **C** はスリップしないので，**θ** だけ回転したときの円 **C** と **y** 軸との接点を **Q** とおくと，線分 **OQ** の長さと，円弧 $\widehat{\mathbf{PQ}}$ の長さは当然等しい。

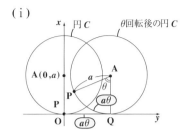

図 **4** サイクロイド曲線
(i)

よって，図 **4**(ii) に示すように，**θ** だけ回転した後の円 **C** の中心 **A** の座標は **A**(**a**, **a**θ) となる。これから，点 **P**(**x**, **y**) の座標は，図 **4**(ii) より，

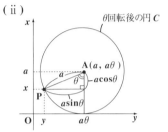

(ii)

$$
\begin{cases}
x = a - a\cos\theta = a(1 - \cos\theta) \\
y = a\theta - a\sin\theta = a(\theta - \sin\theta)
\end{cases}
$$
となって，サイクロイド曲線は媒介変数 θ を使った公式 (∗x) で表わされることが分かった。$0 \leqq \theta \leqq 2\pi$ の範囲で変化させると，サイクロイド曲線は，カマボコ型の曲線を描くんだね。

ここでまた，最速降下線に話を戻そう。図 **5** に示すように最速降下線はサイクロイド曲線であるため，これを **y** = **y**(**x**) の形で表せるものとすると，これは **2** 価関数になる。よって数学

図 **5** 最速降下線 (サイクロイド曲線)

(1 つの x_1 に対して，2 つの y_1, y_2 が対応する)

的な取扱いに注意しなければならない。

図 **5** に示すように，**O** とサイクロイド曲線の頂点 (最下点)$\mathbf{P_0}$ とを結ぶ線分 $\mathbf{OP_0}$ と **y** 軸のなす角を ϕ_0 とおくと，

(これは，約 **32.48°**だ。)

$$\tan\phi_0 = \frac{2a}{\pi a} = \frac{2}{\pi} \quad \text{より}, \quad \phi_0 = \tan^{-1}\frac{2}{\pi} \quad \text{となる}.$$

107

したがって，点 A の座標を $A(x_1, y_1)$ と
おき，これを最速降下線（サイクロイ
ド曲線）上の点と考えると，

$$\begin{cases} x_1 = a(1 - \cos\theta_1) \\ y_1 = a(\theta_1 - \sin\theta_1) \end{cases} \quad \cdots\cdots ⑤$$

とおけるんだね。

> ・サイクロイド曲線
> $$\begin{cases} x = a(1 - \cos\theta) \\ y = a(\theta - \sin\theta) \end{cases} \quad \cdots(*\text{x})$$
> ・$\phi_0 = \tan^{-1}\dfrac{2}{\pi}$

そして，線分 OA と y 軸とのなす角を ϕ_1 とおくと，原点 O と点 A を結
ぶ最速降下曲線は次のように
場合分けして示される。

(i) $0 < \theta_1 \leq \pi$，すなわち，
　$\phi_0 \leq \phi_1 < \dfrac{\pi}{2}$ のとき，点
　O と点 A を結ぶ最速降
　下線は，図 6(i) のよう
　な，サイクロイド曲線
　の一部になる。

(ii) $\pi < \theta_1 < 2\pi$，すなわち，
　$0 < \phi_1 < \phi_0$ のとき，点 O
　と点 A を結ぶ最速降下
　線は図 6(ii) のように，
　最下点 P_0 を含むサイク
　ロイド曲線の一部にな
　るんだね。

図 6(i) の最速降下線につ
いては問題ないと思う。し

図 6 O，A を結ぶ最速降下線

(i) $0 < \theta_1 \leq \pi \left(\phi_0 \leq \phi_1 < \dfrac{\pi}{2} \right)$ のとき

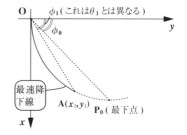

(ii) $\pi < \theta_1 < 2\pi \ (0 < \phi_1 < \phi_0)$ のとき

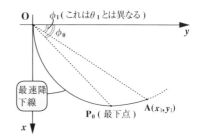

かし，図 6(ii) で示した最速降下曲線は，最下点 P_0 まで降下した後 A に向
けて上昇する曲線になるので，これならば OA を直線で結んだ線分に沿っ
て降下させた方が短時間で済むんじゃないかと思うかも知れないね。でも
実際にこの曲線に沿って質点が運動した方が早く点 A に到達できるんだ。
これについても，例題 3 で実際に計算してみよう。

　以上，まだ O，A を結ぶ最速降下線がサイクロイド曲線（の一部）にな

ることを示してもいないのに, サイクロイド曲線について様々な解説をしてきたけれど, その理由は, このような知識をあらかじめ持っておくことにより, 以下の講義が分かりやすくなるからなんだね。

それでは, 話を "**変分原理**" に戻して, これから "**オイラーの方程式**" と呼ばれる重要な偏微分方程式を導いてみよう。そして, このオイラーの方程式から最速降下線がサイクロイド曲線 (の一部) になることも示してみよう。

● 変分原理からオイラーの方程式を導こう！

微分可能な 1 変数関数 $y = f(x)$ とその導関数 y' および独立変数 x からなるある関数 $\underline{F(y, y', x)}$ を考える。

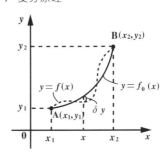

図 7 変分原理

たとえば最速降下線を求める場合なら, これは,
$$F(y, y', x) = \frac{1}{\sqrt{2g}} \cdot \sqrt{\frac{1 + y'^2}{x}}$$
だね。(P104 参照)

図 7 に示すように, 曲線 $y = f(x)$ は, 2 定点 $A(x_1, y_1)$, $B(x_2, y_2)$ は必ず通るものとする。このとき, $F(y, y', x)$ を積分区間 $[x_1, x_2]$ で x により定積分したものを, $\underline{y \text{ の汎関数と}}$
$\underline{して, I[y] \text{とおく}}$ ことにすると,

$$I[y] = \int_{x_1}^{x_2} F(y, y', x) dx \quad \cdots \text{⑥ となる。}$$

$y = f(x)$ の関数の形によって $I[y]$ の値が決まるので, I を y の汎関数という。

ここで, 物理的な前提条件として, ある関数 $y = f_0(x)$ のとき汎関数 $I[y]$ は最小値をとることが分かっているものとする。この時, $I[y]$ を最小

物理的前提条件として, $I[y]$ が最大値をとることが分かっている場合でも, 以下同様の理論展開が出来る。

にする関数 $y = f_0(x)$ を求めよう。

そのために, ここではまず $y = f_0(x)$ が既に分かっているものとしよう。すると, このとき I は停留値をとると考えてよいので, 図 7 に示すように,

極大値, 極小値, 変曲点, 鞍点などのイメージだ！

$y = f_0(x)$ とわずか δy だけ異なる関数

> δy は x の関数と考えていいので、$\delta y(x)$ と表せる。ただし、$x = x_1, x_2$ の端点ではズレは生じないので、当然
> $\delta y(x_1) = \delta y(x_2) = 0$ となるんだね。

> 汎関数
> $$I[y] = \int_{x_1}^{x_2} F(y, y', x) dx \cdots ⑥$$

$y + \delta y$ を用いて汎関数 $I[y + \delta y]$ を求めても、元の $I[y]$ との差、すなわち "変分" δI は 0 と考えていいんだね。よって、

$\delta I = I[y + \delta y] - I[y] = 0 \cdots⑦$　となる。

⑦の中辺に⑥の右辺を代入して、これを変形すると、

$$\delta I = \int_{x_1}^{x_2} F(y + \delta y, y' + \delta y', x) dx - \int_{x_1}^{x_2} F(y, y', x) dx$$

$$= \int_{x_1}^{x_2} \{F(y + \delta y, y' + \delta y', x) - F(y, y', x)\} dx$$

> $$\delta F = \frac{\partial F}{\partial y} \delta y + \frac{\partial F}{\partial y'} \delta y'$$

> この場合、x は変化していないので、F は y と y' の 2 変数関数と考え、数学的には "δ" も "d" も同じなので、F の全微分 dF を
> $$dF = \frac{\partial F}{\partial y} dy + \frac{\partial F}{\partial y'} dy' \quad \text{と求める要領と全く同じだ。}$$

$$= \int_{x_1}^{x_2} \left(\frac{\partial F}{\partial y} \delta y + \frac{\partial F}{\partial y'} \delta y' \right) dx$$

$$= \int_{x_1}^{x_2} \frac{\partial F}{\partial y} \delta y\, dx + \int_{x_1}^{x_2} \frac{\partial F}{\partial y'} (\delta y') dx$$

> $$\delta \frac{dy}{dx} = \frac{d}{dx}(\delta y)$$

> $$\int_{x_1}^{x_2} \frac{\partial F}{\partial y'} \cdot \frac{d}{dx}(\delta y) dx$$
> $$= \left[\frac{\partial F}{\partial y'} \delta y \right]_{x_1}^{x_2} - \int_{x_1}^{x_2} \frac{d}{dx}\left(\frac{\partial F}{\partial y'} \right) \delta y\, dx$$

> 部分積分の公式 : $\int_{x_1}^{x_2} f \cdot g' dx = \left[f \cdot g \right]_{x_1}^{x_2} - \int_{x_1}^{x_2} f' \cdot g\, dx$
> を利用した。

よって，

$$\delta I = \int_{x_1}^{x_2} \frac{\partial F}{\partial y}\,\delta y\,dx + \left[\frac{\partial F}{\partial y'}\delta y\right]_{x_1}^{x_2} - \int_{x_1}^{x_2}\frac{d}{dx}\left(\frac{\partial F}{\partial y'}\right)\delta y\,dx$$

$$0$$

$x = x_1, x_2$ の端点でズレはないので，$\delta y(x_2) = \delta y(x_1) = 0$ となるからね。

$$\therefore \delta I = \int_{x_1}^{x_2}\left\{\frac{\partial F}{\partial y} - \frac{d}{dx}\left(\frac{\partial F}{\partial y'}\right)\right\}\delta y\,dx \quad \cdots\cdots \text{⑧}$$

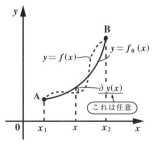

となる。ここで，変分原理 $\delta I = 0$ ……⑦
より，⑧の右辺は **0** となる。

$$\therefore \int_{x_1}^{x_2}\underbrace{\left\{\frac{\partial F}{\partial y} - \frac{d}{dx}\left(\frac{\partial F}{\partial y'}\right)\right\}}_{0}\underbrace{\delta y}_{\text{任意}}\,dx = 0 \quad \cdots\cdots \text{⑨}$$

ここで，$x_1 < x < x_2$ の範囲で，微小ではあるけれど，$\delta y(x)$ は任意の値を取るんだね。それにも関わらず，⑨の左辺の定積分が恒等的に **0** となるためには，被積分関数の $\frac{\partial F}{\partial y} - \frac{d}{dx}\left(\frac{\partial F}{\partial y'}\right)$ の部分が **0** でなければならないんだね。よって，

$$\frac{\partial F}{\partial y} - \frac{d}{dx}\left(\frac{\partial F}{\partial y'}\right) = 0 \quad \text{より，}$$

$$\frac{d}{dx}\left(\frac{\partial F}{\partial y'}\right) - \frac{\partial F}{\partial y} = 0 \cdots (*y) \quad \text{が導ける。}$$

この $(*y)$ を "**オイラーの方程式**" という。ン？$(*y)$ は，x を t に，F を L に置き換えたら，ラグランジュの運動方程式とソックリだって？その通りだね！でも，これに関しては後で詳しく解説することにして，ここではまず，このオイラーの方程式を利用して，最速降下線がサイクロイド曲線になることを示してみよう。

● 最速降下線を求めてみよう！

これまでの解説で，点 O と点 $A(x_1, y_1)$ を
結ぶ最速降下線を求めるために，右図のよう
な座標系を取った。このとき，x 座標が x に
おける質点 P の速さ v は，$v = \sqrt{2gx}$ であり，
これで微小線分 $ds = \sqrt{1 + y'^2}\,dx$ を割って微小
時間 dt を，

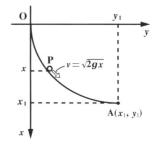

$$dt = \frac{1}{\sqrt{2g}}\sqrt{\frac{1 + y'^2}{x}}\,dx \quad \text{と求め，}$$

これを x で積分して，この曲線に沿って質点 P が O → A に到達する時間
t_1 を汎関数 $I[y]$ として，次のように表したんだね。

$$I[y] = t_1 = \underbrace{\frac{1}{\sqrt{2g}}}_{\text{定数}} \int_0^{x_1} \underbrace{\sqrt{\frac{1 + y'^2}{x}}}_{F(y, y', x)}\,dx \quad \cdots\cdots ④$$

ここで，$\dfrac{1}{\sqrt{2g}}$ は定数なので，新たに $I[y]$ を

$$I[y] = \int_0^{x_1} \sqrt{\frac{1 + y'^2}{x}}\,dx \quad \cdots\cdots ④' \quad \text{とおき，また被積分関数を}$$

$$F(y, y', x) = \sqrt{\frac{1 + y'^2}{x}} \quad \cdots\cdots ⑩ \quad \text{とおいて，}$$

$I[y]$ を最小にする最速降下線 $y = y(x)$ を求めてみよう。

そのためには，変分原理：

$$\delta I = \delta \int_0^{x_1} F(y, y', x)\,dx = 0 \quad \cdots\cdots ⑦ \quad \text{を利用する。}$$

そして，⑦からオイラーの方程式 $(*y)$ が導けるので，これに⑩を代入して，

$$\frac{d}{dx}\left(\frac{\partial F}{\partial y'}\right) - \underbrace{\frac{\partial F}{\partial y}}_{⓪} = 0 \quad \cdots\cdots (*y)$$

F は y の関数ではないので

$$\underbrace{\frac{\partial}{\partial y'}\left\{\frac{1}{\sqrt{x}} \cdot (1 + y'^2)^{\frac{1}{2}}\right\}}_{\text{定数扱い}} = \frac{1}{\sqrt{x}} \cdot \frac{1}{2}(1 + y'^2)^{-\frac{1}{2}} \cdot 2y'$$

112

$\dfrac{d}{dx}\left(\dfrac{y'}{\sqrt{x(1+y'^2)}}\right)=0$ と，とても簡単になる。

> これは，ラグランジュ方程式の循環座標と保存量の関係と同じだね。

これから，$\dfrac{y'}{\sqrt{x(1+y'^2)}}=(\,$定数$\,)$ であることが分かったので，この左辺は

2乗したら正の定数となる。よって，これを $\dfrac{1}{2a}$（a: 正の定数）とおくと，

$\dfrac{y'^2}{x(1+y'^2)}=\dfrac{1}{2a}$ ……⑪

のようになる。

> 定数をこのように置くことによって，これがサイクロイド曲線を表す微分方程式であることが分かってくるんだね。a は，当然円の半径のことだ。

参考

　ここでもし，右図のように，x 軸，y 軸をとったとすると，$ds=\sqrt{1+y'^2}\,dx$ に変化はないが，質点 P の降下する速さ v は，$v=\sqrt{2gy}$ となるので，微小時間 dt は，

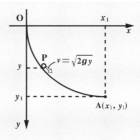

$dt=\dfrac{ds}{v}=\dfrac{1}{\sqrt{2g}}\cdot\underbrace{\sqrt{\dfrac{1+y'^2}{y}}}_{F(y,y',x)}$ となる。

よって，$F(y,y',x)=\sqrt{\dfrac{1+y'^2}{y}}$ となるので，これをオイラーの方程式：

$\dfrac{d}{dx}\left(\dfrac{\partial F}{\partial y'}\right)-\dfrac{\partial F}{\partial y}=0$ …(*y) に代入すると，

> これが 0 でなくなる。

$\dfrac{\partial F}{\partial y}=-\dfrac{1}{2}y^{-\frac{3}{2}}\sqrt{1+y'^2}$ となって，0 ではなくなるので，この後の計算が繁雑になるんだね。だから，x 軸と y 軸を入れ替えた座標系にして計算を簡単にしたんだ。

納得いった？

---

⑪を変形して，

$2ay'^2=x+xy'^2$ 　　　　$(2a-x)y'^2=x$ 　　　　$y'^2=\dfrac{x}{2a-x}$ より，

$y'=\pm\sqrt{\dfrac{x}{2a-x}}$ ……⑪′ 　となるんだね。

ここで，ボク達は，⑪′がサイクロイド
曲線の微分方程式であることは知ってい
るので，

$$y' = \pm\sqrt{\dfrac{x}{2a-x}} \quad \cdots\cdots ⑪'$$

・サイクロイド曲線
$$\begin{cases} x = a(1-\cos\theta) \\ y = a(\theta-\sin\theta) \end{cases} \cdots(\ast x)$$

　$x = a(1-\cos\theta)$ 　……⑫とおき，

⑫を⑪′の微分方程式に代入して，その結果 $y = a(\theta-\sin\theta)$ を導けば終了
なんだね。

　しかし，ここで1つ問題がある。今回のような x, y 座標軸の取り方を
すると，最速降下線 $y = y(x)$ が2価関数にもなり得るので，y' の符号が
どうなるかを調べる必要が出てくるんだね。よって，(i)θ が π を超えないと
きと (ii)θ が π を超えるときで場合分けをする必要が出てくるんだね。

(i)θ が π を超えないとき

　$y'>0$ より，⑪′は

$$y' = \sqrt{\dfrac{x}{2a-x}} \quad \cdots\cdots ⑪''$$

　ここで，$x = a(1-\cos\theta)$ 　……⑫
とおくと，⑪″は，

$$\begin{aligned} y' &= \sqrt{\dfrac{a(1-\cos\theta)}{2a-a(1-\cos\theta)}} \\ &= \sqrt{\dfrac{1-\cos\theta}{1+\cos\theta}} = \sqrt{\dfrac{(1-\cos\theta)^2}{\underbrace{(1-\cos^2\theta)}_{\sin^2\theta}}} \\ &= \sqrt{\dfrac{(1-\cos\theta)^2}{\sin^2\theta}} \end{aligned}$$

分子・分母に
$1-\cos\theta$ を
かけた。

$$\therefore \dfrac{dy}{dx} = \dfrac{|1-\cos\theta|}{|\sin\theta|} = \dfrac{1-\cos\theta}{\sin\theta} \quad \cdots\cdots ⑬$$

$$\left(\begin{aligned} &\because 0<\theta<\pi \text{より，} \\ &\quad \sin\theta>0, \ 1-\cos\theta>0 \end{aligned} \right)$$

これを下図のように
回転してみると，
$y'>0$ が分かるはずだ。

　ここで，⑫より $dx = a\sin\theta d\theta$ となるので，⑬は，

$$dy = \dfrac{1-\cos\theta}{\underset{(dx)}{\sin\theta}} \cdot \underset{(dx)}{a\sin\theta d\theta} = a(1-\cos\theta)d\theta \quad \text{となる。}$$

　よって，この両辺を積分して，

$$y = \int_0^\theta a(1-\cos\theta)d\theta = a(\theta-\sin\theta) \quad \text{が導ける。}$$

114

(ii) θ が π を超えるとき

$\begin{cases} \cdot\ 0<\theta<\pi \text{ のとき, } y'>0 \\ \cdot\ \pi<\theta \text{ のとき, } y'<0 \quad \text{であることに} \end{cases}$

注意しよう。まず,

$y' = \pm\sqrt{\dfrac{x}{2a-x}}$ ……⑪' に

$x = a(1-\cos\theta)$ ……⑫を代入して,

同様に変形すると, ⑪' は,

$y' = \pm\dfrac{|1-\cos\theta|}{|\sin\theta|} = \pm\dfrac{1-\cos\theta}{\sin\theta}$

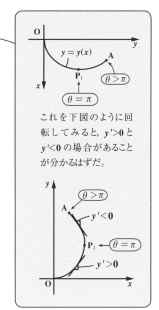

これを下図のように回転してみると, $y'>0$ と $y'<0$ の場合があることが分かるはずだ。

> どうせ, 前に ⊕ または ⊖ があるので絶対値を付けていても意味がない。

ここで,

(ア)$0<\theta<\pi$ のとき,

$y'>0$ で, $\sin\theta>0$ かつ $1-\cos\theta>0$ より,

$y' = \dfrac{1-\cos\theta}{\sin\theta}$ …… ⑬'

(イ)$\pi<\theta<2\pi$ のとき,

$y'<0$ で, $\sin\theta<0$ かつ $1-\cos\theta>0$ より, これも結局 (ア) と同じ

$y' = \dfrac{1-\cos\theta}{\sin\theta}$ …… ⑬' となる。

以上 (ア) (イ) より, ⑬' に $dx = a\sin\theta d\theta$ を代入して,

$dy = \dfrac{1-\cos\theta}{\sin\theta}\underbrace{a\sin\theta d\theta}_{dx} = a(1-\cos\theta)d\theta$

となるので, この両辺を積分して,

$y = \displaystyle\int_0^\theta a(1-\cos\theta)d\theta = a(\theta-\sin\theta)$ が導けるんだね。

以上 (i)(ii) より, θ が $0<\theta<2\pi$ の全範囲に渡って最速降下線は,

サイクロイド曲線 $\begin{cases} x = a(1-\cos\theta) \\ y = a(\theta-\sin\theta) \end{cases}$ …(*x) で表されることが分かった。

115

最速降下線がサイクロイドになることの証明というより，確認といった形の解説だったけれど，これですべて理解できたと思う。では最後に，真下を除く高低差のある 2 点 O(0,0)，A(x_1, y_1) が与えられたとき，これらを結ぶ具体的な最速降下線 (サイクロイド曲線の一部) を，そのパラメータ (半径)a も含めて，どのように決定するのか，そのプロセスを示しておこう。

　まず，A(x_1, y_1) ($x_1 > 0, y_1 > 0$) がサイクロイド曲線上の点より，

$$\begin{cases} \cdot\ x_1 = a(1 - \cos\theta_1) \ \cdots\cdots \text{(a)} \\ \cdot\ y_1 = a(\theta_1 - \sin\theta_1) \ \cdots\cdots \text{(b)} \end{cases} \quad (a > 0, \ 0 < \theta_1 < 2\pi) \ \text{とおける。}$$

ここで，(a) ÷ (b) より，

$$\boxed{\frac{x_1}{y_1}} = \frac{1 - \cos\theta_1}{\theta_1 - \sin\theta_1} \ \cdots\cdots \text{(c)} \quad (0 < \theta_1 < 2\pi) \ \text{となり，} \quad \frac{x_1}{y_1} \ \text{はある定数となる}$$

定数

ので，(c) を θ_1 の方程式とみて，もちろん数値解法を使わないといけないだろうけれど，これを解いて，θ_1 の値を求める。

ここで，θ_1 が分かったならば，これを (a) に代入して，

$$a = \frac{x_1}{1 - \cos\theta_1}$$ より，サイクロイド曲線のパラメータ (半径)a も決定で

これは定数

きるんだね。そして，求めたθ_1 が，

(i) $0 < \theta_1 \leqq \pi$ のとき，

　最速降下線は，図 8(i) に示すように，単調に降下する曲線になるんだけれど，

(ii) $\pi < \theta_1 < 2\pi$ のとき，

　図 8(ii) に示すように，初め降下した後上昇に転ずる形の曲線になるんだね。

だから，最速降下線という表現は

(ii) の場合，適切とは言えないね。

図 8　最速降下線

(i)$0 < \theta_1 \leqq \pi$ のとき

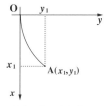

(ii) $\pi < \theta_1 < 2\pi$ のとき

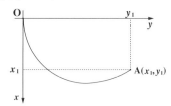

元の "*brachistochrone*" は，ギリシャ語の造語で "最短時間" という意味なので，本当は最速移動曲線とでも訳した方がよかったのかも知れない。

116

それでは，$\theta_1 = \dfrac{3}{2}\pi$ として，$\mathrm{A}(x_1, y_1) = \left(a, a\left(\dfrac{3}{2}\pi + 1\right)\right)$ のとき，O，A を結ぶ

$$\underbrace{a\left(1 - \cos\dfrac{3}{2}\pi\right)} \quad \underbrace{a\left(\dfrac{3}{2}\pi - \sin\dfrac{3}{2}\pi\right)}$$

最速降下線と，O，A を結ぶ線分と，いずれの方が質点が早く O から A に到達するか？その所要時間を次の例題で確かめてみよう。

例題3 右図に xy 座標系に，x 軸の正の向きに一様な重力加速度 g が働いているものとする。このとき，原点 $\mathrm{O}(0, 0)$ から点 $\mathrm{A}\left(a, \left(1 + \dfrac{3}{2}\pi\right)a\right)$ に向かう 2 つの経路，

(ⅰ) $\begin{cases} x = a(1 - \cos\theta) \\ y = a(\theta - \sin\theta) \end{cases}$ と

(ⅱ) $y = \left(\dfrac{3}{2}\pi + 1\right)x$ に沿って，

初速度 0 でかつ摩擦のない状態で，質点 P が O から A に到達するそれぞれの所要時間 t_1 と t_2 を求めて，比較してみよう。

（右図）O から A への経路図。経路（ⅱ）：$y = \left(\dfrac{3}{2}\pi + 1\right)x$、経路（ⅰ）：$\begin{cases} x = a(1 - \cos\theta) \\ y = a(\theta - \sin\theta) \end{cases}$、重力加速度 g

---

(ⅰ) 質点 P が，サイクロイド曲線：$x = a(1 - \cos\theta)$，$y = a(\theta - \sin\theta)$ の経路 (ⅰ) に沿って移動するとき，O から A に至る経路の微小線分 ds は，

$$ds = \sqrt{dx^2 + dy^2} = \sqrt{1 + \left(\dfrac{dy}{dx}\right)^2}\ \underbrace{|dx|}_{\sqrt{dx^2}} \quad \cdots\cdots ①$$

ここで，P の微小変位の絶対値 $|dx|$ は，経路 (ⅰ) の曲線の形から，θ の値により，次のように場合分けされるね。

$$\begin{cases} (ア)\ 0 < \theta \leqq \pi \text{ のとき，} dx > 0 \text{ より，} |dx| = \underline{dx} & \longleftarrow \boxed{x : 0 \to 2a \text{ に対応}} \\ (イ)\ \pi < \theta < \dfrac{3}{2}\pi \text{ のとき，} dx < 0 \text{ より，} |dx| = \underline{\underline{-dx}} & \longleftarrow \boxed{x : 2a \to a \text{ に対応}} \end{cases}$$

よって，①より，O から A に到達するまでの所要時間 t_1 は，

$$t_1 = \dfrac{1}{\sqrt{2g}}\left(\int_0^{2a}\sqrt{\dfrac{1 + y'^2}{x}}\,\underline{dx} - \int_{2a}^a\sqrt{\dfrac{1 + y'^2}{x}}\,\underline{\underline{dx}}\right) \quad \cdots\cdots ②$$

ここで，$dx = a\sin\theta\,d\theta$，$dy = a(1 - \cos\theta)d\theta$

$$y' = \dfrac{dy}{dx} = \dfrac{\cancel{a}(1 - \cos\theta)}{\cancel{a}\sin\theta} = \dfrac{1 - \cos\theta}{\sin\theta} \qquad \text{よって，}$$

$$\sqrt{\frac{1+y'^2}{x}} = \sqrt{\frac{1+\left(\frac{1-\cos\theta}{\sin\theta}\right)^2}{a(1-\cos\theta)}} = \sqrt{\frac{\sin^2\theta+(1-\cos\theta)^2}{a\sin^2\theta(1-\cos\theta)}}$$

$$= \sqrt{\frac{2(1-\cos\theta)}{a\sin^2\theta(1-\cos\theta)}} = \sqrt{\frac{2}{a}}\cdot\frac{1}{|\sin\theta|} \quad となる。また、$$

$x:0\to 2a\to a$ のとき、$\theta:0\to\pi\to\dfrac{3}{2}\pi$ より、②は、

$$t_1 = \frac{1}{\sqrt{2g}}\left(\int_0^{\pi}\sqrt{\frac{2}{a}}\cdot\frac{1}{|\sin\theta|}a\sin\theta\,d\theta - \int_{\pi}^{\frac{3}{2}\pi}\sqrt{\frac{2}{a}}\cdot\frac{1}{|\sin\theta|}a\sin\theta\,d\theta\right)$$

$$= \sqrt{\frac{a}{g}}\int_0^{\frac{3}{2}\pi}d\theta = \sqrt{\frac{a}{g}}\Big[\theta\Big]_0^{\frac{3}{2}\pi} = \sqrt{\frac{a}{g}}\cdot\frac{3}{2}\pi\,(秒) \quad となるんだね。$$

$$\boxed{4.7123\cdots}$$

(ii) 質点 P が、直線 $y=\left(\dfrac{3}{2}\pi+1\right)x$ の経路 (ii) に沿って移動するとき、O から A に達する所要時間 t_2 は、

$$t_2 = \frac{1}{\sqrt{2g}}\int_0^{a}\sqrt{\frac{1+y'^2}{x}}\,dx \quad\cdots\cdots③ \quad となる。\; y'=\frac{3}{2}\pi+1 \; を③に代入して、$$

$$t_2 = \frac{1}{\sqrt{2g}}\int_0^{a}\sqrt{\frac{1+\left(\frac{3}{2}\pi+1\right)^2}{x}}\,dx = \sqrt{\frac{\frac{9}{4}\pi^2+3\pi+2}{2g}}\cdot\int_0^{a}x^{-\frac{1}{2}}\,dx$$

$$= \sqrt{\frac{9\pi^2+12\pi+8}{8g}}\cdot 2\Big[x^{\frac{1}{2}}\Big]_0^{a} = \sqrt{\frac{9\pi^2+12\pi+8}{2g}}\cdot\sqrt{a}$$

$$= \sqrt{\frac{a}{g}}\cdot\sqrt{\frac{9}{2}\pi^2+6\pi+4}\;(秒) \quad となる。$$

$$\boxed{8.2013\cdots}$$

　よって、(ii) の直線経路を移動するより、(i) のサイクロイド曲線 (最速降下線) に沿って移動した方が、移動距離は長くても所要時間は 6 割以下に短縮できることが分かったんだね。面白かった？

● 東京−大阪間の最速滑り台は作れるか？

最速降下線の最後のトピックスとして、図9に示すような、東京−大阪間を最短時間で結ぶ最速の滑り台について考えてみよう。東京−大阪間を約400km(= $4×10^5$m)とすると、これを結ぶ最速のサイクロイド曲線のパラメータ(半径)a は、

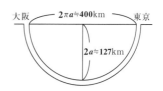

図9 東京大阪間の最速の滑り台

$$2\pi a = 4×10^5(\text{m})$$

$$a = \frac{4×10^5}{2\pi} ≒ 63662(\text{m})\ (約\ 63.7\text{km})\ となる。$$

従って、大阪から初速度0(m/s)で摩擦のない状態で滑り始めた質点(人)は、地下約127km(= 2a)の最下点で最高速度に達し、その後上昇して東京に到達した時の速さは、初速度と同じ0(m/s)になっているはずだね。

さて、これに要する時間は？これは、例題3で$\theta_1 = \frac{3}{2}\pi$のときの所要時間 t_1 が $\sqrt{\frac{a}{g}}\cdot\frac{3}{2}\pi$ であったことから、今回は$\theta_1 = 2\pi$と考えればいいので、同様に計算すれば、その所要時間 $t_3 = \sqrt{\frac{a}{g}}\cdot 2\pi$と計算できるはずだ。さっそく求めてみよう。

$$t_3 = \sqrt{\frac{63662}{9.8}} × 2\pi ≒ 506(秒) = 8\ 分\ 26\ 秒\ ということになる。$$

新幹線のぞみでも、2時間半位かかる東京−大阪間を、何もエネルギーを使わずにわずか8分26秒程度で移動できることになるんだね。このようなトンネルを作ってみたい気もするけれど、大体地殻の厚さが30～40km程度と言われているので、深度127kmのトンネルを作ろうとすると、はるかに地殻を突き抜けてマントルの領域にまでトンネルを掘らないといけないので、これはあくまでも空想上の産物に過ぎないんだね。

しかし、東京の山手線の2駅間の距離はせいぜい1～2km程度だと思う。そして、この間なら最速滑り台トンネルを作ることは可能かも知れない。通勤や通学でみんなヒュンヒュン滑り台を使って移動するなんて…、想像するだけでも面白そうだね。

● 作用積分と最小作用の原理の基本を押さえよう！

これまでの解説で、「(i) 汎関数 $I[y]$ が停留値 (物理的には最小値) を

関数 (曲線) の形 $y = y(x)$ によって、I の値が決まるので、I は y の汎関数という。

取るとき、(ii) 変分原理が成り立ち、これから (iii) オイラーの方程式が導

ける」ことを示した。ここでもう一度、

これらの公式を列挙すると、

(i) 汎関数

$$I[y] = \int_{x_1}^{x_2} F(y,y',x)dx \cdots\cdots ①$$

(ii) 変分原理

$$\delta I = \delta \int_{x_1}^{x_2} F(y,y',x)dx = 0 \cdots (*\mathrm{w})$$

(iii) オイラーの方程式

$$\frac{d}{dx}\left(\frac{\partial F}{\partial y'}\right) - \frac{\partial F}{\partial y} = 0 \cdots\cdots (*\mathrm{y})$$

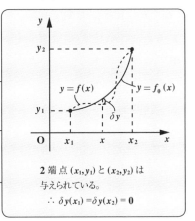

2 端点 (x_1,y_1) と (x_2,y_2) は
与えられている。
$\therefore \delta y(x_1) = \delta y(x_2) = 0$

となるのは大丈夫だね。

ここで、$(*\mathrm{y})$ が、q_1 と $\dot{q}_1$ のラグランジアン $L(q_1,\dot{q}_1,t)$ についてのラグ

ランジュの運動方程式：

図 **10** 作用積分と汎関数

$$\frac{d}{dt}\left(\frac{\partial L}{\partial \dot{q}_1}\right) - \frac{\partial L}{\partial q_1} = 0 \cdots (*\mathrm{a})'$$

と同じ形をしていることに気付かれた方も
多いと思う。そう…、図 **10** に示すように、
時刻 $t = t_A$ と t_B において、それぞれ位置
q_{1A} と q_{1B} が与えられているとき、q_1 は時
刻 t の関数より、

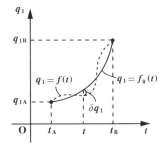

$q_1 = f(t)$, $\dot{q}_1 = \dfrac{dq_1}{dt}$ ($t_A < t < t_B$) で表すことができる。そして、この
ラグランジアン $L(q_1,\dot{q}_1,t)$ を被積分関数とする q_1 の汎関数を $I[q_1]$ とおく
と、

$I[q_1] = \displaystyle\int_{t_A}^{t_B} L(q_1,\dot{q}_1,t)dt$ ……② となるんだね。

そして，この汎関数 $I[q_1]$ が停留値(物理的には最小値)を取るとき，変分原理より，

$\delta I = \delta \displaystyle\int_{t_A}^{t_B} L(q_1,\dot{q}_1,t)dt = 0$ ……③ となり，

これから，**P109** で示したものと全く同様の式変形により，ラグランジュの運動方程式：

$\dfrac{d}{dt}\left(\dfrac{\partial L}{\partial \dot{q}_1}\right) - \dfrac{\partial L}{\partial q_1} = 0$ ……④ が導ける。

そして，④からニュートンの運動方程式も導けることが分かっているんだね。

ここで，以上の内容を表す用語について解説しておこう。

(i) ②の右辺の積分 $\displaystyle\int_{t_A}^{t_B} L(q_1,\dot{q}_1,t)\,dt$ のことを，"**作用積分**"(*action integral*)，または "**作用**"(*action*) と呼ぶ。これは(エネルギー)×(時間)の次元 (*dimension*) を持つことも覚えておこう。また，

(ii) ラグランジアンを使った③の変分原理を特に "**ハミルトンの変分原理**"(*Hamilton's variational principle*)，または "**最小作用の原理**"(*principle of least action*) と呼ぶ。そして，

(iii) ④のラグランジュの運動方程式も，オイラーの方程式の **1** 種と考えることができるので，これを "**オイラー‐ラグランジュの方程式**"(*equation of Euler-Lagrange*) と呼ぶこともあるので覚えておこう。

では，これまでの内容を整理してみると，次のようになる。

まず，始点 (t_A,q_{1A}) と終点 (t_B,q_{1B}) が与えられたならば，作用積分：

$I[q_1] = \displaystyle\int_{t_A}^{t_B} L(q_1,\dot{q}_1,t)dt$ が物理的に最小となるように，質点の運動の軌跡が $q_1 = f_0(t)$ と決まるはずだ。従って，最小作用の原理：$\delta I = \delta \displaystyle\int_{t_A}^{t_B} Ldt = 0$ が成り立ち，これから，オイラー‐ラグランジュの方程式：

$\dfrac{d}{dt}\left(\dfrac{\partial L}{\partial \dot{q}_1}\right) - \dfrac{\partial L}{\partial q_1} = 0$ が導かれ，さらに，ニュートンの運動方程式が導かれるんだね。

つまり，出発点 (t_A, q_{1A}) と終点 (t_B, q_{1B}) が決まれば，その間の経路は図 **10(P120)** に示すように，作用 $I = \int_{t_A}^{t_B} L\,dt$ を最小にするように，$q_1 = f_0(t)$ と決まるというわけだ。ただしここで注意することは，出発点 (t_A, q_{1A}) は自由に取れても，ポテンシャルや束縛条件等により，終点 (t_B, q_{1B}) はあらかじめ決まってしまうので，これは自由に取ることは出来ないということだ。そして，このような条件の下で，作用 I を最小にするように途中の経路 $q_1 = f_0(t)$ が定まるということなんだね。

　それでは次の例題で，実際の斜面上の運動の作用積分と，それ以外の運動の作用積分を計算して，その大小関係を調べてみよう。

例題 4　右図に示すように，鉛直下向きに一様な重力加速度 **g** が働く場で，高低差 **h**，傾斜角 **30°** の滑らかな斜面 **OA** 上を質量 **m** の質点 **P** が初速度 **0** の状態から降下するものとする。図のように q_1 軸をとって，

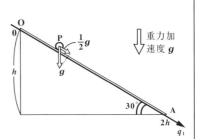

（ ⅰ ）**O** から，**A** まで **P** が等加速度運動するときの作用積分 I_0 を求めよう。

（ ⅱ ）（ ⅰ ）の所要時間の間，**O** から **A** まで **P** が等速度運動をするとしたときの作用積分 I_1 を求めよう。そして，I_0 と I_1 の大小を比較しよう。

　(ⅰ) は高校レベルの問題だね。この場合，質点 **P** は加速度 $a = \dfrac{1}{2}g$ の等加速度運動をするはずで，初速度 $v_0 = 0$ なので，質点 **P** の速度 $v = \dot{q}_1$ と位置 q_1 はそれぞれ，

$$v = \dot{q}_1 = \frac{1}{2}gt \quad \cdots① \ , \quad q_1 = \frac{1}{4}gt^2 \quad \cdots② \text{となるはずだ。}$$

したがって，**P** が **0** から **A** まで降下 (移動) するのに要する時間 t_1 は，②に $q_1 = 2h$，$t = t_1$ を代入して，

$$2h = \frac{1}{4}gt_1^2, \quad t_1^2 = \frac{8h}{g} \quad \therefore t_1 = \frac{2\sqrt{2h}}{\sqrt{g}} \quad \cdots\cdots③ \text{ となる。}$$

(i) 以上より，質点 P が O から A まで，加速度 $a = \dfrac{1}{2}g$ で等加速度運動

するときのラグランジアン L は，

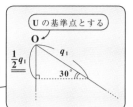

$T = \dfrac{1}{2}mv^2 = \dfrac{1}{2}m\left(\dfrac{1}{2}gt\right)^2 = \dfrac{1}{8}mg^2t^2$ （①より）

$U = -mg \cdot \dfrac{1}{2}q_1 = -mg \cdot \dfrac{1}{2} \cdot \dfrac{1}{4}gt^2 = -\dfrac{1}{8}mg^2t^2$ より

$L = T - U = \dfrac{1}{4}mg^2t^2$ ……④

よって，このときの作用積分 I_0 は，L を区間 $\left[0, \dfrac{2\sqrt{2h}}{\sqrt{g}}\right]$ で t により積

分すればいいので，

$\boxed{t_1(\text{③より})}$

$I_0 = \displaystyle\int_0^{t_1} L\,dt = \dfrac{1}{4}mg^2\int_0^{t_1} t^2\,dt$ （④より）

$= \dfrac{1}{4}mg^2\left[\dfrac{1}{3}t^3\right]_0^{t_1} = \dfrac{1}{12}mg^2t_1{}^3 = \dfrac{1}{12}mg^2\left(\dfrac{2\sqrt{2h}}{\sqrt{g}}\right)^3$ （③より）

$= \dfrac{16\sqrt{2}}{12}mg^{\frac{1}{2}}h^{\frac{3}{2}} = \dfrac{4\sqrt{2}}{3}m\sqrt{gh^3}$ となる。

$\boxed{1.8856\cdots}$

実際に，この等加速度運動が実現するわけだから，全ての運動の作用
積分 I の中で，この I_0 が最小値となるはずなんだね。

(ii) では次，実際には起こり得ないけれど，質点 P が時刻 $[0, t_1]$ の間等速
度 $\bar{v}$ で運動して，O から A まで降下(移動)する場合の作用積分 I_1 を
求めてみよう。

平均速度 $\bar{v} = \dfrac{2h}{t_1} = \dfrac{2h}{\dfrac{2\sqrt{2h}}{\sqrt{g}}} = \sqrt{\dfrac{gh}{2}}$ ……⑤より，

$T = \dfrac{1}{2}m\bar{v}^2 = \dfrac{1}{2}m \cdot \dfrac{gh}{2} = \dfrac{1}{4}mgh$ ………………⑥

$U = -mg \cdot \dfrac{1}{2}q_1 = -mg \cdot \dfrac{1}{2}\bar{v}t = -\dfrac{1}{2\sqrt{2}}m\sqrt{g^3h}\,t$ ……⑦

$\boxed{\sqrt{\dfrac{gh}{2}}\ (\text{⑤より})}$

⑥，⑦より，このときのラグランジアン L は，

$$L = T - U$$

$$= \frac{1}{4}mgh + \frac{1}{2\sqrt{2}}m\sqrt{g^3h}\,t \quad \cdots ⑧ \text{となる。}$$

（右上枠内）
$$t_1 = \frac{2\sqrt{2h}}{\sqrt{g}} \quad \cdots\cdots ③$$
$$T = \frac{1}{4}mgh \quad \cdots\cdots ⑥$$
$$U = -\frac{1}{2\sqrt{2}}m\sqrt{g^3h} \quad \cdots\cdots ⑦$$

この L を，区間 $\left[0, \dfrac{2\sqrt{2h}}{\sqrt{g}}\right]$ で t により積分して，作用積分 I_1 を求めると，

（t_1（③より））

$$I_1 = \int_0^{t_1} L\,dt = \int_0^{t_1}\left(\frac{1}{4}mgh + \frac{1}{2\sqrt{2}}m\sqrt{g^3h}\,t\right)dt$$

$$= \frac{1}{4}mgh[t]_0^{t_1} + \frac{1}{2\sqrt{2}}m\sqrt{g^3h}\left[\frac{1}{2}t^2\right]_0^{t_1}$$

$$= \frac{1}{4}mgh\,t_1 + \frac{1}{4\sqrt{2}}m\sqrt{g^3h}\,t_1^2$$

$$= \frac{1}{4}mgh\,\frac{2\sqrt{2h}}{\sqrt{g}} + \frac{1}{4\sqrt{2}}m\sqrt{g^3h}\,\frac{8h}{g}$$

$$= \frac{1}{\sqrt{2}}m\sqrt{gh^3} + \sqrt{2}m\sqrt{gh^3}$$

$$= \left(\sqrt{2} + \frac{1}{\sqrt{2}}\right)m\sqrt{gh^3} = \frac{3\sqrt{2}}{2}m\sqrt{gh^3} \text{ となる。}$$

（2.1213…）

以上 (i)(ii) より，$I_0 < I_1$ が成立つことが分かったんだね。

● **最小作用の原理から，オイラー‐ラグランジュの方程式が導ける！**

一般的なラグランジアン L は，

$$L = L(\{q_i\}, \{\dot{q}_i\}, t) \quad \cdots\cdots (a) \text{ と表されるので，}$$

（$q_1, q_2, \cdots, q_f$）（$\dot{q}_1, \dot{q}_2, \cdots, \dot{q}_f$ のこと）　　　　　　（自由度）

時刻 $t = t_1$ と $t_2(t_1 < t_2)$ において，$q_i(t_1)$ と $q_i(t_2)$ $(i = 1, 2, \cdots, f)$ が与え

（始点）（終点）

られているとき，この作用積分 (または作用)$I[\{q_i\}]$ は次式で表される。

（$q_i = q_i(t)$ $(i=1, 2, \cdots, f)$ の関数の形によって値が決まる汎関数）

作用積分 : $I[\{q_i\}] = \int_{t_1}^{t_2} L(\{q_i\}, \{\dot{q}_i\}, t) dt$ ……… $(*z)$ $(i = 1, 2, \cdots, f)$

そして，この作用 $I[\{q_i\}]$ が停留値 (物理的には最小値) を取るとき，この変分 δI が 0 となる。これが一般的な場合の最小作用の原理になる。

最小作用の原理：

$\delta I[\{q_i\}] = \delta \int_{t_1}^{t_2} L(\{q_i\}, \{\dot{q}_i\}, t) dt = 0$ ……… $(*a_0)$ $(i = 1, 2, \cdots, f)$

そして，この $(*a_0)$ から一般的なラグランジュの運動方程式 (または，オイラー－ラグランジュの方程式) を導くことができる。早速やってみよう。

$(*a_0)$ を変形して，

$\delta I[\{q_i\}] = \int_{t_1}^{t_2} \delta L(\{q_i\}, \{\dot{q}_i\}, t) dt$

$\qquad = \int_{t_1}^{t_2} [L(\{\underbrace{q_i + \delta q_i}\}, \{\underbrace{\dot{q}_i + \delta \dot{q}_i}\}, t) - L(\{q_i\}, \{\dot{q}_i\}, t)] dt$

$\qquad\qquad \fbox{$q_1+\delta q_1,\cdots,q_f+\delta q_f$}$ $\fbox{$\dot{q}_1+\delta \dot{q}_1,\cdots,\dot{q}_f+\delta \dot{q}_f$ のこと}$

$\qquad\qquad\qquad\qquad\qquad\qquad\qquad\qquad\qquad\qquad$ 全微分の考え方

$\qquad = \int_{t_1}^{t_2} \left(\frac{\partial L}{\partial q_1} \delta q_1 + \cdots + \frac{\partial L}{\partial q_f} \delta q_f + \frac{\partial L}{\partial \dot{q}_1} \delta \dot{q}_1 + \cdots + \frac{\partial L}{\partial \dot{q}_f} \delta \dot{q}_f \right) dt$

$\qquad\qquad\qquad \fbox{$\sum_{i=1}^{f} \frac{\partial L}{\partial q_i} \delta q_i$}$ $\qquad\qquad \fbox{$\sum_{i=1}^{f} \frac{\partial L}{\partial \dot{q}_i} \delta \dot{q}_i$}$

$\qquad\qquad\qquad\qquad\qquad\qquad\qquad \fbox{$\delta \left(\frac{dq_i}{dt} \right) = \frac{d}{dt} \left(\delta q_i \right)$}$

$\qquad = \sum_{i=1}^{f} \left(\int_{t_1}^{t_2} \frac{\partial L}{\partial q_i} \delta q_i dt \right) + \sum_{i=1}^{f} \left(\int_{t_1}^{t_2} \frac{\partial L}{\partial \dot{q}_i} \underline{\delta \dot{q}_i} dt \right)$ ← 積分操作とΣ計算の順序を入れ替えた！

$\qquad\qquad \begin{array}{l} \int_{t_1}^{t_2} \frac{\partial L}{\partial \dot{q}_i} \cdot \frac{d}{dt}(\delta q_i) dt \\ = \left[\frac{\partial L}{\partial \dot{q}_i} \delta q_i \right]_{t_1}^{t_2} - \int_{t_1}^{t_2} \frac{d}{dt} \left(\frac{\partial L}{\partial \dot{q}_i} \right) \cdot \delta q_i dt \end{array}$

$\qquad\qquad \fbox{$0$ $(\because q_i(t_1), q_i(t_2)$は定数で，ズレはないので，$\delta q_i(t_1) = \delta q_i(t_2) = 0)$}$

$\qquad = \sum_{i=1}^{f} \left(\int_{t_1}^{t_2} \frac{\partial L}{\partial q_i} \delta q_i dt \right) - \sum_{i=1}^{f} \left(\int_{t_1}^{t_2} \frac{d}{dt} \left(\frac{\partial L}{\partial \dot{q}_i} \right) \delta q_i dt \right)$

$\therefore \delta I = \sum_{i=1}^{f} \int_{t_1}^{t_2} \left\{ \frac{\partial L}{\partial q_i} - \frac{d}{dt} \left(\frac{\partial L}{\partial \dot{q}_i} \right) \right\} \underline{\delta q_i} dt$ となる。

$\qquad\qquad\qquad\qquad\qquad\qquad \fbox{任意}$

よって，最小作用の原理：$\delta I = 0$ より，

$$\delta I = \sum_{i=1}^{f} \int_{t_1}^{t_2} \left\{ \underbrace{\frac{\partial L}{\partial q_i} - \frac{d}{dt}\left(\frac{\partial L}{\partial \dot{q}_i}\right)}_{\textcircled{0}} \right\} \underbrace{\delta q_i}_{\boxed{\text{任意}}} dt = 0 \quad \cdots (b) \quad \text{が導けた。}$$

ここで δq_i は，微小量ではあるけれど，$t_1 < t < t_2$ の範囲で，任意の値を取り得るので，(b) が恒等的に成り立つためには，{ } 内が 0 でなければいけない。よって，

$$\frac{\partial L}{\partial q_i} - \frac{d}{dt}\left(\frac{\partial L}{\partial \dot{q}_i}\right) = 0 \quad \text{より，オイラー－ラグランジュの方程式：}$$

$$\frac{d}{dt}\left(\frac{\partial L}{\partial \dot{q}_i}\right) - \frac{\partial L}{\partial q_i} = 0 \quad \cdots\cdots (*a) \quad (i = 1, 2, \cdots, f) \quad \text{が導けたんだね。}$$

納得いった？

ここでラグランジアン L の不定性についてもう一度考えてみよう。**P73** で解説したように，ラグランジアン $L = T - U$ の代わりに，母関数 $W(\{q_I\})$ を用いて，新たに，

$$L' = L + \frac{dW}{dt} \quad \cdots (*v) \quad \text{をラグランジアンとしても } (*a) \text{ を満たすんだ}$$

ったね。

このことを，作用積分と最小作用の原理でも確認しておこう。$(*v)$ を用いると，作用積分 $\widetilde{I}[\{q_i\}]$ は，次のようになる。

$$\widetilde{I}[\{q_i\}] = \int_{t_1}^{t_2} L' dt = \int_{t_1}^{t_2} \left(L + \frac{dW}{dt}\right) dt$$

$$= \int_{t_1}^{t_2} L\, dt + \underbrace{[W(\{q_i\})]_{t_1}^{t_2}}_{\boxed{W(\{q_i(t_2)\}) - W(\{q_i(t_1)\}) = C \,(\text{定数})}}$$

> W は，$\{q_i\}$，すなわち q_1, q_2, $\cdots$, q_f の関数であり，これらにそれぞれ t_1, t_2 を代入したものは始点，終点として値が定まっているので，定数となる。
> よって，$W(\{q_i\})$ に定数 q_1, q_2, $\cdots$, q_f が代入されたものも当然定数になる。

$$\therefore \widetilde{I}[\{q_i\}] = \int_{t_1}^{t_2} L\, dt + C \qquad (\text{ただし，} C : \text{定数})$$

よって，この変分をとると，

$$\delta \widetilde{I} = \delta \int_{t_1}^{t_2} L dt + \underset{=}{\delta \mathcal{C}} = \delta I \quad となって,$$

（ **0**（定数 **C** は変化しないので，その変分は当然 **0** だね））

$\dot{W}$ の項は，δI に影響しない。すなわち最小作用の原理にも影響しないので，結局 $\delta I = 0$ から，同じオイラー−ラグランジュの方程式 (＊a) が導かれることになるんだね。大丈夫？

最後に，**P71** で解説したエネルギー積分についても解説しておこう。

（ⅰ）ラグランジアン L が，$\underline{L = L(\{q_i\},\{\dot{q}_i\})}$ であり，かつ，

（L は陽に t を含まない。）

（ⅱ）ポテンシャル U が，$\underline{U = U(\{q_i\})}$ であり，かつ，

（U は $\{q_i\}$ のみの関数である。）

（ⅲ）運動エネルギー T が，$\underline{T = \sum_{i=1}^{f} a_i \dot{q}_i{}^2}$ であるとき，

（T は $\{\dot{q}_i\}$ の 2 次の同次式で表される。）

エネルギー積分　$T + U = E$（一定）　…① が成り立ったんだね。

①より，$\underline{U = E-T}$　…①′として，これをラグランジアン L の式に代入すると，

$$L = T-\underline{U} = T-(\underline{E-T}) = 2T-\overset{定数}{\underline{E}} \quad となる。$$

よって，これを用いた作用積分は，

$$I = \int_{t_1}^{t_2} L dt = \int_{t_1}^{t_2} (2T-E) dt = 2\int_{t_1}^{t_2} T dt - E[t]_{t_1}^{t_2}$$

$$= 2\int_{t_1}^{t_2} T dt - \underset{定数}{\underline{E \cdot (t_2-t_1)}} = 2\int_{t_1}^{t_2} T dt - C_1 \quad (C_1: 定数) \quad となる。$$

よって，最小作用の原理は，

$$\delta I = \delta \int_{t_1}^{t_2} 2T dt - \underset{\textcircled{0}}{\delta \mathcal{C}_1} = \delta \int_{t_1}^{t_2} 2T dt = 0$$

すなわち，$\delta \int_{t_1}^{t_2} T dt = 0$ の形で表されることも覚えておこう。

§4. 仮想仕事の原理とダランベールの原理

では，これから，"仮想仕事の原理" (*principle of virtual work*) と "ダランベールの原理" (*d'Alembert's principle*) について解説しよう。

仮想仕事の原理とは，ある束縛条件の下で，つり合いの状態にある質点（または質点系）の位置を，束縛力を考えることなしに，特定することができる便利な手法のことなんだ。具体的には，質点（または質点系）に働く外力と微小で可能な**仮想変位**との内積を**仮想仕事** δW と呼び，これを **0** とおくことにより計算する。

さらに，**ダランベールの原理**とは，質点（または質点系）がつり合いの状態ではなく，加速度運動している場合でも，仮想仕事の原理ができるようにする手法のことなんだ。以上の概略説明だけでは逆に難しく感じるかも知れないけれど，また分かりやすく解説するので，すべて理解できるはずだ。

そして，最後に，デカルト座標系において，仮想仕事 δW の作用積分に変分原理を用いることにより，ラグランジュの運動方程式を導いてみよう。

では，早速講義を始めよう！

● 仮想仕事の原理をマスターしよう！

図 **1** に示すように，滑らかな摩擦のない静止した曲面上に束縛された質点 **P** について考えよう。ここで，**P** が曲面から受ける垂直抗力 (束縛力)R とそれ以外に **P** に働く外力 F とがつり合って，**P** は静止状態にあるものとしよう。このとき当然

$F + R = 0$ ……① が成り立つのは大丈夫だね。

ここで，質点 **P** を曲面に沿って，微小な変位 δr だけ動かしてみることにしよう。実際には **P** は静止しているわけだから，頭の中での操作と

図 **1** 仮想仕事の原理
（曲面上に束縛された質点）

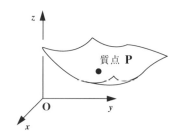

いう意味を込めて，この微小変位を**"仮想変位"**δrと呼ぶ。ここで，δrは微小なので，その移動中，$\boldsymbol{F}$と$\boldsymbol{R}$はほとんど変化しないと考えていい。よって，この微小な移動による仮想的な仕事を**"仮想仕事"**δWとおくと，これは，2つのベクトル$\boldsymbol{F} + \boldsymbol{R}$と$\delta r$の内積で表され，①より，

$$\delta W = (\boldsymbol{F} + \boldsymbol{R}) \cdot \delta r = \boldsymbol{F} \cdot \delta r + \underline{\boldsymbol{R} \cdot \delta r} = 0 \cdots\cdots ②$$
$$\underset{\boxed{0}}{}$$

となる。

ここで，$\boldsymbol{R}$は曲面，すなわち仮想変位δrと垂直なので，

$\boldsymbol{R} \cdot \delta r = 0 \cdots\cdots ③$となる。よって，③を②に代入すると，

$\delta W = \boldsymbol{F} \cdot \delta r = 0 \cdots\cdots (*b_0)$　（$\boldsymbol{F}$：質点 P に働く外力）が導かれる。これを**"仮想仕事の原理"**と呼ぶ。この仮想仕事の原理の公式$(*b_0)$には，もはや束縛力は含まれていないことに注意しよう。ここで，図1に示すようにxyz座標(デカルト座標)系で考えて，

$\boldsymbol{F} = [F_x, F_y, F_z]$，$\delta r = [\delta x, \delta y, \delta z]$とおくと，③は，

$\delta W = F_x \delta x + F_y \delta y + F_z \delta z = 0 \cdots\cdots (*b_0)'$となる。

また，2次元のxy座標系の場合は同様に，

$\delta W = F_x \delta x + F_y \delta y = 0 \cdots\cdots (*b_0)''$となるのも大丈夫だね。

ここで，一般化して，デカルト座標系における複数の質点系の仮想仕事の原理は，

$\delta W = \sum_{i=1}^{f} F_i \delta x_i = F_1 \delta x_1 + F_2 \delta x_2 + \cdots + F_f \delta x_f = 0 \cdots ④$となることもいいね。

さらに，P65 で解説したように，一般化座標$\{q_i\}$と一般化力$\{Q_i\}$を使って，仮想仕事の原理を次のように表現することもできる。

$\delta W = \sum_{i=1}^{f} Q_i \delta q_i = Q_1 \delta q_1 + Q_2 \delta q_2 + \cdots + Q_f \delta q_f = 0 \cdots\cdots ⑤$

一般にq_iが長さ，Q_iが力の次元（ディメンション）をもつとは限らないんだけれど，その積$Q_i \cdot q_i$は必ず仕事（エネルギー）の次元を持つので，⑤のような表現も可能なんだね。

　それでは，2次元のデカルト座標に話を戻して，次の簡単な例題で，実際に仮想仕事の原理を使ってみることにしよう。

例題5 右図に示すような，xy 座標平面上
の曲線 $y = e^x (e$：自然対数の底) に
沿って滑らかに動ける質量 m，正
の電荷 q をもつ質点 P がある。y 軸
の負の向きに重力加速度 g が，ま
た x 軸の正の向きに電場 E が存在
するとき，質点 P がつり合って静
止する位置の座標を求めてみよう。

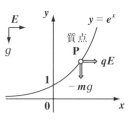

点 P は，束縛条件により，曲線 $y = e^x$ …(a)　上の点だね。

ここで，(a)の導関数を求めておくと，

$y' = \dfrac{dy}{dx} = e^x$ …(b)　となるのもいいね。

では，2 次元のデカルト座標系での仮想仕事の原理の式は，

$\delta W = F_x \delta x + F_y \delta y = 0$ …(c)　であり，

・F_x は，電場 E による x 軸の正の向きの力より，

　$F_x = qE$ …(d)　であり，

・F_y は，重力加速度 g による y 軸の負の向きの力より，

　$F_y = -mg$ …(e)　である。

よって，(d)，(e)を(c)に代入して，

$qE\delta x - mg\delta y = 0$ $\therefore \dfrac{dy}{dx} = \dfrac{\delta y}{\delta x} = \dfrac{qE}{mg}$ ……(f)

> 仮想変位 δx，δy は，微小変位であることに変わりはないので，
> 数学的には dx，dy と同じだ！

(f)を(b)に代入して，

$e^x = \dfrac{qE}{mg} \left(= y \,((a) \text{より}) \right)$　となり，両辺の自然対数をとって，

$x = \log \left(\dfrac{qE}{mg} \right)$　となる。以上より，質点 P の位置 P(x, y) は，

P$\left(\log \left(\dfrac{qE}{mg} \right), \dfrac{qE}{mg} \right)$　となって，答えだ！納得いった？

この仮想仕事の原理による解法の長所は，右図に示すような，qE，$-mg$ とつり合う垂直抗力（束縛力）R を考慮に入れることはなく，アッサリ解いてしまえることなんだね。

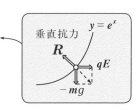

● 仮想仕事の原理をさらに深めてみよう！

それでは，例題 **5** を使って，仮想仕事の原理をさらに洗練させてみよう。

今回の束縛条件：$y = e^x$ は，ホロノミックな束縛条件として，

> "座標の方程式で表される" という意味（**P69** 参照）

$f(x, y) = e^x - y = 0$ …(g) と表すことができる。

よって，この $f(x, y)$ の全微分 δf は，

> "d" でもいいが，ここでは "仮想" の意味を込めて，統一して "δ" で表す。

$$\delta f = \frac{\partial f}{\partial x}\delta x + \frac{\partial f}{\partial y}\delta y = e^x\delta x - 1\cdot\delta y = 0 \quad \cdots(g)'\quad \text{となる。}$$

ここで $\frac{\partial f}{\partial x} = e^x$，$\frac{\partial f}{\partial y} = -1$

> 元々，$f(x, y) = 0$（定数）より，この全微分 δf も当然 **0** となる。

$\delta f = 0$ …(g)' より，この両辺に未定係数 α をかけても

$\alpha\cdot\delta f = 0$ …(g)'' となる。

よって，この(g)'' の左辺を，仮想仕事の原理の式(c)の左辺にたしてもかまわない。実質的に，(c)の左辺に **0** をたすだけだからね。

$$\underbrace{\delta W}_{F_x\delta x + F_y\delta y} + \underbrace{\alpha\cdot\delta f}_{(e^x\delta x - 1\cdot\delta y)} = 0 \quad \text{これから，}$$

$F_x\delta x + F_y\delta y + \alpha(e^x\delta x - 1\cdot\delta y) = 0$ よって，

$$\underbrace{(F_x + \alpha e^x)}_{0}\underbrace{\delta x}_{任意} + \underbrace{(F_y - \alpha)}_{0}\underbrace{\delta y}_{任意} = 0 \quad \cdots(h)\quad \text{となる。}$$

ここで，δx と δy は共に微小で，かつ互いに関数関係もあるんだけれど任意に値を取り得る。よって，(h)が恒等的に成り立つためには，

$$\underbrace{F_x + \alpha e^x = 0}_{qE} \quad \cdots(i)\quad \text{かつ} \quad \underbrace{F_y - \alpha = 0}_{-mg} \quad \cdots(j)\quad \text{でなければならない。}$$

ここで，$F_x = qE$，$F_y = -mg$ を(i)，(j)に代入すると，

$qE + \alpha e^x = 0$ …(i)　かつ　$-mg - \alpha = 0$ …(j)　となるので,

(j)より $\alpha = -mg$　　これを(i)に代入して,

$qE - mge^x = 0$　　$e^x = \dfrac{qE}{mg}(=y)$

この両辺の自然対数をとって,　$x = \log\left(\dfrac{qE}{mg}\right)$ となって, 質点 P の座標が

$P\left(\log\left(\dfrac{qE}{mg}\right), \dfrac{qE}{mg}\right)$ と, 同じ結果が導けるんだね。

以上の考え方を, 3 次元の xyz 座標系での問題に当てはめてみよう。

まず, ホロノミックな束縛条件を,

$f(x, y, z) = 0$　…①　とおこう。

この全微分 δf は, 当然,

$\delta f = \dfrac{\partial f}{\partial x}\delta x + \dfrac{\partial f}{\partial y}\delta y + \dfrac{\partial f}{\partial z}\delta z = 0$　…②

となるので,

②の両辺に未定係数 α をかけて,

$\alpha \cdot \delta f = 0$　…③　とおける。

> 3 次元での束縛条件は滑らかな曲面:
> $z = g(x, y)$ の形で与えられるから, これを変形して,
> $f(x, y, z) = g - z = 0$ …①
> のような形で表すことができる。

そして, ③の左辺を, 仮想仕事の原理の式:$\delta W = 0$　…④　の

左辺に加えると,　これは, $0 + 0$ のこと

$\delta W + \alpha \delta f = 0$　…⑤　となるんだね。

$\left(\dfrac{\partial f}{\partial x}\delta x + \dfrac{\partial f}{\partial y}\delta y + \dfrac{\partial f}{\partial z}\delta z\right)$

$F_x \delta x + F_y \delta y + F_z \delta z$

よって, ⑤を変形して, δx, δy, δz でまとめると,

$F_x \delta x + F_y \delta y + F_z \delta z + \alpha\left(\dfrac{\partial f}{\partial x}\delta x + \dfrac{\partial f}{\partial y}\delta y + \dfrac{\partial f}{\partial z}\delta z\right) = 0$

$\left(F_x + \alpha\dfrac{\partial f}{\partial x}\right)\delta x + \left(F_y + \alpha\dfrac{\partial f}{\partial y}\right)\delta y + \left(F_z + \alpha\dfrac{\partial f}{\partial z}\right)\delta z = 0$　……⑥

　　　　0　　　任意　　　　0　　　任意　　　　0　　　任意

となる。ここで, $\delta x, \delta y, \delta z$ は微小量でかつ互いに関数関係も存在するが,

任意に値を取り得るので，⑥が恒等的に成り立つためには，

$$F_x + \alpha \frac{\partial f}{\partial x} = 0 \quad \text{かつ} \quad F_y + \alpha \frac{\partial f}{\partial y} = 0 \quad \text{かつ} \quad F_z + \alpha \frac{\partial f}{\partial z} = 0$$

でなければならないんだね。

しかし，$\delta f = 0$ の左辺に何故未定係数 α をかけたものを $\delta W = 0$ の左辺に加える必要があるのか？疑問に思っておられる方も多いと思う。このテクニカルな理由を言っておくと，ホロノミックな束縛条件①が加わることにより，未知数を **1** つ増やしても，問題が解けるようになるからなんだ。事実，例題 **5** の別解で示したように，この未定係数 α が重要な役割を演じていることが分かったはずだ。すなわち，$\delta W + \delta f = 0$ の形では一般には問題が解けず，$\delta W + \alpha \cdot \delta f = 0$ と，α の分の自由度をもたせることによって，初めて問題が解けるようになるんだね。

これは **1** 種の "**ラグランジュの未定乗数法**" と考えていい。

それでは，デカルト座標系において，複数のホロノミックな束縛条件が存在する場合の，一般的な仮想仕事の原理についても解説しておこう。

次のように，g 個のホロノミックな束縛条件：

$\quad h_j(x_1, x_2, \cdots, x_f) = 0 \quad \cdots$(a) $\quad (j = 1, 2, \cdots, g)$

の下で，自由度 f の変数 $x_1, x_2, \cdots, x_f$ による仮想仕事の原理が，

$$\delta W = \sum_{i=1}^{f} F_i \delta x_i = F_1 \delta x_1 + F_2 \delta x_2 + \cdots + F_f \delta x_f = 0 \quad \cdots(b)$$

となるのはいいね。

ここで，$h_j(j = 1, 2, \cdots, g)$ の全微分 δh_j は，(a)より，

$\quad \delta h_j = \sum_{i=1}^{f} \frac{\partial h_j}{\partial x_i} \delta x_i = 0 \quad$ すなわち，

$$\delta h_j = \frac{\partial h_j}{\partial x_1} \delta x_1 + \frac{\partial h_j}{\partial x_2} \delta x_2 + \cdots + \frac{\partial h_j}{\partial x_f} \delta x_f = 0 \quad \cdots(c) \quad \text{となる。}$$

$$(j = 1, 2, \cdots, g)$$

のは大丈夫だね。今回は，g 個のホロノミックな束縛条件があるので，同数の未定係数 $\alpha_j (j = 1, 2, \cdots, g)$ が使える。すなわち，(c)の両辺に α_j をかけて，

$\alpha_j \delta h_j = 0$ ···(c)´ $(j = 1, 2, \cdots, g)$

したがって，(c)´の $j = 1, 2, \cdots, g$ の和を取っても，

$\displaystyle\sum_{j=1}^{g} \alpha_j \underline{\delta h_j} = 0$ より，これに(c)を代入すると，

$\displaystyle\sum_{j=1}^{g} \alpha_j \left(\underline{\sum_{i=1}^{f} \frac{\partial h_j}{\partial x_i} \delta x_i} \right) = 0$ となる。

よって，2つの $\sum$ 計算の順序を入れ替えると，

$\displaystyle\sum_{i=1}^{f} \left(\sum_{j=1}^{g} \alpha_j \frac{\partial h_j}{\partial x_i} \right) \delta x_i = 0$ ···(d) となる。

ここで，(b)の左辺に(d)の左辺を加えると，

$\underline{\delta W} + \displaystyle\sum_{i=1}^{f} \left(\sum_{j=1}^{g} \alpha_j \frac{\partial h_j}{\partial x_i} \right) \delta x_i = 0$ より，

$\boxed{\displaystyle\sum_{i=1}^{f} F_i \delta x_i}$

> これは，$0 + 0$ のこと

$\displaystyle\sum_{i=1}^{f} F_i \delta x_i + \sum_{i=1}^{f} \left(\sum_{j=1}^{g} \alpha_j \frac{\partial h_j}{\partial x_i} \right) \delta x_i = 0$

$\displaystyle\sum_{i=1}^{f} \left(\underbrace{F_i + \sum_{j=1}^{g} \alpha_j \frac{\partial h_j}{\partial x_i}}_{\boxed{0}} \right) \underbrace{\delta x_i}_{\boxed{任意}} = 0$ ···(e)

ここで，$\delta x_1, \delta x_2, \cdots, \delta x_f$ はいずれも微小量で，かつ互いに関数関係も存在するが，任意の値を取り得るので，(e)が恒等的に成り立つためには，次の方程式群が成り立たなければならない。

$F_i + \displaystyle\sum_{j=1}^{g} \alpha_j \frac{\partial h_j}{\partial x_i} = 0$ ···(f) $(i = 1, 2, \cdots, f)$

> 具体的には，$F_1 + \alpha_1 \dfrac{\partial h_1}{\partial x_1} + \alpha_2 \dfrac{\partial h_2}{\partial x_1} + \cdots + \alpha_g \dfrac{\partial h_g}{\partial x_1} = 0$
>
> $F_2 + \alpha_1 \dfrac{\partial h_1}{\partial x_2} + \alpha_2 \dfrac{\partial h_2}{\partial x_2} + \cdots + \alpha_g \dfrac{\partial h_g}{\partial x_2} = 0$
>
> ·····································
>
> $F_f + \alpha_1 \dfrac{\partial h_1}{\partial x_f} + \alpha_2 \dfrac{\partial h_2}{\partial x_f} + \cdots + \alpha_g \dfrac{\partial h_g}{\partial x_f} = 0$ のこと

右上の囲み：

$\delta W = \displaystyle\sum_{i=1}^{f} F_i \delta x_i$ ···(b)

$\delta h_j = \displaystyle\sum_{i=1}^{f} \frac{\partial h_j}{\partial x_i} \delta x_i$ ···(c)

●ダランベールの原理も押さえよう！

これまで解説した仮想仕事の原理は役に立つ手法ではあるんだけれど，質点(または質点系)に働く力がつり合っているときにしか利用できないという短所があったんだね。これを補うのが，"**ダランベールの原理**"の考え方で，これにより加速度運動している質点(または質点系)に対しても，仮想仕事の原理が使えるようになるんだ。

まず，最も簡単な**1**次元運動で考えてみよう。図**2**(i)に示すように，物体**P**がx_1軸方向に力F_1を受けて運動しているとき，ニュートンの運動方程式は次式で表される。

$$m\ddot{x}_1 = F_1 \quad \cdots\cdots ①$$

ここで，この①を変形して，

$$F_1 - m\ddot{x}_1 = 0 \quad \cdots ①'$$

とおいてみよう。エッ，大した変形ではないって？でも，実はこう置くことによって，あたかも力のつり合いが成り立っているかのように考えることができる。

図**2**　ダランベールの原理
(i)物体が等加速度運動しているとき

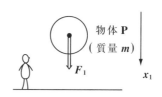

(ii) F_1とは逆向きの慣性力$-m\ddot{x}_1$を考える

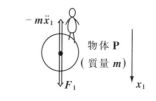

これは，図**2**(i)では，力F_1を受けて運動している物体**P**を慣性系(静止した地上)から見ていた観測者が，図**2**(ii)のように，物体**P**と共に運動していると考えてくれたらいい。この場合の観測者には，物体**P**に働く力F_1と，それとはまったく逆向きに同じ大きさの慣性力$-m\ddot{x}_1$が働き，物体に働く力はつり合って，静止(または，等速度運動)しているように見えるはずだ。

つまり，①'を，力のつり合いの式と考えれば，これに仮想的な変位δx_1をかけた仮想仕事δWを**0**とおくことができる。つまり，仮想仕事の原理：

$$\delta W = (F_1 - m\ddot{x}_1)\delta x_1 = 0 \quad \cdots ②　が成り立つんだね。$$

そして，これを一般化して，デカルト座標系における複数の自由度fの質点系の仮想仕事の原理が次のようになることも容易に分かると思う。

$$\delta W = \sum_{i=1}^{f} (F_i - m\ddot{x}_i)\delta x_i = 0 \quad \cdots\cdots ②'$$

$$\boxed{\delta W = (F_1 - m\ddot{x}_1)\delta x_1 + (F_2 - m\ddot{x}_2)\delta x_2 + \cdots + (F_f - m\ddot{x}_f)\delta x_f = 0}$$

そして，これに次のような g 個のホロノミックな束縛条件が存在する場合も考えてみよう。

$$h_j(x_1, x_2, \cdots, x_f) = 0 \quad \cdots ③ \quad (j = 1, 2, \cdots, g)$$

この h_j の全微分 δh_j は，

$$\delta h_j = \sum_{i=1}^{f} \frac{\partial h_j}{\partial x_i}\delta x_i = 0 \quad \cdots\cdots ④ \quad (j = 1, 2, \cdots, g)$$

となるのもいいね。この④の両辺に未定係数 $\alpha_j (j = 1, 2, \cdots, g)$ をかけて，

$$\alpha_j \delta h_j = 0 \quad \cdots\cdots ④'$$

④´の $j = 1, 2, \cdots, g$ の和を求めると，

$$\sum_{j=1}^{g} \alpha_j \delta h_j = \sum_{j=1}^{g} \alpha_j \left(\sum_{i=1}^{f} \frac{\partial h_j}{\partial x_i}\delta x_i \right) = 0 \quad (④より) \quad となる。$$

ここで，2 つの $\sum$ 計算の順序を入れ替えると，

$$\sum_{i=1}^{f} \left(\sum_{j=1}^{g} \alpha_j \frac{\partial h_j}{\partial x_i} \right)\delta x_i = 0 \quad \cdots ⑤ \quad となる。$$

よって，②´の中辺に⑤の左辺をたすと，　これは，$0 + 0$ のこと

$$\sum_{i=1}^{f} (F_i - m\ddot{x}_i)\delta x_i + \sum_{i=1}^{f} \left(\sum_{j=1}^{g} \alpha_j \frac{\partial h_j}{\partial x_i} \right)\delta x_i = 0 \quad より，$$

$$\sum_{i=1}^{f} \underbrace{\left(F_i - m\ddot{x}_i + \sum_{j=1}^{g} \alpha_j \frac{\partial h_j}{\partial x_i} \right)}_{0} \underbrace{\delta x_i}_{任意} = 0 \quad \cdots ⑥ \quad となる。$$

ここで，$\delta x_1, \delta x_2, \cdots, \delta x_f$ はいずれも微小量で，かつ互いに関数関係も存在するが，任意の値を取り得るので，⑥が恒等的に成り立つためには，

$$F_i - m\ddot{x}_i + \sum_{j=1}^{g} \alpha_j \frac{\partial h_j}{\partial x_i} = 0 \quad すなわち，$$

$$m\ddot{x}_i = F_i + \sum_{j=1}^{g} \alpha_j \frac{\partial h_j}{\partial x_i} \quad \cdots\cdots ⑦ \quad (i = 1, 2, \cdots, f)$$

が成り立たなければならないんだね。⑦の方程式を具体的に示すと，次のようになる。

$$\begin{cases} m\ddot{x}_1 = F_1 + \alpha_1 \dfrac{\partial h_1}{\partial x_1} + \alpha_2 \dfrac{\partial h_2}{\partial x_1} + \cdots + \alpha_g \dfrac{\partial h_g}{\partial x_1} \\[2mm] m\ddot{x}_2 = F_2 + \alpha_1 \dfrac{\partial h_1}{\partial x_2} + \alpha_2 \dfrac{\partial h_2}{\partial x_2} + \cdots + \alpha_g \dfrac{\partial h_g}{\partial x_2} \\[2mm] \cdots\cdots\cdots\cdots\cdots\cdots\cdots\cdots\cdots\cdots\cdots\cdots\cdots\cdots \\[2mm] m\ddot{x}_f = F_f + \alpha_1 \dfrac{\partial h_1}{\partial x_f} + \alpha_2 \dfrac{\partial h_2}{\partial x_f} + \cdots + \alpha_g \dfrac{\partial h_g}{\partial x_f} \end{cases}$$

以上が，ダランベールの原理も考慮に入れた仮想仕事の原理の方程式なんだね。納得いった？

●仮想仕事の原理から最小作用の原理が導ける！

それでは，次の仮想仕事の原理：

$$\delta W = \sum_{i=1}^{f} (F_i - m\ddot{x}_i)\delta x_i = 0 \quad \cdots\cdots ②´$$

の左辺と中辺の作用積分，すなわち積分区間 $[t_1, t_2]$ での時刻 t による積分を δI とおくと，

$$\delta I = \int_{t_1}^{t_2} \delta W \, dt = \int_{t_1}^{t_2} \underline{\sum_{i=1}^{f} (F_i - m\ddot{x}_i)\delta x_i} \, dt = \underline{\mathbf{0}} \quad \cdots\cdots ⑦´$$

となるのはいいね。

> 被積分関数が **0** より，この定積分は当然 **0** となる。

この ⑦´ を変形して，最小作用の原理：

$$\delta I = \delta \int_{t_1}^{t_2} L \, dt = 0 \quad \cdots(\ast a_0)$$

を導くことが出来る。早速やってみよう。

⑦´ を変形して，

$$\delta I = \int_{t_1}^{t_2} \delta W \, dt = \int_{t_1}^{t_2} \sum_{i=1}^{f} \{F_i + (-m\ddot{x}_i)\} \delta x_i \, dt = 0$$

$$\therefore \delta I = \underbrace{\int_{t_1}^{t_2} \sum_{i=1}^{f} F_i \delta x_i \, dt}_{\boxed{\delta I_1}} + \underbrace{\int_{t_1}^{t_2} \sum_{i=1}^{f} (-m\ddot{x}_i) \delta x_i \, dt}_{\boxed{\delta I_2 \text{とおく}}} = 0 \quad \cdots ⑧ \quad \text{となる。}$$

$$\delta I = \underbrace{\int_{t_1}^{t_2} \sum_{i=1}^{f} F_i \delta x_i \, dt}_{\delta I_1} + \underbrace{\int_{t_1}^{t_2} \sum_{i=1}^{f} (-m\ddot{x}_i) \delta x_i \, dt}_{\delta I_2 \, \text{とおく}} = 0 \quad \cdots \text{⑧}$$

ここで，$\begin{cases} \delta I_1 = \displaystyle\int_{t_1}^{t_2} \sum_{i=1}^{f} F_i \delta x_i \, dt \quad \cdots\cdots\cdots\cdots \text{⑨} \\[2mm] \delta I_2 = \displaystyle\int_{t_1}^{t_2} \sum_{i=1}^{f} (-m\ddot{x}_i) \delta x_i \, dt \quad \cdots \text{⑩} \end{cases}$ とおく。

（ i ）δI_1 について，

外力 $F_i \, (i = 1, 2, \cdots, f)$ が保存力であるとすると，ポテンシャルを U とおいて，

$$F_i = -\frac{\partial U}{\partial x_i} \quad \cdots \text{⑪} \quad \text{となる。}$$

⑪を⑨に代入して，

$$\delta I_1 = \int_{t_1}^{t_2} \sum_{i=1}^{f} \left(-\frac{\partial U}{\partial x_i}\right) \delta x_i \, dt$$

$$= -\int_{t_1}^{t_2} \left(\sum_{i=1}^{f} \frac{\partial U}{\partial x_i} \delta x_i\right) dt \qquad \boxed{U \text{ の全微分 } \delta U \text{ になっている}}$$

$$\boxed{\frac{\partial U}{\partial x_1} \delta x_1 + \frac{\partial U}{\partial x_2} \delta x_2 + \cdots + \frac{\partial U}{\partial x_f} \delta x_f = \delta U}$$

$$\therefore \delta I_1 = -\int_{t_1}^{t_2} \delta U \, dt = -\delta \int_{t_1}^{t_2} U \, dt \quad \cdots \text{⑨}' \quad \text{となる。}$$

（ ii ）δI_2 について，

$$\delta I_2 = -\int_{t_1}^{t_2} \sum_{i=1}^{f} m\ddot{x}_i \delta x_i \, dt \longrightarrow \boxed{\begin{array}{c} \text{部分積分の公式} \\ \displaystyle\int_{t_1}^{t_2} \dot{f} \cdot g \, dt = [f \cdot g]_{t_1}^{t_2} - \int_{t_1}^{t_2} f \cdot \dot{g} \, dt \end{array}}$$

$$= -\left\{ \left[\sum_{i=1}^{f} m\dot{x}_i \delta x_i\right]_{t_1}^{t_2} - \int_{t_1}^{t_2} \sum_{i=1}^{f} m\dot{x}_i \frac{d}{dt}(\delta x_i) \, dt \right\}$$

$$\boxed{0 \, (\because \delta x_i(t_1) = \delta x_i(t_2) = 0)}$$

$$\boxed{両端にズレは生じない}$$

$$= \int_{t_1}^{t_2} \sum_{i=1}^{f} m \, \dot{x}_i \delta \dot{x}_i \, dt = \delta \int_{t_1}^{t_2} \sum_{i=1}^{f} \frac{1}{2} m\dot{x}_i^{\,2} \, dt$$

$$\boxed{\delta\left(\frac{1}{2}\dot{x}_i^{\,2}\right)} \qquad \boxed{T}$$

ここで, $\sum_{i=1}^{f} \frac{1}{2} m \dot{x}_i^2 = T$ (運動エネルギー) より,

$\therefore \delta I_2 = \delta \int_{t_1}^{t_2} T \, dt$ $\cdots$⑩´ となる。

以上 (i)(ii) より, ⑨´, ⑩´ を⑧に代入すると,

$\delta I = \delta I_1 + \delta I_2 = -\delta \int_{t_1}^{t_2} U \, dt + \delta \int_{t_1}^{t_2} T \, dt$

$= \delta \int_{t_1}^{t_2} (T-U) \, dt = \delta \int_{t_1}^{t_2} L \, dt = 0$ となって,

$\boxed{L(\text{ラグランジアン})}$

最小作用の原理:

$\delta I = \delta \int_{t_1}^{t_2} L \, dt = 0$ $\cdots\cdots(*a_0)$

が導かれるんだね。そしてさらにこれを変形すれば, **P125** で示したように, オイラー−ラグランジュの方程式 (ラグランジュの運動方程式):

$\frac{d}{dt}\left(\frac{\partial L}{\partial \dot{x}_i}\right) - \frac{\partial L}{\partial x_i} = 0$ $\cdots\cdots(*a)´$ $(i = 1, 2, \cdots, f)$

を導くことができる。このように, 様々な原理, 公式がネットワークのようにつながっていることが分かったと思う。面白かった?

これで, ラグランジュの運動方程式の解説は終了です。それでは最後にラグランジュの運動方程式のまとめとして, その特徴をもう **1** 度示しておこう。

(Ⅰ) 本質的にニュートンの運動方程式と同等だが, 束縛条件を考慮しなくても運動方程式を立てられる。

(Ⅱ) デカルト座標だけでなく, 一般化座標で表現しても, その形は変わらない。

(Ⅲ) ラグランジアン **L**(スカラー量) が分かれば, 初期条件を除いて, 質点 (または質点系) の運動を記述できる。

(Ⅳ) ラグランジュの運動方程式は, 最小作用の原理や仮想仕事の原理からも導ける。

以上のようにすぐれた特徴をもつラグランジュ方程式だけれど, これをさらに洗練させた "**ハミルトンの正準方程式**" について, この後解説しよう!

1.　ラグランジュの運動方程式 (または，オイラー - ラグランジュ方程式)

$$\frac{d}{dt}\left(\frac{\partial L}{\partial \dot{q}_i}\right) - \frac{\partial L}{\partial q_i} = 0 \quad \cdots (*\text{a}) \quad (i = 1, 2, \cdots, f) \quad (f：自由度)$$

$$\begin{pmatrix} ラグランジアン\ L = T - U \quad (T：運動エネルギー，\ U：ポテンシャル) \\ q_i：一般化座標 \end{pmatrix}$$

2.　一般化運動量 $p_i = \dfrac{\partial L}{\partial \dot{q}_i} = \dfrac{\partial T}{\partial \dot{q}_i}$

3.　一般化力 $Q_i = \sum\limits_{j=1}^{n} F_j \dfrac{\partial x_j}{\partial q_i}$ （F_j：外力），$Q_i = -\dfrac{\partial U}{\partial q_i}$ ($i = 1, 2, \cdots, f$)

4.　循環座標 q_k が存在するとき，一般化運動量 p_k は保存される。

5.　ラグランジアン L の不定性 (母関数 $W = W(\{q_i\})$ の存在)
　　L の代わりに $L' = L + \dot{W}$ を用いても ($*$a) の方程式に変化はない。

6.　極座標における一般化力 Q_r，Q_θ と外力の成分 F_r，F_θ との関係
　　$Q_r = F_r$ ，　$Q_\theta = r \cdot F_\theta$

7.　面積要素：$dxdy = rdrd\theta$ （$r = |J|$ （J：ヤコビアン)）

8.　球座標における一般化力 Q_r，Q_θ，Q_φ と外力の成分 F_r，F_θ，F_φ の関係
　　$Q_r = F_r$ ，　$Q_\theta = rF_\theta$ ，　$Q_\varphi = r\sin\theta \cdot F_\varphi$

9.　デカルト座標 $[x, y, z]$ から球座標 $[\theta, \varphi, r]$ への変換行列 M
　　$M = R_y(\theta) \cdot R_z(-\varphi)$ （$R_y(\theta)$，$R_z(-\varphi)$ については，P52，P56 参照)

10.　体積要素：$dxdydz = r^2\sin\theta drd\theta d\varphi$ （$r^2\sin\theta = |J|$（J：ヤコビアン)）

11.　汎関数：$I[y] = \displaystyle\int_{x_1}^{x_2} F(y, y', x)\, dx$

12.　変分原理：$\delta I = 0$

13.　オイラーの方程式：$\dfrac{d}{dx}\left(\dfrac{\partial F}{\partial y'}\right) - \dfrac{\partial F}{\partial y} = 0$
$$\begin{pmatrix} エネルギー積分： \\ T + U = E (\ 一定\ ) より \end{pmatrix}$$

14.　最小作用の原理：$\delta I = \delta \displaystyle\int_{t_1}^{t_2} L\, dt = \delta \displaystyle\int_{t_1}^{t_2} T\, dt = 0$

15.　仮想仕事の原理：$\delta W = \boldsymbol{F} \cdot \delta \boldsymbol{r} = 0$
　　　　　　　　　（$\boldsymbol{F}$：質点に働く外力，$\delta \boldsymbol{r}$：仮想変位)

16.　ダランベールの原理による仮想仕事の原理：$\delta W = \sum\limits_{i=1}^{f} (F_i - m\ddot{x}_i)\delta x_i = 0$

ハミルトンの正準方程式

§1. ハミルトンの正準方程式の基本

さァ，それでは，これから "ハミルトンの正準方程式" について詳しく解説していこう。ハミルトンの正準方程式は，これまで解説してきたラグランジュの運動方程式をさらに数学的に洗練させたものであり，2 つの対称形の方程式で表される。これが本質的にニュートンの運動方程式と同じものであることは，**P26** のプロローグで例題をいくつも使って解説したので大丈夫だと思う。

では，何故，ラグランジュの運動方程式だけでなく，ハミルトンの正準方程式まで持ち出す必要があるのか？と疑問を抱かれている方も多いと思う。それは，ラグランジュ方程式と同様に，様々な考え方に基づいて式変形をしていく過程で，ハミルトンの正準方程式が必然的に現れてくることが 1 つの理由として挙げられると思う。ここでも，このハミルトンの正準方程式の導出を様々な角度から行ってみるつもりだ。

そして，もう 1 つの理由は，ハミルトニアンの独立変数として使われる **正準変数** $\{q_i\}$ と $\{p_i\}$ が **正準変換** というプロセスによって次々と形を変えていくことができ，その結果，運動をより深く多面的に分析できるようになるからなんだね。そしてさらに，これらのプロセスの中に，流体力学，統計力学，数値解析，さらに量子力学の扉を開く様々な要素が含まれていることも，この正準方程式の大きな存在理由になると思う。

それではまず，このハミルトンの正準方程式の基本について，これから詳しく解説しよう。

●ハミルトンの正準方程式の復習から始めよう！

ハミルトンの正準方程式の公式で，その具体的な計算例については，既にプロローグ (**P26**) でかなり詳しく解説した。エッ，ラグランジュ方程式ばっかりやってたので忘れたって？それなら，もう 1 度読み返しておくことを勧める。その方がこれからの解説も分かりやすくなるからね。

でも，ここでも復習として，ハミルトニアン H やハミルトンの正準方程式の基本公式を次に示しておくことにしよう。

ハミルトンの正準方程式の基本公式

$$\frac{dq_i}{dt} = \frac{\partial H}{\partial p_i} \quad \cdots(*e) \qquad \frac{dp_i}{dt} = -\frac{\partial H}{\partial q_i} \quad \cdots(*e)' \qquad (i = 1, 2, \cdots, f)$$

"ヘ (H) ク (q) ト (t) パ (p) スカル"と覚えよう!

ただし,H:ハミルトニアン,q_i:一般化座標,p_i:一般化運動量

$$p_i = \frac{\partial L}{\partial \dot{q}_i} \quad \cdots(*f) \qquad H = \sum_{i=1}^{f} p_i \dot{q}_i - L \quad \cdots(*g) \quad である。$$

　ハミルトンの正準方程式は,対称な 2 つの方程式 ($*e$) と ($*e$)´ で表され,これらは "ヘ (H) ク (q) ト (t) パ (p) スカル" で覚えておけば忘れないんだったね。だんだん思い出してきた?

　ここで,t は時刻,$\{q_i\}$ は一般化座標のことで,一般化運動量 p_i はラグランジアン $\underline{L(=T-U)}$ により,

ラグランジュの定義による L

$p_i = \frac{\partial L}{\partial \dot{q}_i} \quad \cdots(*f) \quad (i = 1, 2, \cdots, f)$ で求められる。

また,ハミルトニアン H は,

$H = \sum_{i=1}^{f} p_i \dot{q}_i - L \quad \cdots(*g)$ で定義されるが,

H は,$\{q_i\}$ と $\{p_i\}$ の関数,すなわち $H(\{q_i\}, \{p_i\})$ であることは大丈夫だね。($*g$) の定義式や,$L(\{q_i\}, \{\dot{q}_i\})$ から,H は $\{\dot{q}_i\}$ の関数にもなり得るんだけれど,($*f$) の式から,$\dot{q}_i = (p_i$ の式) として,$\dot{q}_i$ を消去して,H の独立変数は $\{q_i\}$ と $\{p_i\}$ にできるんだね。そして,この変数 q_i と p_i ($i = 1, 2, \cdots,$ f) のことを,"**正準変数**"(*canonical variables*) と呼ぶことも覚えておこう。

L も H も,時刻 t を陽に含む場合は,$L(\{q_i\}, \{\dot{q}_i\}, t)$,$H(\{q_i\}, \{p_i\}, t)$ となるが,ここでは,t を陽には含まない $L(\{q_i\}, \{\dot{q}_i\})$,$H(\{q_i\}, \{p_i\})$ の形で議論を進めることにする。

それでは次の例題で,ハミルトニアン H が $H(\{q_i\}, \{p_i\})$ で表されることを練習しておこう。

例題6 　2次元極座標 ($r\theta$ 座標) において運動する質点のラグランジアン L が，

$$L = \frac{1}{2}m(\dot{r}^2 + r^2\dot{\theta}^2) - U(r, \theta) \quad \cdots① \quad (m：質点の質量)$$

で与えられるとき，一般化運動量 p_r，p_θ を用いて，ハミルトニアン H を $H(r, \theta, p_r, p_\theta)$ の形で求めてみよう。

一般化運動量の定義 (∗f) より，①から，

・$p_r = \dfrac{\partial L}{\partial \dot{r}} = m\dot{r} \quad \cdots② \quad \therefore \dot{r} = \dfrac{p_r}{m} \quad \cdots②'$

・$p_\theta = \dfrac{\partial L}{\partial \dot{\theta}} = mr^2\dot{\theta} \quad \cdots③ \quad \therefore \dot{\theta} = \dfrac{p_\theta}{mr^2} \quad \cdots③'$

$$p_i = \frac{\partial L}{\partial \dot{q}_i} \quad \cdots\cdots\cdots\cdots (\ast f)$$
$$H = \sum_{i=1}^{f} p_i\dot{q}_i - L \quad \cdots (\ast g)$$

以上より，ハミルトニアン H は，その定義式 (∗g) より，

$$H = \underbrace{\sum_{i=1}^{2} p_i\dot{q}_i}_{\underset{\sim}{}} - L$$

$q_1 = r, \ q_2 = \theta$
$p_1 = p_r, \ p_2 = p_\theta$ とおいた。

$$\underbrace{p_1\dot{q}_1 + p_2\dot{q}_2 = p_r\dot{r} + p_\theta\dot{\theta} = m\dot{r}^2 + mr^2\dot{\theta}^2 \quad (②, ③より)}$$

$$= \underline{m(\dot{r}^2 + r^2\dot{\theta}^2)} - \left\{\frac{1}{2}m(\dot{r}^2 + r^2\dot{\theta}^2) - U(r, \theta)\right\} \quad (①より)$$

$$\therefore H = \frac{1}{2}m(\underbrace{\dot{r}^2} + \underbrace{r^2\dot{\theta}^2}) + U(r, \theta) \quad \cdots④ \quad \leftarrow \boxed{H = T + U \text{ の形}}$$

$\left(\dfrac{p_r}{m}\right)^2 \quad \left(\dfrac{p_\theta}{mr^2}\right)^2 \quad \leftarrow \boxed{②', ③' \text{より}}$

ここで，④に②'，③'を代入して，$\dot{r}$ と $\dot{\theta}$ を消去して p_r と p_θ の式にすると，

$$H = \frac{1}{2m}\left(p_r^2 + \frac{p_\theta^2}{r^2}\right) + U(r, \theta) \quad \cdots⑤ \quad となり，$$

⑤より，$H(\underbrace{r}_{q_1}, \underbrace{\theta}_{q_2}, \underbrace{p_r}_{p_1}, \underbrace{p_\theta}_{p_2})$，すなわち $H(\{q_i\}, \{p_i\}) \quad (i = 1, 2)$

$\boxed{r, \theta} \quad \boxed{p_r, \ p_\theta \text{ のこと}}$

の形で表されることが分かったと思う。

　ここで，$\underline{L = T - U}$ のとき，ハミルトニアン $H = T + U$ の形で表されて

$\boxed{\text{ラグランジュの定義による } L}$

いるが，このようになる場合の一般論は次の通りだ。

$\begin{cases} (\,i\,)\ 運動エネルギー\ T\ が,\ \dot{q}_i\ の\ 2\ 次の同次式,\ すなわち \quad \boxed{\text{P72 参照}} \\[4pt] \qquad T = \sum\limits_{i=1}^{f} a_i \dot{q}_i{}^2 = a_1 \dot{q}_1{}^2 + a_2 \dot{q}_2{}^2 + \cdots + a_f \dot{q}_f{}^2 \quad \cdots (a)\ であり,\ かつ \\[8pt] (\,ii\,)\ ポテンシャル\ U\ が,\ 位置\ \{q_i\}\ のみの関数,\ すなわち \\[4pt] \qquad U = U(\{q_i\}) \ \cdots\cdots\cdots\cdots\cdots\cdots\cdots (b)\ であるときなんだね。 \end{cases}$

このとき, $p_i = \dfrac{\partial L}{\partial \dot{q}_i} = \dfrac{\partial}{\partial \dot{q}_i}(T - U)$

$\boxed{U\ は\ \dot{q}_i\ の関数でない}$

$\qquad = \dfrac{\partial}{\partial \dot{q}_i}(a_1 \dot{q}_1{}^2 + a_2 \dot{q}_2{}^2 + \cdots + a_i \dot{q}_i{}^2 + \cdots + a_f \dot{q}_f{}^2) = 2a_i \dot{q}_i$ となる。

$\boxed{定数扱い}$ $\boxed{定数扱い}$

よって, ハミルトニアンの定義式 ($*$g) より,

$$H = \sum_{i=1}^{f} \underbrace{2a_i \dot{q}_i}_{p_i} \cdot \dot{q}_i - L = \underbrace{2\sum_{i=1}^{f} a_i \dot{q}_i{}^2}_{T} - (T - U) = 2T - (T - U)$$

$\therefore H = T + U$ (全力学的エネルギー) が導かれる。そして, H が時刻 t の陽な関数でないとき, この H は保存される。これについては後で示そう。

それでは, 次の例題でハミルトニアンの計算をやっておこう。

例題7 球座標 ($r\theta\varphi$ 座標) において運動する質点のラグランジアン L が,

$$L = \frac{1}{2}m(\dot{r}^2 + r^2\dot{\theta}^2 + r^2\dot{\varphi}^2\sin^2\theta) - U(r, \theta, \varphi) \quad \cdots ①$$

をみたすとき, ハミルトニアン H が, 次式で表されることを示そう。

$$H = \frac{1}{2}m\dot{r}^2 + \frac{{L_a}^2}{2mr^2} + U(r, \theta, \varphi) \quad \cdots ②$$

$\left(\begin{array}{l} ただし,\ L_a:角運動量\ \boldsymbol{L_a}\ のノルム\ \|\boldsymbol{L_a}\| \\ また,\ \boldsymbol{L_a} = \boldsymbol{r} \times m\boldsymbol{v} \quad (m:質点の質量) \\ \qquad \boldsymbol{r} = [r, 0, 0],\ \boldsymbol{v} = [\dot{r}, r\dot{\theta}, r\dot{\varphi}\sin\theta]\ とする。 \end{array}\right)$

$$L = \underbrace{\frac{1}{2}m(\dot{r}^2 + r^2\dot{\theta}^2 + r^2\dot{\varphi}^2\sin^2\theta)}_{\boxed{T = a_1\dot{r}^2 + a_2\dot{\theta}^2 + a_3\dot{\varphi}^2 \text{ の形}}} - \underbrace{U(r, \theta, \varphi)}_{\boxed{U \text{ は位置 }(r, \theta, \varphi) \text{ のみの関数}}} \quad \cdots① \quad \text{ より,}$$

$$\begin{cases} \cdot \text{運動エネルギー } T = a_1\dot{r}^2 + a_2\dot{\theta}^2 + a_3\dot{\varphi}^2 \quad \text{であり, かつ} \\ \cdot \text{ポテンシャル } U = U(r, \theta, \varphi) \quad \text{より,} \end{cases}$$

このときのハミルトニアン H は,

$$H = T + U = \frac{1}{2}m(\dot{r}^2 + \underline{r^2\dot{\theta}^2 + r^2\dot{\varphi}^2\sin^2\theta}) + U(r, \theta, \varphi) \quad \cdots③$$

となる。

ここで, $r = [r, 0, 0]$

$\qquad\qquad v = [\dot{r}, r\dot{\theta}, r\dot{\varphi}\sin\theta]$ より,

角運動量 $L_a = r \times mv$ は,

外積計算

$$L_a = m(r \times v) = [0, -mr^2\dot{\varphi}\sin\theta, mr^2\dot{\theta}] \quad \text{となる。}$$

よって, このノルムを L_a とおくと, $L_a{}^2$ は

$$L_a{}^2 = \|L_a\|^2 = 0^2 + m^2r^4\dot{\varphi}^2\sin^2\theta + m^2r^4\dot{\theta}^2$$

$$L_a{}^2 = m^2r^2(r^2\dot{\theta}^2 + r^2\dot{\varphi}^2\sin^2\theta)$$

よって, $\underline{r^2\dot{\theta}^2 + r^2\dot{\varphi}^2\sin^2\theta = \dfrac{L_a{}^2}{m^2r^2}} \quad \cdots④ \quad$ となる。

④を③に代入して, ハミルトニアン H は,

$$H = \frac{1}{2}m\left(\dot{r}^2 + \frac{L_a{}^2}{m^2r^2}\right) + U(r, \theta, \varphi) \quad \text{となるので,}$$

$$H = \frac{1}{2}m\dot{r}^2 + \frac{L_a{}^2}{2mr^2} + U(r, \theta, \varphi) \quad \cdots②$$

$\boxed{\text{動径 } r \text{ の向きの}\\ \text{運動エネルギー}}$ $\boxed{\text{動径 } r \text{ と垂直な向き}\\ \text{の運動エネルギー}}$ $\longleftarrow$ $\boxed{\text{このように, 運動エネルギー } T\\ \text{を } 2 \text{ つの要素に分解できる。}}$

が成り立つことが示せた。納得いった?

以上で, ハミルトニアン H についての基本的な解説が終わったので, この後, ハミルトンの正準方程式を導いてみることにしよう。ここでは, **3** 通りの導出法を示すつもりだ。

●ハミルトンの正準方程式を導こう！（その1）

ラグランジアン L とハミルトニアン H が陽に時刻 t の関数でない，すなわち，$L(\{q_i\}, \{\dot{q}_i\})$，$H(\{q_i\}, \{p_i\})$ のとき，図1に示すように，ラグランジュの運動方程式からハミルトンの正準方程式を導いてみよう。

一般化運動量 $p_i = \dfrac{\partial L}{\partial \dot{q}_i}$ …① より，

ラグランジュの運動方程式

$$\dfrac{d}{dt}\underbrace{\left(\dfrac{\partial L}{\partial \dot{q}_i}\right)}_{p_i(\text{①より})} - \dfrac{\partial L}{\partial q_i} = 0 \quad \cdots(*a) \ は$$

$$\dfrac{\partial L}{\partial q_i} = \dfrac{dp_i}{dt} = \dot{p}_i \quad \cdots② \ と変形できる。$$

ここで，自由度 f のラグランジアン $L(\{q_i\}, \{\dot{q}_i\})$ の全微分 dL は，

$$dL = \sum_{i=1}^{f}\left(\underbrace{\dfrac{\partial L}{\partial q_i}}_{\dot{p}_i(\text{②より})}dq_i + \underbrace{\dfrac{\partial L}{\partial \dot{q}_i}}_{p_i(\text{①より})}d\dot{q}_i\right) \ となるので，これに①，②を代入して，$$

$$dL = \sum_{i=1}^{f}\dot{p}_i dq_i + \sum_{i=1}^{f}\underline{p_i d\dot{q}_i} \quad \cdots\cdots③ \ となる。$$

ここで，$d(p_i\dot{q}_i) = \dot{q}_i dp_i + \underline{p_i d\dot{q}_i}$ より，

$$\underline{p_i d\dot{q}_i} = \underline{d(p_i\dot{q}_i)} - \dot{q}_i dp_i \quad \cdots④ \qquad ④を③に代入すると，$$

$$dL = \sum_{i=1}^{f}\dot{p}_i dq_i + \underbrace{\sum_{i=1}^{f}d(p_i\dot{q}_i)}_{d\left(\sum\limits_{i=1}^{f}p_i\dot{q}_i\right)} - \sum_{i=1}^{f}\dot{q}_i dp_i \quad より，$$

$$d\left(\sum_{i=1}^{f}p_i\dot{q}_i - L\right) = -\sum_{i=1}^{f}\dot{p}_i dq_i + \sum_{i=1}^{f}\dot{q}_i dp_i \quad \cdots⑤ \ となる。$$

ハミルトニアン H の定義式が出てきた！

ここで，ハミルトニアン $H = \displaystyle\sum_{i=1}^{f}p_i\dot{q}_i - L$ …⑥とおくと，⑤は，

図1 ハミルトンの正準方程式の導出 (1)

・ラグランジュの運動方程式
$$\dfrac{d}{dt}\left(\dfrac{\partial L}{\partial \dot{q}_i}\right) - \dfrac{\partial L}{\partial q_i} = 0$$

⇓

・ハミルトンの正準方程式
$$\dfrac{dq_i}{dt} = \dfrac{\partial H}{\partial p_i}, \quad \dfrac{dp_i}{dt} = -\dfrac{\partial H}{\partial q_i}$$

$$dH = \sum_{i=1}^{f}(-\dot{p}_i)dq_i + \sum_{i=1}^{f}\dot{q}_i dp_i \quad \cdots ⑦ \quad となる。$$

後は，$H(\{q_i\}, \{p_i\})$ の全微分 dH をとって，⑦と比較すればいいだけだね。

早速 dH を求めると，

$$dH = \sum_{i=1}^{f}\left(\frac{\partial H}{\partial q_i}dq_i + \frac{\partial H}{\partial p_i}dp_i\right) \quad より，$$

> H は時刻 t の陽な関数
> ではないものとした。

$$dH = \sum_{i=1}^{f}\frac{\partial H}{\partial q_i}dq_i + \sum_{i=1}^{f}\frac{\partial H}{\partial p_i}dp_i \quad \cdots ⑧ \quad となる。$$

ここで，⑦と⑧の各 dq_i と dp_i $(i = 1, 2, \cdots, f)$ の係数を比較すると，

$$-\dot{p}_i = \frac{\partial H}{\partial q_i} \quad かつ \quad \dot{q}_i = \frac{\partial H}{\partial p_i} \quad となるので，$$

ハミルトンの正準方程式：

$$\frac{dq_i}{dt} = \frac{\partial H}{\partial p_i} \quad \cdots (\ast e) \quad と \quad \frac{dp_i}{dt} = -\frac{\partial H}{\partial q_i} \quad \cdots (\ast e)' \quad が導かれたんだね。$$

大丈夫だった？

●ハミルトンの正準方程式を導こう！（その2）

では次，図2に示すように，最小作用の原理からハミルトンの正準方程式を導いてみよう。

ハミルトニアン $H(\{q_i\}, \{p_i\})$ の定義：

$$H = \sum_{i=1}^{f} p_i \dot{q}_i - L \quad \cdots (\ast g)$$

より，

$$L = \sum_{i=1}^{f} p_i \dot{q}_i - H \quad \cdots (a) \quad となる。$$

(a) を次の最小作用の原理：

$$\delta \int_{t_1}^{t_2} L\, dt = 0 \quad \cdots (\ast a_0)$$

に代入して変形してみると，

図2　ハミルトンの正準方程式の導出 (2)

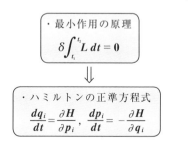

・最小作用の原理
$$\delta \int_{t_1}^{t_2} L\, dt = 0$$
⇓
・ハミルトンの正準方程式
$$\frac{dq_i}{dt} = \frac{\partial H}{\partial p_i}, \quad \frac{dp_i}{dt} = -\frac{\partial H}{\partial q_i}$$

> ただし，ここでは，$L(\{q_i\}, \{\dot{q}_i\}, t)$ ではなく，$L(\{q_i\}, \{\dot{q}_i\})$ としている。

$$\delta \int_{t_1}^{t_2} (\sum_{i=1}^{f} p_i \dot{q}_i - H)\, dt = 0 \quad \text{より,} \quad \int_{t_1}^{t_2} \delta(\sum_{i=1}^{f} p_i \dot{q}_i - H)\, dt = 0$$

さらに，次のように変形できる。

$$\int_{t_1}^{t_2} \left\{ \sum_{i=1}^{f} \delta(p_i \dot{q}_i) - \delta H \right\} dt = 0 \quad \cdots\cdots(b)$$

> 積分操作と微小演算子 δ との順番を入れ替えた！

ここで，

$$\begin{cases} \delta(p_i \dot{q}_i) = p_i \delta\dot{q}_i + \dot{q}_i \delta p_i \quad \cdots\cdots(c) \\ \delta H(\{q_i\}, \{p_i\}) = \sum_{i=1}^{f} \left(\frac{\partial H}{\partial q_i} dq_i + \frac{\partial H}{\partial p_i} dp_i \right) \quad \cdots(d) \end{cases}$$

> $(f \cdot g)' = f' \cdot g + f \cdot g'$ と同じ要領

> 全微分と同じ要領

> "δ" は物理的には "仮想的な微小量" を意味するが，数学的には "d" と同じことだ！

よって，(c)，(d) を (b) に代入すると，

$$\int_{t_1}^{t_2} \left\{ \sum_{i=1}^{f} (p_i \cdot \delta\dot{q}_i + \dot{q}_i \cdot \delta p_i) - \sum_{i=1}^{f} \left(\frac{\partial H}{\partial q_i} dq_i + \frac{\partial H}{\partial p_i} dp_i \right) \right\} dt = 0$$

> $\int$ と $\sum$ の順序を入れ替えた！

$$\sum_{i=1}^{f} \left(\underline{\int_{t_1}^{t_2} p_i \delta\dot{q}_i\, dt} + \int_{t_1}^{t_2} \dot{q}_i \cdot \delta p_i\, dt \right) - \sum_{i=1}^{f} \int_{t_1}^{t_2} \left(\frac{\partial H}{\partial q_i} dq_i + \frac{\partial H}{\partial p_i} dp_i \right) dt = 0$$

$$\int_{t_1}^{t_2} p_i \cdot \frac{d}{dt}(\delta q_i)\, dt = \underbrace{[p_i \cdot \delta q_i]_{t_1}^{t_2}}_{0 \ (\because \delta q_i(t_1) = \delta q_i(t_2) = 0)} - \int_{t_1}^{t_2} \frac{dp_i}{dt} \cdot \delta q_i\, dt$$

> 両端点でズレは生じないからね。

$$= -\int_{t_1}^{t_2} \dot{p}_i \delta q_i\, dt$$

よって，

$$\sum_{i=1}^{f} \left(-\int_{t_1}^{t_2} \dot{p}_i \delta q_i\, dt + \int_{t_1}^{t_2} \dot{q}_i \delta p_i\, dt \right) - \sum_{i=1}^{f} \int_{t_1}^{t_2} \left(\frac{\partial H}{\partial q_i} dq_i + \frac{\partial H}{\partial p_i} dp_i \right) dt = 0$$

$$\int_{t_1}^{t_2} \sum_{i=1}^{f} \left(-\dot{p}_i \delta q_i + \dot{q}_i \delta p_i - \frac{\partial H}{\partial q_i} dq_i - \frac{\partial H}{\partial p_i} dp_i \right) dt = 0$$

> 再び，$\int$ と $\sum$ の順序を入れ替えた！

$$\int_{t_1}^{t_2} \sum_{i=1}^{f} \left\{ \left(\dot{q}_i - \frac{\partial H}{\partial p_i} \right) \delta p_i - \left(\dot{p}_i + \frac{\partial H}{\partial q_i} \right) \delta q_i \right\} dt = 0 \quad \cdots(e)$$

（0）（任意）（0）（任意）

ここで，δq_i と δp_i は微小量ではあるけれど，任意に値を取り得るので，(e) が恒等的に成りたつためには，次式が成り立たなければならない。

$$\dot{q}_i - \frac{\partial H}{\partial p_i} = 0 \quad \text{かつ} \quad \dot{p}_i + \frac{\partial H}{\partial q_i} = 0 \quad (i = 1, 2, \cdots, f)$$

これから，ハミルトンの正準方程式：

$$\frac{dq_i}{dt} = \frac{\partial H}{\partial p_i} \quad \cdots (*\mathrm{e}) \quad , \quad \frac{dp_i}{dt} = -\frac{\partial H}{\partial q_i} \quad \cdots (*\mathrm{e})' \quad (i = 1, 2, \cdots, f)$$

が導かれたんだね。納得いった？

●ハミルトンの正準方程式を導こう！（その3）

それでは，ここで，"ルジャンドル変換"（*Legendre transformation*）を使って，ラグランジュの運動方程式からハミルトンの正準方程式を導く方法についても示しておこう。そのためにもまず，このルジャンドル変換について解説しておかなければならないね。

（I）基本的なルジャンドル変換

f 個の独立変数 u_i $(i = 1, 2, \cdots, f)$ から成る多変数関数 $F(\{u_i\})$ について，これを u_i で偏微分したものを v_i とおくと，

$$v_i = \frac{\partial F}{\partial u_i} \quad \cdots① \quad (i = 1, 2, \cdots, f) \quad となる。$$

ここでさらに，①により与えられる f 個の独立変数 v_i $(i = 1, 2, \cdots, f)$ からなる多変数関数 $G(\{v_i\})$ を考える。そして，この $G(\{v_i\})$ を v_i で偏微分したものが u_i になるものとする。すると，

$$u_i = \frac{\partial G}{\partial v_i} \quad \cdots② \quad (i = 1, 2, \cdots, f) \quad となるんだね。$$

このように，2種類の独立変数 $\{u_i\}$ と $\{v_i\}$ について対称な2つの関数 $F(\{u_i\})$ と $G(\{v_i\})$ の関係式を "ルジャンドル変換" と呼ぶ。

それでは，この F と G の関係を調べるために，これらの全微分 δF と δG を求めてみよう。

$$\delta F = \sum_{i=1}^{f} \underbrace{\frac{\partial F}{\partial u_i}}_{v_i（①より）} \delta u_i = \sum_{i=1}^{f} v_i \delta u_i \quad \cdots③$$

> 物理では "δ" を用いるが，これは数学的には "d" と同じと考えていい。

$$\delta G = \sum_{i=1}^{f} \underbrace{\frac{\partial G}{\partial v_i}}_{u_i（②より）} \delta v_i = \sum_{i=1}^{f} u_i \delta v_i \quad \cdots④ \quad となる。$$

ここで，③＋④を求めてみると，

$$\underbrace{\delta F + \delta G}_{\boxed{\delta(F+G)}} = \sum_{i=1}^{f} v_i \delta u_i + \sum_{i=1}^{f} u_i \delta v_i$$

$$\boxed{\sum_{i=1}^{f}(v_i\delta u_i + u_i \delta v_i) = \sum_{i=1}^{f}\delta(u_i v_i)}$$

$$\boxed{(\because)\,\delta(u_i v_i) = v_i\delta u_i + u_i\delta v_i}$$

公式：
$(f \cdot g)' = f' \cdot g + f \cdot g'$
と同じ

$$\delta(F+G) = \sum_{i=1}^{f}\delta(u_i v_i) = \delta\sum_{i=1}^{f} u_i v_i$$

以上より，F と G の関係式，すなわちルジャンドル変換：

$$F + G = \sum_{i=1}^{f} u_i v_i \quad \cdots(*c_0) \quad \text{が導けるんだね。}$$

$(*c_0)$ より，

$$G = \sum_{i=1}^{f} u_i v_i - F \quad \cdots(*c_0)' \quad \text{としたものを特に，}$$

"ルジャンドルの二重変換"（*dual transformation*）と呼ぶこともある。

エッ，$(*c_0)'$ は，ハミルトニアンの定義式：$H = \sum_{i=1}^{f} p_i \dot{q}_i - L$ とソックリだって？いい勘してるね！しかし，もう少し，ルジャンドル変換を一般化しておこう。

(Ⅱ) ルジャンドル変換の拡張

ここで，さらにルジャンドル変換を拡張して，F も G も次のような **2** 組の f 個の独立変数から成る多変数関数であるものとしよう。すなわち

$$F(\underline{\{u_i\}}, \underline{\{w_i\}}) \quad , \quad G(\underline{\{v_i\}}, \underline{\{w_i\}}) \text{ とする。}$$

$\boxed{u_1, u_2, \cdots, u_f}$ $\boxed{w_1, w_2, \cdots, w_f}$ $\boxed{v_1, v_2, \cdots, v_f}$ $\boxed{w_1, w_2, \cdots, w_f \text{ のこと}}$

ここで，f 個の独立変数 $w_i\,(i=1, 2, \cdots, f)$ は，F と G に共通の独立変数とする。

そして，

$$v_i = \frac{\partial F}{\partial u_i} \quad \cdots① \quad \text{と} \quad u_i = \frac{\partial G}{\partial v_i} \quad \cdots② \quad (i=1, 2, \cdots, f)$$

が成り立つものとして，このときの F と G の関係式，すなわちルジャンドル変換がどうなるか考えてみよう。

151

では，F と G の全微分 δF と δG を求めてみると，

$F(\{u_i\}, \{w_i\})$ と $G(\{v_i\}, \{w_i\})$ について，

$$v_i = \frac{\partial F}{\partial u_i} \quad \cdots\cdots ①$$

$$u_i = \frac{\partial G}{\partial v_i} \quad \cdots\cdots ②$$

・$\delta F = \sum_{i=1}^{f} \underbrace{\frac{\partial F}{\partial u_i}}_{v_i (①より)} \delta u_i + \sum_{i=1}^{f} \frac{\partial F}{\partial w_i} \delta w_i$ より，

$$\delta F = \sum_{i=1}^{f} v_i \delta u_i + \sum_{i=1}^{f} \frac{\partial F}{\partial w_i} \delta w_i \quad \cdots ⑤$$

・$\delta G = \sum_{i=1}^{f} \underbrace{\frac{\partial G}{\partial v_i}}_{u_i (②より)} \delta v_i + \sum_{i=1}^{f} \frac{\partial G}{\partial w_i} \delta w_i$ より，

$$\delta G = \sum_{i=1}^{f} u_i \delta v_i + \sum_{i=1}^{f} \frac{\partial G}{\partial w_i} \delta w_i \quad \cdots ⑥$$

⑤ + ⑥ より，同様に変形して，

$$\delta F + \delta G = \sum_{i=1}^{f} \underbrace{(v_i \delta u_i + u_i \delta v_i)}_{\delta(u_i v_i)} + \sum_{i=1}^{f} \left(\frac{\partial F}{\partial w_i} + \frac{\partial G}{\partial w_i} \right) \delta w_i$$

$$\delta(F + G) = \delta \sum_{i=1}^{f} u_i v_i + \sum_{i=1}^{f} \underbrace{\left(\frac{\partial F}{\partial w_i} + \frac{\partial G}{\partial w_i} \right)}_{0} \underbrace{\delta w_i}_{任意} \quad \cdots ⑦ \quad となる。$$

ここで，$w_i = C_i (\text{定数})(i = 1, 2, \cdots, f)$ のときでも，⑦ は当然成り立ち，このとき $\delta w_i = 0$ より，⑦ の右辺第 2 項は消去されるので，

$$\delta(F + G) = \delta \sum_{i=1}^{f} u_i v_i \quad よって，\quad F + G = \sum_{i=1}^{f} u_i v_i \quad \cdots (*c_0) \quad より，$$

$$G = \sum_{i=1}^{f} u_i v_i - F \quad \cdots (*c_0)' \quad が成り立つ。$$

また，w_i が変数のとき δw_i は微小ではあるけれど任意の値を取り得るので，拡張されたルジャンドル変換では次式：

$$\frac{\partial F}{\partial w_i} = -\frac{\partial G}{\partial w_i} \quad \cdots (*d_0) \quad が成り立つ。$$

ここで，変数 $\{u_i\}$ と $\{v_i\}$ を "**能動変数**" (*active variable*) と呼び，共通の変数 $\{w_i\}$ を "**受動変数**" (*passive variable*) と呼ぶことも覚えておこう。

では，準備が整ったので，ルジャンドル変換を使って，ラグランジュの運動方程式から，ハミルトンの正準方程式を求めてみよう。

$\{u_i\}$，$\{v_i\}$，$\{w_i\}$ をそれぞれ $\{\dot{q}_i\}$，$\{p_i\}$，$\{q_i\}$ とおき，

$F(\{u_i\},\{w_i\})$ を $L(\{\dot{q}_i\},\{q_i\})$，$G(\{v_i\},\{w_i\})$ を $H(\{p_i\},\{q_i\})$ と対応させると，ルジャンドル変換の公式から，ハミルトニアンの定義式やハミルトンの正準方程式が導かれることが分かるはずだ。

$$F(\{u_i\},\{w_i\}) \longleftrightarrow L(\{\dot{q}_i\},\{q_i\})$$

$$G(\{v_i\},\{w_i\}) \longleftrightarrow H(\{p_i\},\{q_i\})$$

$$v_i=\frac{\partial F}{\partial u_i} \quad \cdots① \longleftrightarrow p_i=\frac{\partial L}{\partial \dot{q}_i} \quad \cdots(*\mathrm{f})$$

$$u_i=\frac{\partial G}{\partial v_i} \quad \cdots② \longleftrightarrow \dot{q}_i=\frac{\partial H}{\partial p_i} \quad \cdots(*\mathrm{e})$$

$$G=\sum_{i=1}^{f} u_i v_i - F \quad \cdots(*c_0)' \longleftrightarrow H=\sum_{i=1}^{f} p_i \dot{q}_i - L \quad \cdots(*\mathrm{g})$$

$$\frac{\partial F}{\partial w_i}=-\frac{\partial G}{\partial w_i} \quad \cdots(*d_0) \longleftrightarrow \frac{\partial L}{\partial q_i}=-\frac{\partial H}{\partial q_i} \quad \cdots⑧$$

どう？まず，一般化運動量の定義式 $(*\mathrm{f})$ と，ハミルトンの正準方程式の1つ $(*\mathrm{e})$，それに，ハミルトニアンの定義式 $(*\mathrm{g})$ が直接現れているのが分かるだろう。

では，もう1つのハミルトンの正準方程式も，これから導いてみよう。まず，$(*\mathrm{f})$ を時刻 t で微分すると，

$$\dot{p}_i=\frac{d}{dt}\left(\frac{\partial L}{\partial \dot{q}_i}\right)=\frac{\partial L}{\partial q_i}=-\frac{\partial H}{\partial q_i} \quad \cdots(*\mathrm{e})' \quad \text{となる。}$$

⑧より

ラグランジュの運動方程式
$$\frac{d}{dt}\left(\frac{\partial L}{\partial \dot{q}_i}\right)-\frac{\partial L}{\partial q_i}=0 \quad \text{より}$$

以上より，ルジャンドル変換からも，ハミルトンの正準方程式：

$$\frac{dq_i}{dt}=\frac{\partial H}{\partial p_i} \quad \cdots(*\mathrm{e}) \qquad \frac{dp_i}{dt}=-\frac{\partial H}{\partial q_i} \quad \cdots(*\mathrm{e})' \quad (i=1,2,\cdots,f)$$

が導けたんだね。面白かった？

153

●ハミルトンの正準方程式の特徴

このように，ラグランジュの運動方程式，最小作用の原理，そしてルジャンドル変換から，ハミルトンの正準方程式は導かれるので，ニュートンの運動方程式と等価ではあるけれど，必然的に重要な方程式であることが理解して頂けたと思う。

しかし，ハミルトンの正準方程式の重要性は，実は，その独立変数である**正準変数** $\{q_i\}$ と $\{p_i\}$ であることに注意してほしい。一般にラグランジアン L とハミルトニアン H は，時刻 t を陽に含まない場合は，

$L(\{\dot{q_i}\}, \{q_i\}),\ H(\{p_i\}, \{q_i\})\quad (i = 1, 2, \cdots, f)$

といずれも，$2f$ 個の独立変数からなる関数なんだね。

しかし，ラグランジュ方程式の独立変数として，$\{q_i\}$ を新たな変数 $\{Q_i\}$ に変換する場合，

$q_i(\{Q_j\})$

$(i = 1, 2, \cdots, f,\ j = 1, 2, \cdots, f)$

の形になる。

> 具体的に示すと，
> $q_1 = q_1(Q_1, Q_2, \cdots, Q_f)$
> $q_2 = q_2(Q_1, Q_2, \cdots, Q_f)$
> ─────────────────
> $q_f = q_f(Q_1, Q_2, \cdots, Q_f)$

> これは，$Q_i(\{q_j\})\,(i = 1, 2, \cdots, f,\ j = 1, 2, \cdots, f)$ とも表されるものとする。

つまり，q_i が Q_i の時間微分 $\dot{Q_i}$ を含むことは許されない。もし，$\dot{Q_i}$ が含まれるとすると，変数変換後のラグランジアン L は，$\{Q_i\}$，$\{\dot{Q_i}\}$，$\{\ddot{Q_i}\}$ の関数となって，初めに想定した理論的な枠組を逸脱してしまうからなんだね。

これに対して，ハミルトンの正準方程式の変数は，$\underline{\{q_i\}}$ と $\underline{\{p_i\}}$ の $2f$ 個の

> 一般化座標 $\{q_i\}$ に対して，一般化運動量 $\{p_i\}$ を "**共役な正準変数**" と呼ぶこともあるので，覚えておこう。

正準変数からなり，これを別の**正準変数**，すなわち正準方程式をみたす新たな変数 $\{Q_i\}$，$\{P_i\}$ に変換するとき，

$\begin{cases} q_i(\{Q_j\}, \{P_j\}) \\ p_i(\{Q_j\}, \{P_j\}) \end{cases}$

$(i = 1, 2, \cdots, f,\ j = 1, 2, \cdots, f)$

と表すことができる。

> これは，逆に
> $Q_i(\{q_j\}, \{p_j\}),\ P_i(\{q_j\}, \{p_j\})$
> $(i = 1, 2, \cdots, f,\ j = 1, 2, \cdots, f)$ とも表されるものとする。

　このように，ハミルトンの正準方程式では，一般化座標 $\{q_i\}$ と一般化運動量 $\{p_i\}$（または $\{Q_i\}$ と $\{P_i\}$）をごっちゃに併せて変換できるので，ラグランジュ方程式のときよりも多彩な変数変換（**正準変換**）が可能となり，運動を様々な変数を使って多面的に解析できるようになるんだね。

しかし，その結果変換された変数 $\{Q_i\}$ や $\{P_i\}$ はもはや一般化座標や一般化運動量と呼べるような物理的な意味をもったものではなくなってしまう。つまり，変数 $\{Q_i\}$ や $\{P_i\}$ は，これらが正準方程式をみたすならば，数学的に**正準変数**と呼ぶ以外になくなってしまうんだね。これが，正準方程式の **1** つの大きな特徴と言える。

　また，ハミルトンの正準方程式では，"**位相空間**" という独特の幾何学的な表現を利用する。具体的な解説はこの後で詳しく行うけれど，これにより，質点や質点系の運動をヴィジュアルにとらえることができるようになるんだね。

　さらに，ハミルトンの正準方程式の副産物として "**ポアソン括弧**" という便利な数学的な表現方法も得られる。これは，数学的には "**ヤコビアン**" の応用表現ということになるが，これにより複雑な数式をスッキリ表すことができるようになるし，また，前述したような $\{q_i\}$，$\{p_i\}$ から $\{Q_i\}$，$\{P_i\}$ への変数変換が正準変数であるか否かを簡単に判別する指針も与えてくれる。

　このように，ハミルトンの正準方程式は，ラグランジュの運動方程式とはまた異なる運動の記述法を提供してくれる。そして，これが統計力学や量子力学に発展していくための足がかりになったんだね。

　どう？ハミルトンの正準方程式についても興味が湧いてきただろう？それでは早速，次の講義で "**位相空間**" について詳しく解説しよう。

§2. 位相空間とトラジェクトリー

それではこれから，"位相空間"（*phase space*）と "トラジェクトリー"（*trajectory*）について解説しよう。

ハミルトンの正準方程式では，$2f$ 個の変数 $\{q_i\}$ と $\{p_i\}$ は独立であるので，質点（または質点系）の運動の各時点における状態は，これらの値が決まれば決定されることになる。よって，$[q_1, q_2, \cdots, q_f, p_1, p_2, \cdots, p_f]$ で得られる $2f$ 次元の空間を考えると，運動の各状態はこの空間内の点で表現されることになるんだね。この $2f$ 次元の空間のことを "**位相空間**" と呼び，この位相空間上で運動のある時点の状態を表す点を "**代表点**"（*representative point*）と呼ぶ。そして，運動の経時変化は，この位相空間内での代表点が描く軌跡として表現できる。この軌跡のことを "**トラジェクトリー**" と呼ぶんだね。

エッ，抽象的で難しそうだって？確かに運動の自由度 f が 2 以上になれば位相空間そのものが $2f = 4$ 次元以上になってしまうため，これを図で具体的に表すことは困難になる。しかし，数学的には $2f$ 次元と言っても，ベクトル成分が $2f$ 個並ぶだけのことだから，このような空間を考えることはそれ程困難なことではないと思う。むしろ，運動をこのように抽象的な空間ではあるけれど，その空間上の軌跡と考えることは，斬新で面白いアイデアだと思う。

さらに，位相空間と関連して，"**リウビルの定理**"（*Liouville's theorem*）についても解説するつもりだ。

● 1 次元の落下運動のトラジェクトリーを求めよう！

一般にハミルトニアン H は，時刻 t を陽に含むときは，$H(\underbrace{\{q_i\}}_{q_1, q_2, \cdots, q_f}, \underbrace{\{p_i\}}_{p_1, p_2, \cdots, p_f}, t)$

と表されるので，この時刻 t による常微分 $\dfrac{dH}{dt}$ を求めると，

$$\frac{dH}{dt} = \frac{\partial H}{\partial t} + \sum_{i=1}^{f} \left(\frac{\partial H}{\partial q_i} \dot{q_i} + \frac{\partial H}{\partial p_i} \cdot \dot{p_i} \right) \quad \cdots ①$$

$\underbrace{\frac{\partial H}{\partial p_i}} \quad \underbrace{-\frac{\partial H}{\partial q_i}} \quad \leftarrow \begin{array}{l} (*e), \ (*e)' \\ より \end{array}$

> **ハミルトンの正準方程式**
> $$\begin{cases} \dot{q_i} = \dfrac{\partial H}{\partial p_i} & \cdots\cdots(*e) \\ \dot{p_i} = -\dfrac{\partial H}{\partial q_i} & \cdots(*e)' \end{cases}$$
> $(i = 1, 2, \cdots, f)$

となる。ここで，$\{q_i\}$，$\{p_i\}$ は正準方程式を

みたす正準変数なので，①に正準方程式 $(*e)$，$(*e)'$ を代入すると，

$$\frac{dH}{dt} = \frac{\partial H}{\partial t} + \sum_{i=1}^{f} \left(\frac{\partial H}{\partial q_i} \cdot \frac{\partial H}{\partial p_i} - \frac{\partial H}{\partial p_i} \cdot \frac{\partial H}{\partial q_i} \right) = \frac{\partial H}{\partial t} \quad \cdots ② \quad となる。$$

$\boxed{0}$

> この①から②への変形は，後に解説する "**ポアソン括弧**" の定義 **(P194)** と密接に関係しているので，シッカリ覚えておこう！

よって，ハミルトニアン H が陽に時刻 t を含まないとき，すなわち

$H(\{q_i\}, \{p_i\})$ のとき，②より $\dfrac{dH}{dt} = \dfrac{\partial H}{\partial t} = 0$ となって，H は時間に依存し

ない保存量になるんだね。

ここで，H は T（運動エネルギー）$+ U$（ポテンシャル）のことだから，これは全力学的エネルギー $E (= T + U)$ の保存則に他ならない。よって，このとき

$H(\{q_i\}, \{p_i\}) = E$（一定） $\cdots ③$

が成り立つので，これは $2f$ 個の独立変数 $\{q_i\}$ と $\{p_i\}$ の 1 つの関係式になるんだね。

ここで，最も簡単なハミルトンの正準方程式の例として，プロローグ **(P28)** で解説した重力場における質量 m の質点 **P** の落下運動を思い出してみよう。

図1は，一般化座標の雰囲気を出すために，鉛直下向きを正とする q 座標を取り，運動量も p で表すことにすると，ハミルトニアン H は，

図1　質点の落下運動

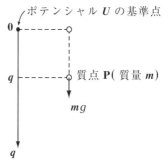

$$H(p, q) = \underbrace{T}_{\frac{1}{2}m\dot{q}^2 = \frac{p^2}{2m}} + \underbrace{U}_{-mgq} = \frac{p^2}{2m} - mgq \quad \cdots ④ \quad となる。$$

ここで，時刻 $t=0$ のとき，$q=0$ の位置か
ら質点 P を初速度 $\dot{q}_0 = 0$ の状態で自由落
下させるとき，運動量 p も $p_0 = m\dot{q}_0 = 0$ と
なるので，④式から，ハミルトニアン H は，

$$H = \frac{0^2}{2m} - mg \cdot 0 = 0 \quad \cdots ⑤ \quad となる。$$

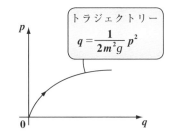

・全力学的エネルギー保存則
$$H(\{q_i\}, \{p_i\}) = E \,(一定) \quad \cdots ③$$
・自由落下運動
$$H = \frac{p^2}{2m} - mgq \qquad \cdots ④$$

そして，これは力学的エネルギーの保存則③により，時刻が経過しても 0
のままで保存されるので，④は，

$$\frac{p^2}{2m} - mgq = 0 \quad (一定) \quad \cdots ④'\quad となる。$$

これは q と p の関係式より，これを

$$q = \underbrace{\frac{1}{2m^2g}}_{定数} p^2 \quad \cdots ⑥ \quad (q \geqq 0,\ p \geqq 0)$$

図2 自由落下運動の位相
空間とトラジェクトリー

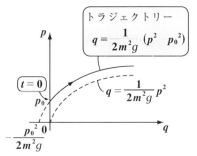

の形でまとめると，q は p の2次関数とな
る。この⑥の形になれば，当然，図2に示
すように，qp 座標平面上に，⑥のグラフ
を描きたくなるのが自然だろうね。

そう…，この qp 座標平面が，"**位相空間**" と呼ばれるものであり，この
平面 (空間) 上に描かれた⑥の曲線が，質点の自由落下運動を表す "**トラ
ジェクトリー**" になるんだね。納得いった？

それでは，自由落下ではなくて，(Ⅰ) 投げ下げや，(Ⅱ) 投げ上げ運動の
ときに，このトラジェクトリーがどうなるかについても調べておこう。

(Ⅰ) 投げ下げ運動の場合

　時刻 $t=0$ のとき，位置 $q=0$ にお
　いて質点 P に鉛直下向き (q 軸の
　正の向き) に初速度 $\dot{q}_0(>0)$ を与
　えた場合，運動量の初期値 p_0 も
　正となって，$p_0 = m\dot{q}_0(>0)$ の値
　をとる。よって，$t=0$ のときのハ
　ミルトニアン H は，

図3 投げ下げ運動の位相
空間とトラジェクトリー

158

$H = \dfrac{p_0{}^2}{2m} - mg\cdot 0 = \dfrac{p_0{}^2}{2m} \ (>0)$ となり, これは保存されるので, ④は,

$\dfrac{p_0{}^2}{2m} = \dfrac{p^2}{2m} - mgq$ となる。これをまとめて,

$q = \dfrac{1}{2m^2 g}(p^2 - p_0{}^2)$ …⑦ $(q \geqq 0, \ p \geqq p_0)$ となるので,

位相空間(qp平面)上の投げ下げ運動のトラジェクトリー⑦は, 図3 に示すように, ⑥の放物線を平行移動したものの1部(第1象限の部分)になるんだね。

(Ⅱ) 投げ上げ運動の場合

今度は, 時刻 $t = 0$ のとき, 位置 $q = 0$ において質点 P に鉛直上向き(q軸の負の向き)に初速度 $-\dot{q}_0(<0)$ を与えた場合を考えよう。このときの負の運動量を $-p_0$ と表すと, $-p_0 = -m\dot{q}_0(<0)$ ということになる。よって, $t = 0$ のときのハミルトニアン H は,

$H = \dfrac{(-p_0)^2}{2m} - mg\cdot 0 = \dfrac{p_0{}^2}{2m} \ (>0)$ となり, これは保存される。

よって, ④は(Ⅰ)の投げ下げの運動のときと同様になるが, q, p の取り得る範囲が異なることに気を付けよう。④より

$\dfrac{p_0{}^2}{2m} = \dfrac{p^2}{2m} - mgq$

$q = \dfrac{1}{2m^2 g}(p^2 - p_0{}^2)$ …⑧

$\left(q \geqq -\dfrac{p_0{}^2}{2m^2 g} , \ p \geqq -p_0\right)$

となる。よって, ⑧から, $t = 0$ で $q = 0$, $p = -p_0$ からスタートして $q = -\dfrac{p_0{}^2}{2m^2 g}$ のとき $p = 0$ となる

図4 投げ上げ運動の位相空間とトラジェクトリー

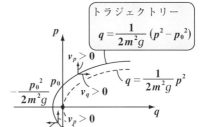

ので頂点に達し, それ以降落下していく運動の様子が図4に示した位相空間とトラジェクトリーから一目瞭然に読み取れるはずだ。

しかも，q 軸方向，p 軸方向それぞれの速度を v_q，v_p とおくと，ハミルトンの正準方程式から，

・$v_q = \dot{q} = \dfrac{\partial H}{\partial p} = \dfrac{p}{m}$

・$v_p = \dot{p} = -\dfrac{\partial H}{\partial q} = -(-mg) = mg > 0$　となるので

v_p は常に正だけれど，v_q は

$\begin{cases}(\,i\,)\ p \leqq 0 \quad のとき \quad v_q \leqq 0 \\ (\,ii\,)\ p > 0 \quad のとき \quad v_q > 0 \quad となるので,\end{cases}$

位相空間上のトラジェクトリーを辿っていく代表点の動きの向きも決定することができるんだね。もう 1 度，図 4 を見て確認してほしい。

> **ハミルトンの正準方程式**
> $$\begin{cases} \dot{q}_i = \dfrac{\partial H}{\partial p_i} & \cdots\cdots(*e) \\ \dot{p}_i = -\dfrac{\partial H}{\partial q_i} & \cdots(*e)' \end{cases}$$
> $$H = \dfrac{p^2}{2m} - mgq \quad \cdots\cdots④$$

●位相空間とトラジェクトリーの一般論を押さえよう！

それでは，自由度 f の質点 (または質点系) の運動についても，その位相空間とトラジェクトリーについて解説しておこう。

この場合のハミルトニアン H は，時刻 t を陽に含まないものとすると，$H(\{q_i\}, \{p_i\})$ となり，$2f$ 個の独立変数で表されることになる。よって，このときの位相空間も，次に示すように $2f$ 次元のベクトルが張る空間ということになるんだね。

$$\begin{bmatrix} q_1 \\ \vdots \\ q_f \\ p_1 \\ \vdots \\ p_f \end{bmatrix} = \begin{bmatrix} q_1(t) \\ \vdots \\ q_f(t) \\ p_1(t) \\ \vdots \\ p_f(t) \end{bmatrix} \quad \cdots\cdots\cdots\cdots\cdots(a)$$

そして，H は時刻 t を陽に含んではいないため，これは経時変化しない保存量となるので，次の全力学的エネルギーの保存則も成り立つ。

$H(\{q_i\}, \{p_i\}) = U + T = E(\ 一定\ ) \quad \cdots(b)$

よって，(b) は，$2f$ 次元の空間における $2f-1$ 次元の曲面のような空間と考えてくれたらいい。そして，自由度 $f=1$ のときは，(b) は曲線となるの

で，前述した自由落下運動で示したように，(b) の方程式そのものが，運動のトラジェクトリーとなったんだね。これに対して，$f \geqq 2$ のとき，(a) で表される各時刻 t における代表点は，(b) の曲面のようなものの上に必

これを "超曲面" と呼ぶ。

ず存在することになるが，そのトラジェクトリーそのものが (b) で表されるものでないことに注意しよう。このときのトラジェクトリーは，(b) の曲面のようなもの (超曲面) の上にある曲線のようなものと考えてくれたらいいんだね。そして，自由度 f の運動は，時刻 t の経過に伴い代表点が描くトラジェクトリーにより完全に記述できるんだね。

　少し解説が抽象的になったので，自由度 $f = 2$ の放物運動の例題 (P31) で練習しておこう。放物運動は平面上の運動なので，$2f = 4$ 次元になるはずだけれど,実際には次元を1つ下げて3次元問題として考えることができる。

例題 8　右図に示すように q_1q_2 座標系において，質量 $m = 1 \, (\text{kg})$ の質点 P にそれぞれ初速度 $\dot{q}_{10} = \dot{q}_{20} = 10 (\text{m/s})$ を与えて放物運動を行わせる。q_2 軸の負の向きに働く重力加速度を $g = 10(\text{m/s}^2)$ とする。

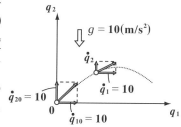

このとき，運動量 p_1 は一定なので，位相空間を $q_1q_2p_2$ 座標空間として，この放物運動のトラジェクトリーを求めよう。

自由度 $f = 2$ の運動なので，本来ならば，4次元の位相空間となるんだけれど，q_1 軸方向の運動量 p_1 は $p_1 = m\dot{q}_{10} = 1 \times 10 (\text{kg m/s})$ と一定なので，

$$\begin{bmatrix} q_1 \\ q_2 \\ p_1 \\ p_2 \end{bmatrix} = \begin{bmatrix} q_1 \\ q_2 \\ 10 \\ p_2 \end{bmatrix}$$ より，位相空間を $\begin{bmatrix} q_1 \\ q_2 \\ p_2 \end{bmatrix}$ の 3 次元空間として考えることが

できる。ここで，ハミルトニアンを求めると，

一般化座標と一般化運動量の雰囲気を出すために，q_1, q_2, p_1, p_2 を用いたが，$q_1 = x$, $q_2 = y$, $p_1 = p_x$, $p_2 = p_y$ (P31) のことなんだね。

$$H = \frac{1}{2m}(p_1{}^2 + p_2{}^2) + mgq_2$$

$$\underbrace{\phantom{\frac{1}{2m}(p_1{}^2 + p_2{}^2)}}_{\boxed{T}} \quad \underbrace{}_{\boxed{U}}$$

ここで, $m = 1(\mathrm{kg})$, $g = 10(\mathrm{m/s^2})$ より,

$$H = \frac{1}{2}(p_1{}^2 + p_2{}^2) + 10q_2 \quad \cdots\text{①}$$

となる。さらに q_1 軸方向の速さは一定より, $p_1 = m\dot{q}_{10} = 1 \times 10 = 10(\mathrm{kg\,m/s})$ となるので,

$$H = \frac{1}{2}(100 + p_2{}^2) + 10q_2 \quad \cdots\text{①}´ \quad \text{となる。}$$

ここで, H は時刻 t の陽な関数ではないので, 初期の H の値, すなわち

$$H = \frac{1}{2}(100 + 10^2) + 10 \times 0 = 100(\mathrm{J}) \quad \cdots\text{②} \quad \text{は保存される。}$$

$$\underbrace{}_{(m\dot{q}_{20})^2 = (1 \times 10)^2}$$

全力学的エネルギーの保存則
$H = T + U = E\,(\text{一定})$

よって, ②を①´に代入すると,

$$100 = \frac{1}{2}(100 + p_2{}^2) + 10q_2 \quad \text{となる。}$$

これをまとめると, 次式のようになる。

$$q_2 = -\frac{1}{20}p_2{}^2 + 5 \quad \cdots\text{③}$$

今回は 3 次元空間なので, ③はまだこの放物運動のトラジェクトリーではない。右図のような放物面を表している。この曲面上の曲線として, 質点 P の放物運動のトラジェクトリーが描けることになるんだね。

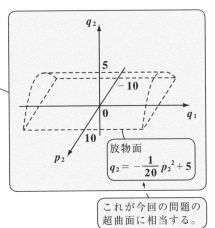

放物面
$q_2 = -\dfrac{1}{20}p_2{}^2 + 5$

これが今回の問題の超曲面に相当する。

　そのために, ③は q_2 と p_2 の関係式なので, 今度はハミルトンの正準方程式 ($*$e) と ($*$e)´ を使って, q_1 と p_2 の関係式を求めてみよう。

・まず, ①と ($*$e) より,

$$\dot{q}_1 = \frac{\partial H}{\partial p_1} = p_1 = 10 \qquad \text{よって, これを } t \text{ で積分して}$$

$$q_1 = 10t \quad \cdots\text{④} \quad \text{となる。}$$

$t = 0$ のとき $q_{10} = 0$ だからね。

・次，①と（＊e）′より

$$\dot{p}_2 = -\frac{\partial H}{\partial q_2} = -10$$ よって，これを t で積分して，

$p_2 = 10 - 10t$ …⑤ となる。 ◀ $t=0$ のとき $p_2 = m\dot{q}_{20} = 1 \times 10 = 10$ だからね。

④を⑤に代入して，

$$\underline{\underline{q_1 = 10 - p_2}}$$ …⑥

これは $q_1 q_2 p_2$ デカルト座標空間上では，q_2 軸に平行な平面を表す。

③と⑥を列挙して，

$\begin{cases} 曲面：q_2 = -\dfrac{1}{20}p_2{}^2 + 5 & \cdots③ \\ 平面：q_1 = 10 - p_2 & \cdots⑥ \end{cases}$

となる。よって，求める放物運動のトラジェクトリーは③と⑥の交線として右図に示すような放物線となることが分かった。

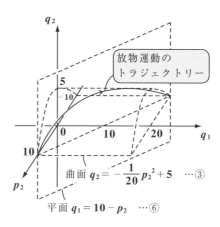

放物運動のトラジェクトリー

曲面 $q_2 = -\dfrac{1}{20}p_2{}^2 + 5$ …③

平面 $q_1 = 10 - p_2$ …⑥

ただし，$0 \leqq q_1 \leqq 20$，$0 \leqq q_2 \leqq 5$，$-10 \leqq p_2 \leqq 10$ の範囲の曲線なんだね。このように，$H = T + U = E$ で与えられるエネルギー保存則の超曲面上にトラジェクトリーが描けることが分かったと思う。

一般論としては，$f \geqq 2$ のとき，$2f$ 次元の位相空間において，エネルギー保存則による $2f-1$ 次元の超曲面が与えられ，その上に代表点が曲線のようなトラジェクトリーを描くということなんだね。この例題 8 をやっておけば，このような抽象論も具体的なイメージをもってとらえることができると思う。面白かった？

●単振動のトラジェクトリーは楕円になる！

それでは，話を 1 次元の単振動 (調和振動) に戻そう。単振動は，解析力学の変数変換 (正準変換) の解説で中心的なテーマになるので，このまず最も基本的なトラジェクトリーをここでマスターしておこう。

単振動の正準方程式についても既にプロローグ (**P30**) の中でその基本は解説したね。ただし，ここでも一般化座標と一般化運動量を意識して，変数 x と p_x の代わりにそれぞれ q と p とおくことにする。1 次元運動なので，この位相空間は当然，qp 平面 (デカルト平面) になることは大丈夫だね。

図 5　単振動

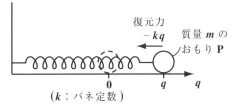

(k : バネ定数)

それでは，この単振動のハミルトニアン H は，$H = T + U$ より，

$$H = \underbrace{\frac{p^2}{2m}}_{T} + \underbrace{\frac{k}{2}q^2}_{U} \quad \cdots(a) \quad \text{となる。}$$

ここで，初期条件として，$t = 0$ のとき，質量 m のおもり P に初速度 $\dot{q_0} = 0$，振幅 (変位)$q_0 = A$ を与えるものとしよう。すると，$H(q, p)$ は時刻 t を陽に含んでいないので，このハミルトニアン H の初期値

$$H = \frac{0^2}{2m} + \frac{k}{2}A^2 = \frac{k}{2}A^2 \quad \cdots(b) \quad \text{は，} \quad \overset{\longleftarrow}{\boxed{\because p_0 = m\dot{q_0} = m \times 0 = 0}}$$

全力学的エネルギー $E = \dfrac{k}{2}A^2 \quad \cdots(c)$　として，保存される。

(a) を，ハミルトンの正準方程式に代入すると，**P31** で示したように，単振動 (調和振動) の微分方程式 (ニュートンの運動方程式):

$$\ddot{q} = -\omega^2 q \quad \left(\omega^2 = \frac{k}{m}\right) \quad \text{が導かれる。}$$

これを，$t = 0$ のとき $q = A$ (最大振幅) の初期条件の下で解くと，その解は，$q = A\cos\omega t$ (ω : 角振動数) となることも既に御存知だと思う。御存知のない方は，「**力学キャンパス・ゼミ**」(マセマ) で学習されることを勧めます。

よって，(b) を (a) に代入すると，

$\dfrac{k}{2}A^2 = \dfrac{p^2}{2m} + \dfrac{k}{2}q^2$　となり，

これをまとめると，

$\dfrac{q^2}{A^2} + \dfrac{p^2}{mkA^2} = 1$　となり，楕円の式：

$\dfrac{q^2}{A^2} + \dfrac{p^2}{m^2\omega^2A^2} = 1$　$\cdots(d)$

$\left(\omega : \text{角振動数,}\quad \omega^2 = \dfrac{k}{m}\right)$

今回は自由度 $f = 1$ の運動なので，力学的エ
ネルギーの保存則から導かれた p と q の関係

式 (楕円の式)(d) が，単振動のトラジェクトリーそのものになるんだね。
これを図 6 に示す。

ここで，q 軸方向，p 軸方向それぞれの速度を v_q，v_p とおき，ハミルトン
の正準方程式に (a) を代入すると，

$\begin{cases} \cdot\ v_q = \dot{q} = \dfrac{\partial H}{\partial p} = \dfrac{p}{m}\quad \cdots(e) \\[2mm] \boxed{\text{ハミルトンの正準方程式}} \\[2mm] \cdot\ v_p = \dot{p} = -\dfrac{\partial H}{\partial q} = -kq\quad \cdots(f) \end{cases}$

となる。よって，

（i）第 4 象限 $(q > 0,\ p < 0)$ では，$v_q < 0$，$v_p < 0$

（ii）第 3 象限 $(q < 0,\ p < 0)$ では，$v_q < 0$，$v_p > 0$

（iii）第 2 象限 $(q < 0,\ p > 0)$ では，$v_q > 0$，$v_p > 0$

（iv）第 1 象限 $(q > 0,\ p > 0)$ では，$v_q > 0$，$v_p < 0$ であることが分かるので，

この単振動の代表点は，$t = 0$ のとき点 $(\underset{q}{A},\ \underset{p}{0})$ を出発点として，楕円形

のトラジェクトリーを時計回りに回転していくことも分かったんだね。

図 6　単振動の位相空間と
　　　トラジェクトリー

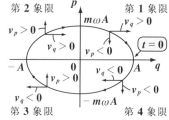

楕円の方程式：

$\dfrac{x^2}{a^2} + \dfrac{y^2}{b^2} = 1\ (a > 0,\ b > 0)$

$\left(\begin{array}{l}\text{この楕円の面積 } S \text{ は,}\\ S = \pi ab \text{ となる。}\end{array}\right)$

単振動の楕円形のトラジェクトリー(d)
で囲まれる図形の面積を S とおくと，

$$S = \pi \cdot A \cdot m\omega A = \pi m\omega \boxed{A^2}$$

$$\boxed{\dfrac{1}{\omega^2}} \qquad \boxed{\dfrac{2}{k}E \; ((c) \text{ より})}$$

$$= 2\pi \boxed{\dfrac{m}{k}} \omega E = \boxed{\dfrac{2\pi}{\omega}} E$$

$$\boxed{T = \dfrac{1}{\nu}}$$

- 単振動のトラジェクトリー

$$\dfrac{q^2}{A^2} + \dfrac{p^2}{m^2\omega^2 A^2} = 1 \quad \cdots(d)$$

- $E = \dfrac{k}{2}A^2$ $\quad\cdots\cdots\cdots\cdots(c)$

- $\omega^2 = \dfrac{k}{m}$

- $\omega T = 2\pi, \quad T = \dfrac{1}{\nu}$

(T：周期，ν：振動数)

$$\therefore S = \dfrac{E}{\nu} \quad \cdots(g) \quad (E：全力学的エネルギー，\nu：振動数)$$

となる。ここで，楕円の面積 S を一定とおくと，E は ν と比例するので，その比例定数を h とおくと，

$$E = h\nu \quad \cdots(h) \quad \text{が導かれるんだね。}$$

さらに，この h をプランク定数 $(h = 6.6261 \times 10^{-34}(\text{Js}))$ とおけば，(h) は光量子のエネルギーを表していることも分かると思う。

また，(g) より qp 平面(位相空間)上のトラジェクトリーで囲まれる図形の面積 S の単位(次元)は，(エネルギー)×(時間)または(運動量)×(位置)になることも注意しよう。

●正準方程式とトラジェクトリーの関係について

位相空間とトラジェクトリーの具体例をいくつか示してきた。でも，ラグランジュ方程式と違って，何故正準方程式のときだけ，トラジェクトリーを持ち出す必要があるのか？
この疑問にも答えておこう。

それは，ハミルトンの正準方程式：

$$\dot{q}_i = \dfrac{\partial H}{\partial p_i} \quad \cdots(\ast e) \quad , \quad \dot{p}_i = -\dfrac{\partial H}{\partial q_i} \quad \cdots(\ast e)'$$

の形が，流体力学の "2次元の渦なし流" の方程式：

$$\dot{x} = \dfrac{\partial \psi}{\partial y} \quad \cdots\text{①} \quad , \qquad \dot{y} = -\dfrac{\partial \psi}{\partial x} \quad \cdots\text{②} \quad (\psi：流れの関数)$$

とまったく同じ形をしているからなんだ。

ここで，流体力学について詳しく解説はしないが，①，②から2次元の渦なし

流れ場の流線を導くことができる。従って，正準方程式 (＊e)，(＊e)´ からも同様に代表点の軌跡であるトラジェクトリーを導くことが出来たんだね。

これは，正準方程式が数値解法の中でも最も簡単な差分法を利用しやすい形をしていることとも関係がある。ここでは簡単のため，自由度 $f =$ 1，正準変数 q, p のみの場合を考えてみよう。

ハミルトニアン $H = H(q, p)$ は求まっているものとする。

図7　正準方程式と数値解法

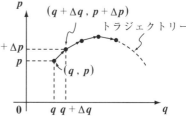

(ⅰ) まず，ある時刻 t における質点の位置 q と運動量 p が与えられると，図7に示すように，それを位相空間 (qp 平面) 上の1点 (q, p) としてプロットできる。

(ⅱ) 時刻 t における q, p が分かれば，当然その q や p における偏微分 $\dfrac{\partial H}{\partial p}$, $\dfrac{\partial H}{\partial q}$ も求まる。

さて，正準方程式 (＊e) と (＊e)´ を近似式として次のように変形してみよう。

・(＊e) より，　$\dfrac{\Delta q}{\Delta t} \fallingdotseq \dfrac{\partial H}{\partial p}$　　　$\therefore \Delta q \fallingdotseq \dfrac{\partial H}{\partial p} \Delta t$　　…③

・(＊e)´ より，　$\dfrac{\Delta p}{\Delta t} \fallingdotseq -\dfrac{\partial H}{\partial q}$　　　$\therefore \Delta p \fallingdotseq -\dfrac{\partial H}{\partial q} \Delta t$　　…④

③，④より，時刻が t から $t + \Delta t$ だけ変化したときの変数 q, p の変化分 (差分) Δq, Δp が求まる。

(ⅲ) よって，時刻 $t + \Delta t$ における代表点の位相空間での座標 $(q + \Delta q, p + \Delta p)$ が求まるので，これをプロットし，点 (q, p) と微小な線分で結ぶ。

以上 (ⅰ)(ⅱ)(ⅲ) のプロセスを繰り返し求めることにより，流れ場の流線と同様に，位相空間のトラジェクトリーが描かれていくことが分かると思う。

時間の刻み幅 Δt を十分に小さくとれば，十分に良い近似のトラジェクトリーが描けるので，数値解法に興味のある方は，実際に計算してごらんになるといいと思う。

●リウビルの定理もマスターしよう！

　自由度 $f = 1$ の qp 位相空間内のトラジェクトリーが，実は数学的には
2 次元の渦なし流れ場の流線と同じものであることを解説した。初期条件
が異なれば，同じ運動でも位相空間内に流線と同様に何本ものトラジェ
クトリーが引けることも分かると思う。そして，流線と同様にこれら異
なるトラジェクトリーは交点をもつことがない。

　さらに，2 次元の渦なし流れは"**非圧縮性流体**"といって，流体内部の
微小領域に着目したとき，それが時間の経過と供に流れ場を移動し，形
が変化してもその体積 (または面積) が変化することはない。これと同様
のことが，位相空間内のトラジェクトリーについても言える。これを"**リ
ウビルの定理**"(*Liouville's theorem*) と呼ぶ。

> ### ■ リウビルの定理
>
> 位相空間内のある微小領域内の各代表点が正準方程式に従って運動す
> るとき，その領域の形状は変化しても，その体積 (または面積) は変
> 化することなく保存される。

　実は，このリウビルの定理は"**統計力学**"でも重要な役割を演じる重
要な定理なので，ここではまず，自由度 $f = 1$，qp 位相空間におけるトラ
ジェクトリーについて証明しておくことにしよう。

　図 8 に示すような qp 位相空間
に，初期条件の異なる 4 つのト
ラジェクトリーが与えられてい
るものとする。そして，4 点 A，
B，C，D はいずれも時刻 t にお
ける代表点を表すものとする。
ここでさらに，それぞれの座標
を A(q, p)，B($q + dq$, p)，

図 8　リウビルの定理

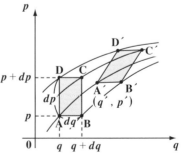

C($q + dq$, $p + dp$)，D(q, $p + dp$) とおき，四角形 ABCD は微小な長方形
であるものとする。この微小長方形 ABCD の面積 S は，

$S = dq \cdot dp$ …① であることは大丈夫だね。

それでは，時刻が t から $t + \Delta t$ に変化したとき，4 点 A，B，C，D は別の 4 点 A′，B′，C′，D′ に移動したものとしよう。この四角形 A′B′C′D′ は微小な平行四辺形になるんだけれど，この場合のリウビルの定理は，

「微小な長方形 ABCD の面積 S と，微小な平行四辺形 A′B′C′D′ の面積

$S′$ とは等しい。」←[これに，単位の厚さをかければ，"体積が等しい" とも言える。]

ということなんだね。これから，このリウビルの定理を証明しよう。

まず，4 点のそれぞれの移動を調べる。

(i)A(q, p) ⟶ A′$(q′(q, p), p′(q, p))$ とおく。

　ここで，$q′$，$p′$ は，A が移動した点 A′ の座標を表すと同時に，点 A(q, p) が移動したものだから，A′ の座標 $q′$ と $p′$ は共に，q, p の関数，すなわち $q′ = q′(q, p)$，$p′ = p′(q, p)$ とおくことがポイントなんだね。これから他の 3 つの点の対応関係も近似的に次のように導くことができる。

(ii)B$(q + dq, p)$ ⟶ B′$(q′(q + dq, p), p′(q + dq, p))$
$$= B′\left(q′(q, p) + \frac{\partial q′}{\partial q}dq, \ p′(q, p) + \frac{\partial p′}{\partial q}dq\right)$$

(iii)C$(q + dq, p + dp)$ ⟶ C′$(q′(q + dq, p + dp), p′(q + dq, p + dp))$
$$= C′\left(q′(q, p) + \frac{\partial q′}{\partial q}dq + \frac{\partial q′}{\partial p}dp, \right.$$
$$\left. p′(q, p) + \frac{\partial p′}{\partial q}dq + \frac{\partial p′}{\partial p}dp\right)$$

(iv)D$(q, p + dp)$ ⟶ D′$(q′(q, p + dp), p′(q, p + dp))$
$$= D′\left(q′(q, p) + \frac{\partial q′}{\partial p}dp, \ p′(q, p) + \frac{\partial p′}{\partial p}dp\right)$$

以上 (i) ～ (iv) より，

$$\overrightarrow{A′B′} = \left(\frac{\partial q′}{\partial q}dq, \ \frac{\partial p′}{\partial q}dq\right) \quad \cdots\cdots\cdots\cdots\cdots\cdots②$$
$$\overrightarrow{A′C′} = \left(\frac{\partial q′}{\partial q}dq + \frac{\partial q′}{\partial p}dp, \ \frac{\partial p′}{\partial q}dq + \frac{\partial p′}{\partial p}dp\right) \quad \cdots③$$
$$\overrightarrow{A′D′} = \left(\frac{\partial q′}{\partial p}dp, \ \frac{\partial p′}{\partial p}dp\right) \quad \cdots\cdots\cdots\cdots\cdots\cdots④ \quad となる。$$

②，③，④より，

$\overrightarrow{A'C'} = \overrightarrow{A'B'} + \overrightarrow{A'D'}$ が成り立

つので，四角形 $A'B'C'D'$ が微小

な平行四辺形であることが分かっ

たんだね。よって，この微小な平

行四辺形 $A'B'C'D'$ の面積を S'

とおくと，②，④より，

$$S' = \left| \frac{\partial q'}{\partial q} dq \cdot \frac{\partial p'}{\partial p} dp - \frac{\partial p'}{\partial q} dq \cdot \frac{\partial q'}{\partial p} dp \right|$$

$$= \left| \frac{\partial q'}{\partial q} \cdot \frac{\partial p'}{\partial p} - \frac{\partial q'}{\partial p} \cdot \frac{\partial p'}{\partial q} \right| \underline{dq \cdot dp}$$

$\boxed{S\,(①より\,)}$

となる。よって，①より，

$$S' = \underline{\left| \frac{\partial q'}{\partial q} \cdot \frac{\partial p'}{\partial p} - \frac{\partial q'}{\partial p} \cdot \frac{\partial p'}{\partial q} \right|} \underline{S} \quad \cdots⑤ \quad となる。$$

$\boxed{平行四辺形\ A'B'C'D'}$ $\boxed{長方形\ ABCD\ の面積}$

・$S = dq \cdot dp$ $\cdots\cdots\cdots\cdots$①

・$\overrightarrow{A'B'} = \left(\dfrac{\partial q'}{\partial q} dq, \dfrac{\partial p'}{\partial q} dq \right)$ $\cdots$②

・$\overrightarrow{A'D'} = \left(\dfrac{\partial q'}{\partial p} dp, \dfrac{\partial p'}{\partial p} dp \right)$ $\cdots$④

平行四辺形の面積公式

$b = [x_2, y_2]$

$a = [x_1, y_1]$

面積 $A = |x_1 y_2 - x_2 y_1|$

ここで，⑤の右辺の絶対値内の式は，ヤコビアン J，すなわち，

$$J = \frac{\partial(q', p')}{\partial(q, p)} = \begin{vmatrix} \dfrac{\partial q'}{\partial q} & \dfrac{\partial q'}{\partial p} \\ \dfrac{\partial p'}{\partial q} & \dfrac{\partial p'}{\partial p} \end{vmatrix} \quad \cdots\cdots⑥ \quad のことなんだね。$$

$\boxed{これは，この後で解説する\ \textbf{"ポアソン括弧"}\ とも密接に関連している！}$

よって，この⑥の $J = 1($ または $-1)$ であることが示せれば，⑤より

$S' = S \quad \cdots(*)$ となって，"**リウビルの定理**" が成り立つと言えるんだね。

さァ，後もう一息だ！

ここで，$A'(q', p')$ は，点 $A(q, p)$ から微小時間 Δt だけ正準方程式に

より変化したものだから，近似的に，

$$q' = q + \frac{dq}{dt} \Delta t \quad および \quad p' = p + \frac{dp}{dt} \Delta t \quad と表せる。$$

$\boxed{\dot{q} = \dfrac{\partial H}{\partial p} \cdots (*e)}$ $\boxed{\dot{p} = -\dfrac{\partial H}{\partial q} \cdots (*e)'}$

$\boxed{ここで，正準方程式が登場した！}$

この時間変化のことを，解析力学では"**時間発展**"と表現する場合もあるので，覚えておこう。

それでは，ハミルトンの正準方程式 $(*e), (*e)'$ を用いると，q' と p' は，

$$q' = q + \frac{\partial H}{\partial p}\Delta t \quad \cdots ⑦$$

$$p' = p - \frac{\partial H}{\partial q}\Delta t \quad \cdots ⑧ \quad \text{と表せるんだね。}$$

この⑦，⑧を⑥に代入して，実際にヤコビアンを計算してみよう。

$$J = \begin{vmatrix} \dfrac{\partial}{\partial q}\left(q + \dfrac{\partial H}{\partial p}\Delta t\right) & \dfrac{\partial}{\partial p}\left(q + \dfrac{\partial H}{\partial p}\Delta t\right) \\ \dfrac{\partial}{\partial q}\left(p - \dfrac{\partial H}{\partial q}\Delta t\right) & \dfrac{\partial}{\partial p}\left(p - \dfrac{\partial H}{\partial q}\Delta t\right) \end{vmatrix}$$

$$= \begin{vmatrix} 1 + \dfrac{\partial^2 H}{\partial q \partial p}\Delta t & \dfrac{\partial^2 H}{\partial p^2}\Delta t \\ -\dfrac{\partial^2 H}{\partial q^2}\Delta t & 1 - \dfrac{\partial^2 H}{\partial q \partial p}\Delta t \end{vmatrix}$$

シュワルツの定理
$$\frac{\partial^2 H}{\partial q \partial p} = \frac{\partial^2 H}{\partial p \partial q}$$
を使った！

$$= \left(1 + \frac{\partial^2 H}{\partial q \partial p}\Delta t\right)\left(1 - \frac{\partial^2 H}{\partial q \partial p}\Delta t\right) + \frac{\partial^2 H}{\partial p^2}\Delta t \cdot \frac{\partial^2 H}{\partial q^2}\Delta t$$

$$= 1 - \left(\frac{\partial^2 H}{\partial q \partial p}\right)^2 (\Delta t)^2 + \frac{\partial^2 H}{\partial q^2}\cdot \frac{\partial^2 H}{\partial p^2}(\Delta t)^2$$

$$= 1 + \underbrace{\left\{\frac{\partial^2 H}{\partial q^2}\cdot \frac{\partial^2 H}{\partial p^2} - \left(\frac{\partial^2 H}{\partial q \partial p}\right)^2\right\}\overbrace{(\Delta t)^2}^{\text{2次の微小項} ≒ 0}}_{0}$$

ここで，Δt を微小時間とすると，$(\Delta t)^2$ は2次の微小項となる。よって，近似的に $J = 1$ $\cdots ⑨$ が導けたので，⑨を⑤に代入して，この場合のリウビルの定理：$S' = S$ $\cdots (*)$ が成り立つことが示せた。

一般の自由度 f，すなわち $2f$ 次元の位相空間においては，時刻 t と $t + \Delta t$ における微小な超体積を次のように定義する。

$\begin{cases} \cdot t \text{における超体積 } dv = dq_1 dq_2 \cdots dq_f dp_1 dp_2 \cdots dp_f \\ \cdot t + \Delta t \text{における超体積 } dv' = dq_1' dq_2' \cdots dq_f' dp_1' dp_2' \cdots dp_f' \end{cases}$

そして，証明は略すが，リウビルの定理は $dv = dv'$ の形で示される。

§3. 正準変換

　自由度 f のラグランジュの運動方程式の独立変数 $\{q_i\}$ $(i = 1, 2, \cdots, f)$ は，たとえばそれが循環座標となるように，新たな独立変数の一般化座標として $\{Q_i\}$ を用いることは自由にできた。しかし，一般化座標 $\{q_i\}$ とその時間微分 $\{\dot{q}_i\}$ を混ぜ合わせた状態で変数変換することは許されなかったんだね。

　これに対して，自由度 f のハミルトンの正準方程式では，$2f$ 個の独立変数である一般化座標 $\{q_i\}$ と一般化運動量 $\{p_i\}$ が用いられ，これらの座標と運動量を混ぜ合わせて新たな独立変数 $\{Q_i\}$ と $\{P_i\}$ を作ることも可能なんだね。そして，この新たな変数 $\{Q_i\}$ と $\{P_i\}$ によるハミルトニアン K が決定され，かつこれらの変数もハミルトンの正準方程式みたすとき，この $(\{q_i\},\{p_i\})$ から $(\{Q_i\},\{P_i\})$ への変換を "**正準変換**" (*canonical transformation*) と呼ぶ。

　ここではまず，具体例として，単振動 (調和振動) のハミルトニアンから得られる楕円形のトラジェクトリーを円に変換し，そしてこれを直線に変換する正準変換について解説しよう。さらにここでは，正準変換の一般論として，母関数 W を用いた正準変換の方法についても詳しく教えるつもりだ。

　今回も盛り沢山の内容だけれど，また，例題を多数利用して分かりやすく解説するから，すべて理解できるはずだ。

● まず，正準変換の基本を押さえよう！

　自由度 f の正準変数 $\{q_i\}$ と $\{p_i\}$ は当然次の正準方程式：

$$\dot{q}_i = \frac{\partial H}{\partial p_i} \quad \cdots\cdots (*\mathrm{e}) \qquad\qquad \dot{p}_i = -\frac{\partial H}{\partial q_i} \quad \cdots\cdots (*\mathrm{e})'$$

　　$(q_i：$一般化座標，$p_i：$一般化運動量，$i - 1, 2, \cdots, f)$

をみたすのは大丈夫だね。

　ここで，この正準変数を新たな変数 $\{Q_i\}$ と $\{P_i\}$ に変数変換するとき，

(i) $\{q_i\}$ と $\{p_i\}$ は，$\{Q_i\}$ と $\{P_i\}$ の関数として表され，逆に

(ii) $\{Q_i\}$ と $\{P_i\}$ は，$\{q_i\}$ と $\{p_i\}$ の関数として表されるものとする。

172

つまり,

$$(\,\mathrm{i}\,)\begin{cases} q_j = q_j(\{Q_i\}, \{P_i\}) \\ p_j = p_j(\{Q_i\}, \{P_i\}) \,, \end{cases} \qquad (\,\mathrm{ii}\,)\begin{cases} Q_j = Q_j(\{q_i\}, \{p_i\}) \\ P_j = P_j(\{q_i\}, \{p_i\}) \end{cases}$$

(ただし, $i = 1, 2, \cdots, f$, $j = 1, 2, \cdots, f$) と表されるものとしよう。

> もし, 時刻 t を陽に含む場合は, (i), (ii) はそれぞれ
> $$(\,\mathrm{i}\,)\begin{cases} q_j = q_j(\{Q_i\}, \{P_i\}, t) \\ p_j = p_j(\{Q_i\}, \{P_i\}, t) \,, \end{cases} \quad (\,\mathrm{ii}\,)\begin{cases} Q_j = Q_j(\{q_i\}, \{p_i\}, t) \\ P_j = P_j(\{q_i\}, \{p_i\}, t) \end{cases}$$
> という形で表されるんだね。

このとき, 新たな変数 $\{Q_i\}$ と $\{P_i\}$ により, 新たなハミルトニアン K が決まり, かつこれらの変数が, 次のハミルトンの正準方程式:

$$\dot{Q}_i = \frac{\partial K}{\partial P_i} \,\cdots\cdots (*\mathrm{e}_0) \qquad\qquad \dot{P}_i = -\frac{\partial K}{\partial Q_i} \,\cdots\cdots (*\mathrm{e}_0)'$$

をみたすとき, 変数 $\{Q_i\}$, $\{P_i\}$ もまた正準変数と言える。そして, $(\{q_i\}, \{p_i\}) \to (\{Q_i\}, \{P_i\})$ の変換のことを "**正準変換**" と呼ぶんだね。

ここで注意しなければならないのは, この正準変換において, $\{Q_i\}$ も $\{P_i\}$ も $\{q_i\}$ と $\{p_i\}$ を混ぜ合わせて変換しているので, もはや $\{Q_i\}$ を一般化座標, $\{P_i\}$ を一般化運動量とは呼べない状態になっていると考えられる。したがって, 正準変換後の変数 $\{Q_i\}$, $\{P_i\}$ は物理的な単位 (次元) や意味を失って, 単なる数学的な "**正準変数**" と呼ぶべきものになっているんだね。しかし, これらも正準方程式 $(*\mathrm{e}_0)$ と $(*\mathrm{e}_0)'$ をみたすので, Q_i と P_i の積, すなわち $Q_i P_i$ $(i = 1, 2, \cdots, f)$ は, (エネルギー)×(時間), または (運動量)×(位置) の次元 (単位) をもつことは保存される。理由は, $\{Q_i\}$, $\{P_i\}$ による新たなハミルトニアン K も, H と同じ (エネルギー) の次元 (単位) をもつからなんだ。

> これは後で詳しく解説するけれど, H が陽に時刻 t を含まないときは, $H = K$ となる。そうでなく, H が t の陽な関数のときでも, K は H と同じ (エネルギー) の単位をもつ。

それでは, 単振動 (調和振動) について実際に正準変換を行ってみよう。

● 単振動の正準変数を正準変換しよう！

自由度 $f = 1$ の単振動の場合，一般化座標 q と一般化運動量 p が正準変数であり，そのハミルトニアン H が，**P164** でも示したように，次式で表されるのは，大丈夫だね。

$$H = H(q, p) = \frac{p^2}{2m} + \frac{k}{2}q^2 \cdots\cdots ①$$

ここで $\frac{p^2}{2m}$ は $\boxed{T}$，$\frac{k}{2}q^2$ は $\boxed{U}$。

そして，この H には時刻 t が陽に含まれていないため，H は

$$H = E \text{ (一定)} \cdots\cdots ② \quad (E：全力学的エネルギー)$$

として保存されるので，①，②より位相空間 (qp 平面) におけるトランジェクトリーを表す次の楕円の方程式：

$$\frac{p^2}{2m} + \frac{k}{2}q^2 = E \ (= H) \quad \cdots\cdots ③$$

$$\frac{q^2}{\dfrac{2E}{k}} + \frac{p^2}{2mE} = 1 \cdots\cdots\cdots\cdots ③'$$

が導かれるのもいいね。

今回は，この楕円のトラジェクトリーを円に変換することにしよう。その際，トラジェクトリーを囲む図形の面積が重要な意味を持つことを前に示したので，この面積は保存させて，円のトラジェクトリーとなるような新たな変数 P, Q に変換してみよう。

③′ の楕円を表すトラジェクトリーにより囲まれる図形の面積を S とおくと，図1(ⅰ) より

$$S = \pi\sqrt{\frac{2E}{k}} \cdot \sqrt{2mE} = 2\pi E\sqrt{\frac{m}{k}} = \frac{2\pi}{\omega}E \cdots\cdots ④ \quad \left(\because \omega = \sqrt{\frac{k}{m}}\right)$$

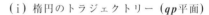

図1　正準変換 (トラジェクトリーを楕円から円へ変換)

(ⅰ) 楕円のトラジェクトリー (qp 平面)

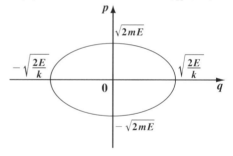

(ⅱ) 円のトラジェクトリー (QP 平面)

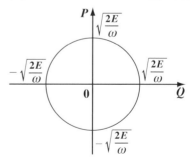

となる。よって，これと同じ面積をもつ円の半径を R とおくと，④より，

$\pi R^2 = \dfrac{2\pi}{\omega} E$ $\quad \therefore R^2 = \dfrac{2}{\omega} E$ ……⑤ となる。

ここで，図 1 (ⅱ) に示すように，そのトラジェクトリーが円となる新たな変数を Q，P とおくと，その円の方程式は⑤より，

$Q^2 + P^2 = \dfrac{2}{\omega} E$ ……⑥ となる。

ここで，Q と P により与えられる新たなハミルトニアン K は，H が陽に t を含んでいないため，$K = H$ であるので， ←[この証明は P183 〜 P185 参照]
⑥を書き変えて，

$K = \dfrac{\omega}{2} (Q^2 + P^2) = E$ (一定) ……⑦ となるんだね。

ここで，③と⑦を比較すると， [$\omega = \sqrt{\dfrac{k}{m}}$ より]

(ⅰ) $\dfrac{\omega}{2} Q^2 = \dfrac{k}{2} q^2$ より，$Q^2 = \dfrac{k}{\omega} q^2 = k\sqrt{\dfrac{m}{k}} q^2 = (mk)^{\frac{1}{2}} q^2$

$\quad \therefore Q = (mk)^{\frac{1}{4}} q$ ……⑧ ←[$q \to Q$ の変換公式]

(ⅱ) $\dfrac{\omega}{2} P^2 = \dfrac{p^2}{2m}$ より，$P^2 = \dfrac{1}{m\omega} p^2 = \dfrac{1}{m} \sqrt{\dfrac{m}{k}} p^2 = (mk)^{-\frac{1}{2}} p^2$

$\quad \therefore P = (mk)^{-\frac{1}{4}} p$ ……⑨ ←[$p \to P$ の変換公式]

の変換公式が得られる。

ここで，⑧，⑨より，逆に，今回の変数変換は，

「正準変数 q，p によるハミルトニアン $H = \dfrac{p^2}{2m} + \dfrac{k}{2} q^2$ ($= E$) ……①
に対して，$q = (mk)^{-\frac{1}{4}} Q$ ……⑧′，$p = (mk)^{\frac{1}{4}} P$ ……⑨′
の変換式によって，変数 Q，P に変換する。」と表現できるんだね。

では，これが正準変換となるためには，新たな変数 Q，P により決まる

新たなハミルトニアン $K = \dfrac{\omega}{2} (Q^2 + P^2)$ について，Q と P が正準方程式：

(ⅰ) $\dot{Q} = \dfrac{\partial K}{\partial P}$ ……($*1$) と (ⅱ) $\dot{P} = -\dfrac{\partial K}{\partial Q}$ ……($*2$)

をみたすことが必要なんだね。

（ⅰ）まず，⑧より，

$$\dot{Q} = \underbrace{(mk)^{\frac{1}{4}}}_{\boxed{\text{定数}}} \dot{q} = (mk)^{\frac{1}{4}} \underbrace{\frac{p}{m}}_{\boxed{\frac{\partial H}{\partial p} = \frac{p}{m}\ (\text{①より})}}$$

$$\begin{array}{ll} H = \dfrac{p^2}{2m} + \dfrac{k}{2}q^2 & \cdots\cdots ① \\[2mm] K = \dfrac{\omega}{2}(Q^2 + P^2) & \cdots\cdots ⑦ \\[2mm] Q = (mk)^{\frac{1}{4}}q & \cdots\cdots ⑧ \\[2mm] P = (mk)^{-\frac{1}{4}}p & \cdots\cdots ⑨ \end{array}$$

$$\therefore\ \dot{Q} = m^{-\frac{3}{4}}k^{\frac{1}{4}}p \ \cdots\cdots ⑩$$

$\boxed{\text{正準方程式}}$

次に，⑦より，

$$\frac{\partial K}{\partial P} = \omega P = \underbrace{\sqrt{\frac{k}{m}}}_{\sqrt{\frac{k}{m}}}\ \underbrace{(mk)^{-\frac{1}{4}}p}_{(mk)^{-\frac{1}{4}}p\ (\text{⑨より})}$$

$$\therefore\ \frac{\partial K}{\partial P} = m^{-\frac{3}{4}}k^{\frac{1}{4}}p \ \cdots\cdots ⑪$$

以上⑩，⑪より，$\dot{Q} = \dfrac{\partial K}{\partial P}$ $\cdots\cdots$（＊1）が成り立つ。

（ⅱ）まず，⑨より，

$$\dot{P} = \underbrace{(mk)^{-\frac{1}{4}}}_{\boxed{\text{定数}}} \dot{p} = (mk)^{-\frac{1}{4}} \cdot \underbrace{(-kq)}_{-\frac{\partial H}{\partial q} = -kq\ (\text{①より})}$$

$\boxed{\text{正準方程式}}$

$$\therefore\ \dot{P} = -m^{-\frac{1}{4}}k^{\frac{3}{4}}q \ \cdots\cdots ⑫$$

次に，⑦より，

$$-\frac{\partial K}{\partial Q} = -\omega Q = -\underbrace{\sqrt{\frac{k}{m}}}_{\sqrt{\frac{k}{m}}}\ \underbrace{(mk)^{\frac{1}{4}}q}_{(mk)^{\frac{1}{4}}q\ (\text{⑧より})}$$

$$\therefore\ -\frac{\partial K}{\partial Q} = -m^{-\frac{1}{4}}k^{\frac{3}{4}}q \ \cdots\cdots ⑬$$

以上⑫，⑬より，$\dot{P} = -\dfrac{\partial K}{\partial Q}$ $\cdots\cdots$（＊2）も成り立つことが分かった。

以上（ⅰ）（ⅱ）より，新たな変数 Q, P も（＊1），（＊2）の正準方程式をみたすことが分かった。以上より，正準変数 (q, p) → 正準変数 (Q, P) への変換なので，これは正準変換と言えるんだね。納得いった？

ここで,

$$\begin{cases} Q = (mk)^{\frac{1}{4}}\, q \quad \cdots\cdots ⑧ \\ P = (mk)^{-\frac{1}{4}}\, p \quad \cdots\cdots ⑨ \;\text{による} \end{cases}$$

変数 (q, p) → 変数 (Q, P) の変換をみると, 次元 (単位) から考えてみて, もはや Q が一般化座標, P が一般化運動量などとは呼べないことが明らかになったと思う。

以上で, 単振動の楕円のトラジェクトリーを円に正準変換させたけれど, さらにこの円のトラジェクトリーを直線に正準変換させることもできる！次の例題にチャレンジしてみよう。

例題 9　正準変数 (q, p) のハミルトニアン H が

$$H = \frac{\omega}{2}\,(q^2 + p^2) \;\cdots\cdots \text{(a)}\;(\omega : \text{角振動数}\,)\;\text{で与えられるとき},$$

$$\begin{cases} q = \sqrt{2P}\,\sin Q \;\cdots\cdots \text{(b)} \\ p = \sqrt{2P}\,\cos Q \;\cdots\cdots \text{(c)}\;\text{により}, \end{cases}$$

新たな変数 (Q, P) に変換されるものとする。このとき,

(1) Q と P のハミルトニアン K を求めよう。

(2) (Q, P) が正準変数であることを示して, この変換が正準変換であることを確認しよう。

(3) 位相空間 (Q, P) におけるこのトラジェクトリーを描いてみよう。

---

(1) 証明は後で示すけれど, H が陽に時刻 t の関数ではないので, (q, p) のハミルトニアン H と (Q, P) のハミルトニアン K は等しい。

これから, (a) に (b), (c) を代入したものが, 新たな変数 (Q, P) のハミルトニアン K になるんだね。よって,

$$K = \frac{\omega}{2}\,\{(\sqrt{2P}\,\sin Q)^2 + (\sqrt{2P}\,\cos Q)^2\} = \frac{\omega}{2}\cdot 2P\,\underline{(\sin^2 Q + \cos^2 Q)}_{①}$$

$$\therefore K = \omega P \;\cdots\cdots \text{(d)}\;\text{となる}。$$

(2) 次, 変数 Q と P が正準方程式:

$$\dot{Q} = \frac{\partial K}{\partial P} \;\cdots\cdots (*1)\quad\text{と}\quad \dot{P} = -\frac{\partial K}{\partial Q} \;\cdots\cdots (*2)\;\text{をみたすことを示せばいい}$$

んだね。

そのためにまず，(b)，(c) を，$Q = Q(q, p)$，$P = P(q, p)$ の形に書き変えよう。

$$\begin{cases} H = \dfrac{\omega}{2}\,(q^2 + p^2) & \cdots\cdots\text{(a)} \\[2mm] q = \sqrt{2P}\sin Q & \cdots\cdots\text{(b)} \\[2mm] p = \sqrt{2P}\cos Q & \cdots\cdots\text{(c)} \end{cases}$$

$$K = \omega P \qquad \cdots\cdots\text{(d)}$$

$$\begin{cases} \dot{Q} = \dfrac{\partial K}{\partial P} & \cdots\cdots(*1) \\[2mm] \dot{P} = -\dfrac{\partial K}{\partial Q} & \cdots\cdots(*2) \end{cases}$$

・(b)÷(c) より，

$$\frac{q}{p} = \frac{\sqrt{2P}\sin Q}{\sqrt{2P}\cos Q} = \tan Q$$

$$\therefore\ Q = \tan^{-1}\frac{q}{p}\ \cdots\cdots\text{(e)}\ \text{となる。}$$

・(b)^2 + (c)^2 より，

$$q^2 + p^2 = 2P\sin^2 Q + 2P\cos^2 Q = 2P\,(\sin^2 Q + \cos^2 Q) = 2P$$

$$\therefore\ P = \frac{1}{2}\,(q^2 + p^2)\ \cdots\cdots\text{(f)}\ \text{となる。}\quad \boxed{1}$$

これから，変数 P, Q が正準方程式 $(*1)$，$(*2)$ をみたすことを示そう。

(ⅰ)$(*1)$ について，

・(e) より，

【合成関数の微分】

【正準方程式】
$$\frac{\partial H}{\partial p} = \omega p \qquad -\frac{\partial H}{\partial q} = -\omega q$$

$$\dot{Q} = \frac{1}{1 + \left(\dfrac{q}{p}\right)^2} \cdot \frac{d}{dt}\left(\frac{q}{p}\right) = \frac{1}{1 + \dfrac{q^2}{p^2}} \cdot \frac{\dot{q}p - q\dot{p}}{p^2} = \frac{\dot{q}p - q\dot{p}}{p^2 + q^2}$$

【公式：$(\tan^{-1}x)' = \dfrac{1}{1+x^2}$】

$$\therefore\ \dot{Q} = \frac{\omega p^2 + \omega q^2}{p^2 + q^2} = \frac{\omega\,(p^2 + q^2)}{p^2 + q^2} = \omega\ \cdots\cdots\text{(g)}\ \text{となる。}$$

・(d) より，これは簡単に

$$\frac{\partial K}{\partial P} = \omega\ \cdots\cdots\text{(h)}\ \text{となるね。}$$

$$\therefore\ \text{(g)，(h) より，}\ \dot{Q} = \frac{\partial K}{\partial P}\ \cdots\cdots(*1)\ \text{は成り立つ。}$$

> $Q = \tan^{-1}\dfrac{q}{p}\ \cdots\text{(e)}$ と $P = \dfrac{1}{2}(q^2 + p^2)\ \cdots\text{(f)}$ から明らかに，Q や P はもはや一般化座標や一般化運動量といった物理的な意味は失われて，単なる数学的な正準変数になっていることが分かると思う。

(ii) (* 2) について，

・(f) より，

$$\dot{P} = q \cdot \dot{\overline{q}} + p \cdot \dot{\overline{p}} = \omega q p - \omega q p = 0 \qquad \therefore \dot{P} = 0 \ \cdots\cdots \text{(i)}$$

$$\boxed{\frac{\partial H}{\partial p} = \omega p} \quad \boxed{-\frac{\partial H}{\partial q} = -\omega q} \quad \longleftarrow \boxed{q, \ p \ \text{の正準方程式}}$$

・(d) より，K は Q の関数ではないので，明らかに，

$$-\frac{\partial K}{\partial Q} = 0 \ \cdots\cdots \text{(j)} \ \text{となる。}$$

$\therefore$ (i)，(j) より，$\dot{P} = -\dfrac{\partial K}{\partial Q}$ $\cdots\cdots$ (* 2) が成り立つことも分かった。

以上 (i)，(ii) より，新たな変数 (Q, P) も正準変数であることが分かっ
たので，変数 (q, p) → 変数 (Q, P) への変換は正準変換と言えるんだね。

(3) それでは，位相空間 (Q, P) におけるトラジェクトリーも求めておこう。

まず，$\dot{Q} = \omega$ $\cdots\cdots$ (g) より，この両辺を t で積分して，

$Q = \omega t + C_1$ $\cdots\cdots$ (k) （C_1：任意定数）となる。

次に，$\dot{P} = 0$ $\cdots\cdots$ (i) より，

この両辺を t で積分して

$\therefore P = C_2$ $\cdots\cdots$ (l) （C_2：任意定数）

となるんだね。

よって，位相空間 (Q, P) における

トラジェクトリーは右図のような，

Q 軸に平行な直線になる。

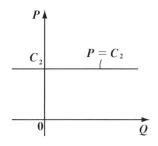

このように，初めは単振動であったものが，正準変換を繰り返すことによ
り位相空間における楕円，円，そして直線のトラジェクトリーを描く運動
へと単純化させていけることが分かったと思う。

それではさらに，単振動（調和振動）の正準変数の正準変換の例題を練
習しておこう。

例題 10　正準変数 (q, p) に対して，ハミルトニアン H が

$$H = \frac{p^2}{2m} + \frac{k}{2} q^2 \cdots\cdots ① \quad (m：質量, \ k：バネ定数)$$

で与えられるとき，次の各変数変換が正準変換であることを
示そう。

(1) $P = p, \ Q = q - p$

(2) $q = Q + \log P, \ p = P$ 　　　($\log$ は自然対数を表す)

(1) $P = p \cdots ②$, 　$Q = q - p \cdots ③$ より，

$p = P \cdots ②'$, 　$q = Q + p = Q + P \cdots ③'$ となる。

よって，変数 (Q, P) のハミルトニアン K は，①に②′, ③′を代入して

$K = \dfrac{P^2}{2m} + \dfrac{k}{2}(Q + P)^2 \cdots\cdots ④$ と求まる。

この変数変換が正準変換であるための条件は，Q, P が正準方程式：

(i) $\dot{Q} = \dfrac{\partial K}{\partial P} \cdots\cdots (*1)$, 　(ii) $\dot{P} = -\dfrac{\partial K}{\partial Q} \cdots\cdots (*2)$

をみたすことなんだね。

(i) まず，$(*1)$ について，

③より，$\dot{Q} = \underbrace{\dot{q}}_{\boxed{\frac{\partial H}{\partial p} = \frac{p}{m}}} - \underbrace{\dot{p}}_{\boxed{-\frac{\partial H}{\partial q} = -kq}} = \dfrac{p}{m} + kq$ 　←$\boxed{q, p\ の正準方程式}$

次に，④より，

$\dfrac{\partial K}{\partial P} = \dfrac{\overset{\boxed{p}}{P}}{m} + k\underset{\boxed{q}}{(Q + P)} = \dfrac{p}{m} + kq$ 　　($②', ③'$ より)

$\therefore \dot{Q} = \dfrac{\partial K}{\partial P} \cdots\cdots (*1)$ は成り立つ。

(ii) 次，$(*2)$ について，

まず，②より，$\dot{P} = \underset{\boxed{-\frac{\partial H}{\partial q} = -kq}}{\dot{p}} = -kq$

次に，④より，

$$-\frac{\partial K}{\partial Q} = -k\underbrace{(Q+P)}_{q} = -kq \quad (③'より)$$

$$\therefore \dot{P} = -\frac{\partial K}{\partial Q} \cdots\cdots(*2)\text{ も成り立つ。}$$

以上（ i ），（ ii ）より，変数 (P, Q) も正準変数であることが分かったので，この $(q, p) \to (Q, P)$ の変換は正準変換である。

(2) $q = Q + \log P \cdots ⑤$, $p = P \cdots ⑥$ より， ← $\boxed{q = q(Q, P),\ p = p(Q, P)\text{ の形}}$

$Q = q - \log p \cdots ⑤'$, $P = p \cdots ⑥'$ となる。 ← $\boxed{Q = Q(q, p),\ P = P(q, p)\text{ の形}}$

よって，変数 (Q, P) のハミルトニアン K は，①に⑤，⑥を代入して，

$$K = \frac{P^2}{2m} + \frac{k}{2}(Q + \log P)^2 \cdots\cdots⑦\text{ と求まる。}$$

この変数変換が正準変換であるための条件は，Q, P が正準方程式 $(*1)$ と $(*2)$ をみたすことなんだね。

（ i ）$(*1)$ について，

まず，⑤'より，

$$\boxed{\frac{\partial H}{\partial p} = \frac{p}{m}} \quad \boxed{-\frac{\partial H}{\partial q} = -kq} \leftarrow \boxed{q,\ p\text{ の正準方程式}}$$

$$\dot{Q} = \boxed{\dot{q}} - \frac{\boxed{\dot{p}}}{p} = \frac{p}{m} + \frac{kq}{p}$$

次に，⑦より，

$$\frac{\partial K}{\partial P} = \frac{\boxed{P}^{\boxed{p}}}{m} + k\underbrace{(Q + \log P)}_{q} \cdot \frac{1}{\boxed{P}_{\boxed{p}}} = \frac{p}{m} + \frac{kq}{p} \quad (⑥, ⑤\text{ より})$$

$$\therefore \dot{Q} = \frac{\partial K}{\partial P} \cdots\cdots(*1)\text{ は成り立つ。}$$

（ ii ）$(*2)$ について，

まず，⑥'より，$\dot{P} = \dot{p} = -kq$

$$\boxed{-\frac{\partial H}{\partial q} = -kq} \leftarrow \boxed{\text{正準方程式}}$$

次に，⑦より，

$$-\frac{\partial K}{\partial Q} = -k\underbrace{(Q+\log P)}_{q\ (⑤より)} = -kq$$

$$\therefore\ \dot{P} = -\frac{\partial K}{\partial Q}\ \cdots\cdots (*2)\ \text{も成り立つ。}$$

以上 (i)，(ii) より，新たな変数 (Q, P) も正準変数であることが示せたので，この $(q, p) \rightarrow (Q, P)$ の変換は正準変換である。大丈夫？

ン？これまでの変換がすべて正準変換だったので，正準変換でない変数変換はあるのかって？今回はたまたま典型的な正準変換の例を出しただけで，正準変換でない変数変換は無数に存在する。たとえば，

単振動のハミルトニアン $H = \underbrace{\frac{p^2}{2m}}_{P^2} + \underbrace{\frac{k}{2}\,q^2}_{Q^2}$ の変数 (q, p) に対して，

新たな変数を $Q = \sqrt{\frac{k}{2}}\,q$，$P = \frac{p}{\sqrt{2m}}$ で定義すると，
(Q, P) のハミルトニアンは，$K = P^2 + Q^2$ となるが，このとき (Q, P) は

正準方程式 $\dot{Q} = \frac{\partial K}{\partial P}\ \cdots\cdots (*1)$ と $\dot{P} = -\frac{\partial K}{\partial Q}\ \cdots\cdots (*2)$ をみたさない。
御自身で確認されるといい。

このように，正準変換とは，一般化座標や一般化運動量といった変数の物理的な意味は失われてしまうんだけれど，運動の本質 (ハミルトニアンを持ち，同形の正準方程式をみたすということ) は保持しつつ，運動を様々な形 (位相空間内の超曲面上のトラジェクトリー) で分析するための変数変換と考えてくれたらいいんだね。

したがって，この正準変換は，代数学的な "**群**"$(group)$ を形成することになる。これについてはここでは詳しく解説しないが，これを "**正準変換群**" と呼ぶことは覚えておこう。

● 母関数 W により，正準変換を作れる！

これまで個々の例として，正準変換を示してきたけれど，

ここでは "母関数" $(generator)$ W を使って体系的に正準変換を生成する

ラグランジアンの不定性の原因だったね。**(P73)**

仕組について解説しよう。

まず，ラグランジアン $L(\{q_i\}, \{\dot{q_i}\}, t)$ を使った最小作用の原理を下に示

す。　ここでは，L は時刻 t を陽に含むものとする。

$$\delta I = \delta \int_{t_1}^{t_2} L(\{q_i\}, \{\dot{q_i}\}, t)dt = 0 \cdots\cdots ①$$

これから，$\{q_i\}$ と $\{p_i\}$ の
正準方程式が導けた。 **(P148)**

ここで，ハミルトニアン H は $H = \sum_{i=1}^{f} p_i \dot{q_i} - L$ で表されるので，これから

$L(\{q_i\}, \{\dot{q_i}\}, t) = \sum_{i=1}^{f} p_i \dot{q_i} - H(\{q_i\}, \{p_i\}, t) \cdots\cdots ②$ となる。

ここでは，H は時刻 t を陽に含む関数とする。

②を①に代入して，

$$\delta I = \delta \int_{t_1}^{t_2} [\sum_{i=1}^{f} p_i \dot{q_i} - H(\{q_i\}, \{p_i\}, t)]dt = 0 \cdots\cdots ③$$

次に，新たな変数 $\{Q_i\}$，$\{P_i\}$ についても，新たな変数のラグランジアン

を $L'(\{Q_i\}, \{\dot{Q_i}\}, t)$ とおき，

$L(\{q_i\}, \{\dot{q_i}\}, t) = L'(\{Q_i\}, \{\dot{Q_i}\}, t) \cdots\cdots ④$ とする。

$q_i = q_i(\{Q_j\})$ とその時間微分 $\dot{q_i}$ を L に代入して，$\{Q_i\}$ と $\{\dot{Q_i}\}$ の
式に書き変えたものを L' で表しているんだね。

④より，ラグランジアン L' の不定性も考慮に入れて，母関数の時間微分

$\dot{W}$ を加えると，次式が成り立つのも大丈夫だね。

$$\int_{t_1}^{t_2} L(\{q_i\}, \{\dot{q_i}\}, t) dt = \int_{t_1}^{t_2} [L'(\{Q_i\}, \{\dot{Q_i}\}, t) + \frac{dW}{dt}] dt \cdots\cdots ⑤$$

$\sum_{i=1}^{f} p_i \dot{q_i} - H(\{q_i\}, \{p_i\}, t)$ (②より)　　$\sum P_i \dot{Q_i} - K(\{Q_i\}, \{P_i\}, t)$

（ただし，W は全微分可能な関数とする。）

この両辺の δ を取れば，①より，$\{Q_i\}$，$\{P_i\}$ についても最小作用の原理が成り立つので，$\{Q_i\}$ と $\{P_i\}$ も正準変数になる。

ここで，$\{P_i\}$ と $\{Q_i\}$ のハミルトニアンを K とおくと，

$L'(\{Q_i\}, \{\dot{Q_i}\}, t) = \sum_{i=1}^{f} P_i \dot{Q_i} - K(\{Q_i\}, \{P_i\}, t) \cdots\cdots ⑥$

より，⑤に②と⑥を代入して，

$$\int_{t_1}^{t_2}\left(\sum_{i=1}^{f}p_i\,\dot{q}_i-H\right)dt=\int_{t_1}^{t_2}\left(\sum_{i=1}^{f}P_i\,\dot{Q}_i-K+\frac{dW}{dt}\right)dt \quad\cdots\cdots ⑦ \text{となる。}$$

ここで，母関数 W について，これは時刻 t を陽に含むものとしているけれど，それ以外の変数がどうなっているのか？これが重要なポイントになるんだね。結論を先にいうと，旧変数 $\{q_i\}$，$\{p_i\}$ から 1 組，また新変数 $\{Q_i\}$，$\{P_i\}$ から 1 組，独立変数としてとればいい。つまり，W は

(i) $W(\{q_i\},\{Q_i\},t)$ ，または (ii) $W(\{q_i\},\{P_i\},t)$ ，または

(iii) $W(\{p_i\},\{Q_i\},t)$ ，または (iv) $W(\{p_i\},\{P_i\},t)$ 　となるんだね。

そして，⑦式を見ると，この場合母関数が (i) の $W=W(\{q_i\},\{Q_i\},t)$ の形の関数であれば，式の変形上都合がいいことが，次の $\frac{dW}{dt}$ の計算から分かるはずだ。すなわち，$W=W(\{q_i\},\{Q_i\},t)$ とすると，

$$\underline{\frac{dW}{dt}=\frac{\partial W}{\partial t}+\sum_{i=1}^{f}\left(\frac{\partial W}{\partial q_i}\dot{q}_i+\frac{\partial W}{\partial Q_i}\dot{Q}_i\right)} \quad\cdots\cdots ⑧ \text{となるからだ。}$$

ここで，⑦には $\dot{W}$ も考慮に入れているので，⑦の両辺の被積分関数同士を等しいとおける。よって，

$$\sum_{i=1}^{f}p_i\,\dot{q}_i-H=\sum_{i=1}^{f}P_i\dot{Q}_i-K+\underline{\frac{dW}{dt}} \quad\cdots\cdots ⑨ \text{とおける。}$$

この⑨に⑧を代入して，

$$\sum_{i=1}^{f}p_i\,\dot{q}_i-H=\sum_{i=1}^{f}P_i\dot{Q}_i-K+\underbrace{\frac{\partial W}{\partial t}+\sum_{i=1}^{f}\frac{\partial W}{\partial q_i}\dot{q}_i+\sum_{i=1}^{f}\frac{\partial W}{\partial Q_i}\dot{Q}_i}_{\boxed{\dot{W}\text{ のこと}}}$$

これを $\dot{q}_i$ の項と $\dot{Q}_i$ の項とそれ以外の項にまとめると，

$$\sum_{i=1}^{f}\left(p_i-\frac{\partial W}{\partial q_i}\right)\dot{q}_i-\sum_{i=1}^{f}\left(P_i+\frac{\partial W}{\partial Q_i}\right)\dot{Q}_i-\left(H-K+\frac{\partial W}{\partial t}\right)=0 \text{ となる。}$$

$\boxed{\text{この形にするために，今回は } W=W(\{q_i\},\{Q_i\},t) \text{ の形である必要があったんだね。}}$

この両辺に dt をかけると，

$$\sum_{i=1}^{f}\underbrace{\left(p_i-\frac{\partial W}{\partial q_i}\right)}_{\boxed{0}}\delta q_i-\sum_{i=1}^{f}\underbrace{\left(P_i+\frac{\partial W}{\partial Q_i}\right)}_{\boxed{0}}\delta Q_i-\underbrace{\left(H-K+\frac{\partial W}{\partial t}\right)}_{\boxed{0}}dt=0 \quad\cdots\cdots ⑩$$

となる。ここで，最小作用の原理より，δq_i と δQ_i $(i = 1, 2, \cdots, f)$ は両端点 (始点と終点) では 0 だけれど，その間の時間の全区間に渡って微小ではあるけれど任意に変化し得る。よって，⑩が恒等的に成り立つための条件として，次式が成り立つ。

$$\begin{cases} p_i = \dfrac{\partial W}{\partial q_i} \quad \cdots\cdots\cdots\cdots (\ast\mathrm{f}_0) \\[2mm] P_i = -\dfrac{\partial W}{\partial Q_i} \quad \cdots\cdots (\ast\mathrm{g}_0) \\[2mm] K = H + \dfrac{\partial W}{\partial t} \quad \cdots\cdots (\ast\mathrm{h}_0) \end{cases}$$

$\boxed{0}$ ← $\boxed{W \text{すなわち } L, L' \text{や } H, K \text{が } t \text{を陽に含まないとき}}$

ここで，W，すなわち L，L' や H，K が時刻 t を陽に含まないとき，

$\dfrac{\partial W}{\partial t} = 0$ とおけるので，$(\ast\mathrm{h}_0)$ は

$\boxed{\text{これまでの例題の解答では，これを使っていたんだね。}}$

$H = K \cdots\cdots (\ast\mathrm{h}_0)'$ となるんだね。

それでは，これからは，W などの関数が t を陽に含まない場合について，解説することしよう。

　公式 $(\ast\mathrm{f}_0)$, $(\ast\mathrm{g}_0)$ から言えることは，母関数 $W(\{q_i\}, \{Q_i\})$ が与えられたならば，これから $\{p_i\}$, $\{P_i\}$ が求められるということであり，この形であれば自動的に，$(\{q_i\}, \{p_i\}) \to (\{Q_i\}, \{P_i\})$ が正準変換であることが言えるんだね。

　以上の議論は，母関数が (i) $W(\{q_i\}, \{Q_i\})$ で表されるときのものだっ

$\boxed{\text{旧変数}}$ $\boxed{\text{新変数}}$

たので，(ii) $W(\{q_i\}, \{P_i\})$，(iii) $W(\{p_i\}, \{Q_i\})$，(iv) $W(\{p_i\}, \{P_i\})$ の各場合についてはどうなるか？についても，これから解説しよう。

$\boxed{\begin{array}{l} \text{もちろん，} W \text{ は } W(\{q_i\}, \{p_i\}), \; W(\{Q_i\}, \{P_i\}) \text{とも表せるが，正準変換を} \\ \qquad\qquad \boxed{\text{旧関数}} \qquad \boxed{\text{新関数}} \\ \text{生み出す母関数としては，上記の (i) ～ (iv) の 4 つの形になるので覚えておこう。} \\ \text{その理由は，さらにこの後の式変形の都合から明らかになるはずだ。} \end{array}}$

まず，元になる式は，次の⑨式なんだね。

$$\sum_{i=1}^{f} p_i \dot{q}_i - H = \sum_{i=1}^{f} P_i \dot{Q}_i - K + \frac{dW}{dt} \quad \cdots\cdots ⑨$$

(ii) $W(\{q_i\}, \{P_i\})$ の場合，

　　この時間微分 $\dot{W}$ は，$\{\dot{q}_i\}$ と $\{\dot{P}_i\}$ の式になるので，⑨の右辺の $\underline{\underline{P_i \dot{Q}_i}}$ を次のように変形すればいいんだね。

$$\frac{d}{dt}(P_i Q_i) = \dot{P}_i Q_i + \underline{\underline{P_i \dot{Q}_i}} \quad \text{より，}$$

$$\underline{\underline{P_i \dot{Q}_i}} = \frac{d}{dt}(P_i Q_i) - Q_i \dot{P}_i \quad \cdots\cdots (a) \text{ となる。}$$

(a) を⑨に代入して，

$$\sum_{i=1}^{f} p_i \dot{q}_i - H = \sum_{i=1}^{f} \left[\underline{\frac{d}{dt}(P_i Q_i) - Q_i \dot{P}_i} \right] - K + \frac{dW}{dt}$$

$$\sum_{i=1}^{f} p_i \dot{q}_i - H = - \sum_{i=1}^{f} Q_i \dot{P}_i - K + \frac{d}{dt}\left(W + \underline{\sum_{i=1}^{f} P_i Q_i} \right)$$

> これを新たに，$\{q_i\}$ と $\{P_i\}$ の母関数 $W(\{q_i\}, \{P_i\})$ にする。

ここで，$W + \sum_{i=1}^{f} P_i Q_i$ を新たに母関数 $W(\{q_i\}, \{P_i\})$ とおくと，

> これを $\{q_i\}$ と $\{P_i\}$ の式に書き変える。

$$\sum_{i=1}^{f} p_i \dot{q}_i - H = - \sum_{i=1}^{f} Q_i \dot{P}_i - K + \frac{dW}{dt} \quad \cdots\cdots ⑨' \text{ となる。}$$

ここで，$\dfrac{dW}{dt} = \sum_{i=1}^{f} \dfrac{\partial W}{\partial q_i} \dot{q}_i + \sum_{i=1}^{f} \dfrac{\partial W}{\partial P_i} \dot{P}_i$ より，

> $\dot{q}_i$ と $\dot{P}_i$ の式にすることがポイント！

これを⑨′に代入してまとめると，

$$\sum_{i=1}^{f} p_i \dot{q}_i - H = - \sum_{i=1}^{f} Q_i \dot{P}_i - K + \sum_{i=1}^{f} \frac{\partial W}{\partial q_i} \dot{q}_i + \sum_{i=1}^{f} \frac{\partial W}{\partial P_i} \dot{P}_i$$

$$\sum_{i=1}^{f} \left(p_i - \frac{\partial W}{\partial q_i} \right) \dot{q}_i + \sum_{i=1}^{f} \left(Q_i - \frac{\partial W}{\partial P_i} \right) \dot{P}_i - (H - K) = 0$$

この両辺に dt をかけると，

$$\sum_{i=1}^{f} \underbrace{\left(p_i - \frac{\partial W}{\partial q_i} \right)}_{0} \delta q_i + \sum_{i=1}^{f} \underbrace{\left(Q_i - \frac{\partial W}{\partial P_i} \right)}_{0} \delta P_i - \underbrace{(H - K)}_{0} dt = 0$$

よって，同様にこの式が恒等的に成り立つための条件として，次式が成り立つ。

$$p_i = \frac{\partial W}{\partial q_i} \quad \cdots\cdots (*f_0)', \quad Q_i = \frac{\partial W}{\partial P_i} \quad \cdots\cdots (*g_0)', \quad H = K \quad \cdots\cdots (*h_0)'$$

(ⅲ) $W(\{p_i\}, \{Q_i\})$ の場合，

この時間微分 $\dot{W}$ は，$\{\dot{p_i}\}$ と $\{\dot{Q_i}\}$ の式となるので，今度は⑨の左辺の $\underline{p_i\,\dot{q_i}}$ を次のように変形すればいい。

$\dfrac{d}{dt}(p_i\,q_i) = \dot{p_i}\,q_i + \underline{p_i\,\dot{q_i}}$ より，

$\underline{p_i\,\dot{q_i}} = \dfrac{d}{dt}(p_i\,q_i) - q_i\,\dot{p_i}$ ……(b) となる。

(b)を⑨に代入して，

$$\sum_{i=1}^{f}\left[\underline{\dfrac{d}{dt}(p_i\,q_i)} - q_i\,\dot{p_i}\right] - H = \sum_{i=1}^{f} P_i\,\dot{Q_i} - K + \dfrac{dW}{dt}$$

$$-\sum_{i=1}^{f} q_i\,\dot{p_i} - H = \sum_{i=1}^{f} P_i\,\dot{Q_i} - K + \dfrac{d}{dt}\underline{(W - \sum_{i=1}^{f} p_i\,q_i)}$$

これを新たに，$\{p_i\}$ と $\{Q_i\}$ の母関数 $W(\{p_i\}, \{Q_i\})$ にする。

ここで，$W - \sum_{i=1}^{f} p_i\,q_i$ を新たに母関数 $W(\{p_i\}, \{Q_i\})$ とおくと，

これを $\{p_i\}$ と $\{Q_i\}$ の式に書き変える。

$$-\sum_{i=1}^{f} q_i\,\dot{p_i} - H = \sum_{i=1}^{f} P_i\,\dot{Q_i} - K + \dfrac{dW}{dt}\ \cdots\cdots ⑨''\ となる。$$

ここで，$\dfrac{dW}{dt} = \sum_{i=1}^{f} \dfrac{\partial W}{\partial p_i}\,\dot{p_i} + \sum_{i=1}^{f} \dfrac{\partial W}{\partial Q_i}\,\dot{Q_i}$ より，

$\dot{p_i}$ と $\dot{Q_i}$ の式にすることがポイント！

これを代入してまとめると，

$$-\sum_{i=1}^{f} q_i\,\dot{p_i} - H = \sum_{i=1}^{f} P_i\,\dot{Q_i} - K + \sum_{i=1}^{f} \dfrac{\partial W}{\partial p_i}\,\dot{p_i} + \sum_{i=1}^{f} \dfrac{\partial W}{\partial Q_i}\,\dot{Q_i}$$

$$-\sum_{i=1}^{f}\underbrace{\left(q_i + \dfrac{\partial W}{\partial p_i}\right)}_{\boxed{0}}\dot{p_i} - \sum_{i=1}^{f}\underbrace{\left(P_i + \dfrac{\partial W}{\partial Q_i}\right)}_{\boxed{0}}\dot{Q_i} - \underbrace{(H - K)}_{\boxed{0}} = 0$$

よって，上式が恒等的に成り立つための条件は，同様に，

$$q_i = -\dfrac{\partial W}{\partial p_i}\ \cdots\cdots(*f_0)'',\quad P_i = -\dfrac{\partial W}{\partial Q_i}\ \cdots\cdots(*g_0)'',\quad H = K\ \cdots\cdots(*h_0)'$$

であることが導けるんだね。要領がつかめてきたと思う。

(iv) $W(\{p_i\}, \{P_i\})$ の場合,

この時間微分 $\dot{W}$ は, $\{\dot{p}_i\}$ と $\{\dot{P}_i\}$

$$\sum_{i=1}^{f} p_i \dot{q}_i - H = \sum_{i=1}^{f} P_i \dot{Q}_i - K + \frac{dW}{dt} \quad \cdots\cdots \text{⑨}$$

の式となるため, ⑨の $\underline{P_i \dot{Q}_i}$ と

$\underline{p_i \dot{q}_i}$ を次のように変形すればいい。

$\dfrac{d}{dt}(P_i Q_i) = \dot{P}_i Q_i + \underline{P_i \dot{Q}_i}$ より,

$\underline{P_i \dot{Q}_i} = \underline{\dfrac{d}{dt}(P_i Q_i) - Q_i \dot{P}_i}$ $\cdots\cdots$ (c) となる。

$\dfrac{d}{dt}(p_i q_i) = \dot{p}_i q_i + \underwave{p_i \dot{q}_i}$ より,

$\underwave{p_i \dot{q}_i} = \underwave{\dfrac{d}{dt}(p_i q_i) - q_i \dot{p}_i}$ $\cdots\cdots$ (d) となる。

以上 (c), (d) を⑨に代入して,

$$\sum_{i=1}^{f}\left[\underwave{\frac{d}{dt}(p_i q_i) - q_i \dot{p}_i}\right] - H = \sum_{i=1}^{f}\left[\underline{\frac{d}{dt}(P_i Q_i) - Q_i \dot{P}_i}\right] - K + \frac{dW}{dt}$$

$$-\sum_{i=1}^{f} q_i \dot{p}_i - H = -\sum_{i=1}^{f} Q_i \dot{P}_i - K + \frac{d}{dt}\underline{\left(W - \sum_{i=1}^{f} p_i q_i + \sum_{i=1}^{f} P_i Q_i\right)}$$

これを新たに, $\{p_i\}$ と $\{P_i\}$ の母関数 $W(\{p_i\}, \{P_i\})$ にする。

ここで, $W - \sum_{i=1}^{f} p_i q_i + \sum_{i=1}^{f} P_i Q_i$ を新たに母関数 $W(\{p_i\}, \{P_i\})$ とおくと,

これを $\{p_i\}$ と $\{P_i\}$ の式に書き変える。

$-\sum_{i=1}^{f} q_i \dot{p}_i - H = -\sum_{i=1}^{f} Q_i \dot{P}_i - K + \frac{dW}{dt}$ $\cdots\cdots$ ⑨‴ となる。

ここで, $\underline{\dfrac{dW}{dt} = \sum_{i=1}^{f} \dfrac{\partial W}{\partial p_i} \dot{p}_i + \sum_{i=1}^{f} \dfrac{\partial W}{\partial P_i} \dot{P}_i}$ より,

これを代入してまとめると,

$$-\sum_{i=1}^{f} q_i \dot{p}_i - H = -\sum_{i=1}^{f} Q_i \dot{P}_i - K + \sum_{i=1}^{f} \frac{\partial W}{\partial p_i} \dot{p}_i + \sum_{i=1}^{f} \frac{\partial W}{\partial P_i} \dot{P}_i$$

$$-\sum_{i=1}^{f}\left(q_i + \frac{\partial W}{\partial p_i}\right)\dot{p}_i + \sum_{i=1}^{f}\left(Q_i - \frac{\partial W}{\partial P_i}\right)\dot{P}_i - \underline{(H - K)} = 0$$

⓪　　　　　　　⓪　　　　　　⓪

188

よって，この式が恒等的に成り立つための条件として，

$$q_i = -\frac{\partial W}{\partial p_i} \;\cdots\cdots (*\mathrm{f}_0)''', \quad Q_i = \frac{\partial W}{\partial P_i} \;\cdots\cdots (*\mathrm{g}_0)''', \quad H = K \;\cdots\cdots (*\mathrm{h}_0)'$$

が成り立つことも導けた。大丈夫だった？

それでは，以上の結果を基本事項として，以下にまとめておこう。

■ 母関数 W による正準変換

母関数 W が時刻 t を陽に含まないとき，

$H = K \cdots\cdots (*\mathrm{h}_0)'$ が成り立つ。$(\,H(\{q_i\}, \{p_i\}),\; K(\{Q_i\}, \{P_i\})\,)$

（ i ）$W(\{q_i\}, \{Q_i\})$ の場合，

$$p_i = \frac{\partial W}{\partial q_i} \quad\cdots\cdots (*\mathrm{f}_0), \quad P_i = -\frac{\partial W}{\partial Q_i} \quad\cdots\cdots (*\mathrm{g}_0)$$

（ ii ）$W(\{q_i\}, \{P_i\})$ の場合，

$$p_i = \frac{\partial W}{\partial q_i} \quad\cdots\cdots (*\mathrm{f}_0)', \quad Q_i = \frac{\partial W}{\partial P_i} \quad\cdots\cdots (*\mathrm{g}_0)'$$

（iii）$W(\{p_i\}, \{Q_i\})$ の場合，

$$q_i = -\frac{\partial W}{\partial p_i} \;\cdots\cdots (*\mathrm{f}_0)'', \quad P_i = -\frac{\partial W}{\partial Q_i} \;\cdots\cdots (*\mathrm{g}_0)''$$

（iv）$W(\{p_i\}, \{P_i\})$ の場合，

$$q_i = -\frac{\partial W}{\partial p_i} \;\cdots\cdots (*\mathrm{f}_0)''', \quad Q_i = \frac{\partial W}{\partial P_i} \quad\cdots\cdots (*\mathrm{g}_0)'''$$

● 母関数による正準変換の具体例を示そう！

それではこれから，母関数 W により生成される正準変換の具体例について示そう。

まず初めに，単振動のトラジェクトリーを楕円から円に変換した後，さらに，図 2 に示すように，その円から直線に変える正準変換について，

図 2 母関数 W による正準変換

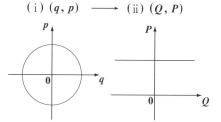

（ i ）(q, p) $\longrightarrow$ （ ii ）(Q, P)

例題 **9（P177）** で示した。そのときの変換
公式をもう **1** 度ここで示すと，

$$\begin{cases} q = \sqrt{2P}\,\sin Q & \cdots\cdots ① \\ p = \sqrt{2P}\,\cos Q & \cdots\cdots ② \end{cases} \quad \text{だった。}$$

（ⅰ）$W(\{q_i\}, \{Q_i\})$ の場合
$$\begin{cases} p_i = \dfrac{\partial W}{\partial q_i} & \cdots\cdots (*\mathrm{f}_0) \\ P_i = -\dfrac{\partial W}{\partial Q_i} & \cdots\cdots (*\mathrm{g}_0) \end{cases}$$

(q,p) のハミルトニアン H は，$H = \dfrac{\omega}{2}(p^2 + q^2)$ であり，
(Q,P) のハミルトニアン K は，$K = \omega P$ であったんだね。

実は，これは次の母関数 $W(q, Q)$ で生成される正準変換だったんだ。

$$W(q, Q) = \frac{1}{2}q^2 \cot Q \quad \cdots\cdots ③$$

三角関数の公式
$$\cot x = \frac{1}{\tan x} = \frac{\cos x}{\sin x}$$

そして，この③の母関数による正準変換は，実は，
"ポアンカレ変換" と呼ばれる有名な変換だったんだ。

それでは，この③から，実際に①，②を導いてみよう。この W は，
（ⅰ）$W(q, Q)$ の形なので，変換公式 $(*\mathrm{f}_0)$ と $(*\mathrm{g}_0)$ を使えばいいんだね。
・まず，$(*\mathrm{f}_0)$ より，

$$p = \frac{\partial W}{\partial q} = \frac{\partial}{\partial q}\left(\frac{1}{2}q^2 \cot Q\right) = q\cot Q$$

定数扱い

$$\therefore p = q\,\frac{\cos Q}{\sin Q} \quad \cdots\cdots ④ \text{となる。}$$

・次に，$(*\mathrm{g}_0)$ より，

$$P = -\frac{\partial W}{\partial Q} = -\frac{\partial}{\partial Q}\left(\frac{1}{2}q^2 \boxed{\frac{\cos Q}{\sin Q}}\right)$$

$\cot Q$ のこと

$$\left(\frac{分子}{分母}\right)' = \frac{(分子)'分母 - 分子(分母)'}{(分母)^2}$$

定数扱い

$$= -\frac{q^2}{2}\cdot\frac{-\sin Q\cdot\sin Q - \cos Q\cdot\cos Q}{\sin^2 Q}$$

$$= \frac{q^2}{2}\cdot\frac{\boxed{\sin^2 Q + \cos^2 Q}}{\sin^2 Q}$$

①

$$\therefore P = \frac{q^2}{2\sin^2 Q} \quad \cdots\cdots ⑤$$

⑤より，$q^2 = 2P \sin^2 Q$ となるので，両辺の正の平方根をとって，

$q = \sqrt{2P} \sin Q$ ……① が導けた。

次に，①を④に代入して，

$p = \sqrt{2P} \sin Q \cdot \dfrac{\cos Q}{\sin Q} = \sqrt{2P} \cos Q$ ……② も導けるんだね。

このように，①，②が母関数 W から導かれたものであることが分かって

いれば，実は例題 **9** のように $\dot{Q} = \dfrac{\partial K}{\partial P}$ や $\dot{P} = -\dfrac{\partial K}{\partial Q}$ が成り立つことを示さ

なくても，$(q, p) \to (Q, P)$ の変換は正準変換である，と言えるんだね。

では次，例題 **10 (P180)** の **(2)** で示した変換：

$$\begin{cases} q = Q + \log P & \cdots\cdots (a) \\ p = P & \cdots\cdots\cdots\cdots\cdots (b) \end{cases}$$

も，次の母関数 $W(q, Q)$ による正準変換と言える。

$W(q, Q) = e^{q-Q}$ ……(c)

これも，（ⅰ）$W(q, Q)$ の型の母関数なので，公式（＊f_0）と（＊g_0）を使えば

(a)，(b) の変換式が導ける。早速やってみよう。

・まず，（＊f_0）より，

$$p = \frac{\partial W}{\partial q} = \frac{\partial}{\partial q}(e^{q-Q}) = \frac{\partial}{\partial q}(e^q \cdot \underbrace{e^{-Q}}_{\text{定数扱い}}) = e^q \cdot e^{-Q}$$

∴ $p = e^{q-Q}$ ……(d) となる。

・次に，（＊g_0）より，

$$P = -\frac{\partial W}{\partial Q} = -\frac{\partial}{\partial Q}(e^q \cdot \underbrace{e^{-Q}}_{\text{定数扱い}}) = -e^q \cdot (-e^{-Q})$$

∴ $P = e^{q-Q}$ ……(e) となる。

まず，(d)，(e) より，$p = P$ ……(b) が導ける。

次に，(e) の両辺の自然対数をとって，$\log P = q - Q$

∴ $q = Q + \log P$ ……(a) も導ける。そして，これらは，母関数 W から生成

された変換なので，この時点ですぐに正準変換と言えるんだね。大丈夫？

例題 11 $\begin{cases} \text{ハミルトニアン } H = p^2 - q \ \cdots\cdots \ ① \\ \text{母関数 } W = p(Q+2) \ \ \cdots\cdots\cdots \ ② \text{であるとき,} \end{cases}$

(1) 変数 $(q, p) \to (Q, P)$ の正準変換の式を求めよう。

(2) 新変数 (Q, P) のハミルトニアン K を求めよう。

(1) 母関数 W が,（ⅲ）$W(p, Q)$ の形なので, 母関数 W による正準変換の公式 $(*f_0)''$, $(*g_0)''$ を用いると, ②より,

$$\cdot \ q = -\frac{\partial W}{\partial p} = -\frac{\partial}{\partial p}\{p\,\underline{(Q+2)}\}$$

$\boxed{\text{定数扱い}}$

$$\therefore \ q = -Q - 2 \ \cdots\cdots \ ③$$

$$\cdot \ P = -\frac{\partial W}{\partial Q} = -\frac{\partial}{\partial Q}\{p(Q+2)\} = -p$$

$\boxed{\text{定数扱い}}$

$$\therefore \ p = -P \ \cdots\cdots \ ④$$

> （ⅲ）$W(\{p_i\}, \{Q_i\})$ の場合
> $$\begin{cases} q_i = -\dfrac{\partial W}{\partial p_i} \ \cdots\cdots \ (*f_0)'' \\ P_i = -\dfrac{\partial W}{\partial Q_i} \ \cdots\cdots \ (*g_0)'' \end{cases}$$

以上より,（q, p）$\to$（Q, P）への正準変換の式は,

$$\begin{cases} q = -Q - 2 \ \cdots \ ③ \\ p = -P \ \cdots\cdots \ ④ \end{cases} \text{となる。} \quad \left[\text{または,} \ \begin{cases} Q = -q - 2 \ \cdots \ ③' \\ P = -p \ \cdots\cdots \ ④' \end{cases}\right]$$

(2) 旧変数（q, p）でのハミルトニアン H が①で与えられている。H は陽に時刻 t を含んでいないので, 新変数（Q, P）のハミルトニアン K と等しくなる。

よって, ①に③, ④を代入して,（Q, P）のハミルトニアン K を求めると,

$$K = (\underbrace{-P}_{})^2 - (\underbrace{-Q-2}_{}) = P^2 + Q + 2 \ \text{となる。}$$

$\boxed{p\ (④より)} \quad \boxed{q\ (③より)}$

$$\left[\begin{array}{l} \text{当然,}（Q, P）\text{は正準方程式をみたすので,} \\ \dot{Q} = \dfrac{\partial K}{\partial P} = 2P \ , \ \dot{P} = -\dfrac{\partial K}{\partial Q} = -1 \ \text{も満たすんだね。} \end{array}\right]$$

> 例題 12 自由度 f のある運動について，母関数 W が
>
> $$W(\{q_i\}, \{P_i\}) = \sum_{i=1}^{f} P_i\, q_i \cdots\cdots \text{(a)} \text{ で与えられているとき，}$$
>
> 変数 $(\{q_i\}, \{p_i\}) \rightarrow (\{Q_i\}, \{P_i\})$ の正準変換の式を求めよう。

母関数 W が，（ⅱ）$W(\{q_i\}, \{P_i\})$ の形
なので，母関数による正準変換の公式
$(*f_0)'$，$(*g_0)'$ を用いると，(a) より，

（ⅱ）$W(\{q_i\}, \{P_i\})$ の場合

$$\begin{cases} p_i = \dfrac{\partial W}{\partial q_i} & \cdots\cdots (*f_0)' \\ Q_i = \dfrac{\partial W}{\partial P_i} & \cdots\cdots (*g_0)' \end{cases}$$

・ $p_i = \dfrac{\partial W}{\partial q_i} = \dfrac{\partial}{\partial q_i}\left(\sum_{j=1}^{f} P_j\, q_j \right)$

i と区別するため，W の添字には j を用いた。

$= \dfrac{\partial}{\partial q_i}(\underline{P_1 q_1 + P_2 q_2 + \cdots\cdots} + P_i\, q_i + \underline{\cdots\cdots + P_f\, q_f}) = P_i$

定数扱い　　　　　定数扱い　　　　　定数扱い

∴ $p_i = P_i \cdots\cdots \text{(b)}$

・ $Q_i = \dfrac{\partial W}{\partial P_i} = \dfrac{\partial}{\partial P_i}\left(\sum_{j=1}^{f} P_j\, q_j \right)$

$= \dfrac{\partial}{\partial P_i}(\underline{P_1 q_1 + P_2 q_2 + \cdots\cdots} + P_i\, q_i + \underline{\cdots\cdots + P_f\, q_f}) = q_i$

定数扱い　　　　　定数扱い　　　　　定数扱い

∴ $q_i = Q_i \cdots\cdots \text{(c)}$

以上より，$(\{q_i\}, \{p_i\}) \rightarrow (\{Q_i\}, \{P_i\})$ への正準変換の式は，

$$\begin{cases} q_i = Q_i & \cdots\cdots \text{(c)} \\ p_i = P_i & \cdots\cdots \text{(b)} \end{cases} \quad (i = 1, 2, \cdots, f) \text{ となる。このように，旧変数から新変}$$

数へ全く変化のない変換のことを "**恒等変換**" と呼ぶ。そして，これは，
P210 以降で解説する "**無限小変換**" でも重要な役割を演じることになる
ので覚えておこう。

　以上のように，母関数 W が与えられている場合は，公式を用いて正準
変換の式が簡単に得られる。これに対して，W が与えられていない場合で
も，正準変換の式から W を求める手法（ハミルトン－ヤコビの偏微分方
程式の解法）は存在する。しかし，ここでは触れない。何故なら，W が与
えられていない場合でも，与えられた変数変換が正準変換か，否か？を簡
単に判別することが出来るからだ。その鍵となるのが，これから解説する
"**ポアソン括弧**" なんだね。

§4. ポアソン括弧

それではこれから，"**ポアソン括弧**"（*Poisson bracket*）について解説しよう。ポアソン括弧とは，正準変数 $\{q_i\}$, $\{p_i\}$ の関数 u, v について，$[u, v]_{q,p}$ と表される数学上の記号なんだけれど，これは単なる表記上の簡便さだけでなく，正準変換とも深く関わってくる。

前回，母関数による正準変換について解説したけれど，母関数のない変数変換についても，それが正準変換であるか，否かを，このポアソン括弧で容易に調べることができる。さらに，ポアソン括弧 $[u, v]$ は，正準変数であれば，$\{q_i\}$, $\{p_i\}$ でも，$\{Q_i\}$, $\{P_i\}$ でも，どのようなものであっても変化しない。つまり，正準変換に対して不変性をもつという重要な性質も持っているんだね。このことについても，証明してみよう。

さらに，このポアソン括弧は，量子力学を理解する上でも重要な役割を演じるので，ここでシッカリ理解しておく必要があるんだね。

ポアソン括弧は，ヤコビアン J の Σ 計算で定義されているため，計算がかなりやっかいなものもあるんだけれど，できるだけ分かりやすく丁寧に解説するから，すべて理解できるはずだ。頑張ろう！

● **ポアソン括弧を定義しよう！**

まず初めに，ポアソン括弧の定義式を下に示しておこう。

> **ポアソン括弧の定義**
>
> 正準変数 $\{q_i\}$, $\{p_i\}$ を独立変数にもつ偏微分可能な 2 つの関数 $u(\{q_i\}, \{p_i\})$，$v(\{q_i\}, \{p_i\})$ について，ポアソン括弧 $[u, v]_{q,p}$ を次のように定義する。
>
> $$[u, v]_{q,p} = \sum_{i=1}^{f} \left(\frac{\partial u}{\partial q_i} \cdot \frac{\partial v}{\partial p_i} - \frac{\partial u}{\partial p_i} \cdot \frac{\partial v}{\partial q_i} \right) \quad \cdots\cdots (*i_0)$$

この $(*i_0)$ の右辺の $(\ )$ 内は，ヤコビアン J，すなわち

$$J = \frac{\partial(u, v)}{\partial(q_i, p_i)} = \begin{vmatrix} \dfrac{\partial u}{\partial q_i} & \dfrac{\partial u}{\partial p_i} \\ \dfrac{\partial v}{\partial q_i} & \dfrac{\partial v}{\partial p_i} \end{vmatrix} = \frac{\partial u}{\partial q_i} \cdot \frac{\partial v}{\partial p_i} - \frac{\partial u}{\partial p_i} \cdot \frac{\partial v}{\partial q_i}$$

であることが，分かると思う。

だから，ポアソン括弧は

$$[u,v]_{q,p} = \sum_{i=1}^{f} \frac{\partial(u,v)}{\partial(q_i,p_i)} \cdots\cdots (\ast\mathrm{i}_0)' \text{と表現してもかまわない。}$$

ここで何故このようなものを定義する必要があったのか？答えておこう。

　正準変数 $\{q_i\}$, $\{p_i\}$ と時刻 t を独立変数にもつ，何かある関数 $F(\{q_i\},\{p_i\},t)$ が

与えられたとしよう。このとき，この時間微分 $\dfrac{dF}{dt}$ を求めると，

$$\frac{dF}{dt} = \frac{\partial F}{\partial t} + \sum_{i=1}^{f}\left(\frac{\partial F}{\partial q_i}\underbrace{\dot{q_i}}_{\frac{\partial H}{\partial p_i}} + \frac{\partial F}{\partial p_i}\underbrace{\dot{p_i}}_{-\frac{\partial H}{\partial q_i}} \right) \cdots\cdots \text{①} \quad \text{となるのはいいね。}$$

ここで，$\{q_i\}$, $\{p_i\}$ は正準変数なので，そのハミルトニアン H に対して

正準方程式：$\dot{q_i} = \dfrac{\partial H}{\partial p_i} \cdots\cdots$ ②, $\qquad \dot{p_i} = -\dfrac{\partial H}{\partial q_i} \cdots\cdots$ ③ をみたす。

よって，②，③を①に代入すると，

$$\frac{dF}{dt} = \frac{\partial F}{\partial t} + \underbrace{\sum_{i=1}^{f}\left(\frac{\partial F}{\partial q_i}\cdot\frac{\partial H}{\partial p_i} - \frac{\partial F}{\partial p_i}\cdot\frac{\partial H}{\partial q_i} \right)}_{\text{これは，ポアソン括弧 }[F,H]_{q,p}\text{ だ！}} \cdots\cdots \text{④} \quad \text{となるので，}$$

これは，ポアソン括弧を使って，

$$\frac{dF}{dt} = \frac{\partial F}{\partial t} + [F,H]_{q,p} \cdots\cdots \text{④}' \text{と表されるんだね。}$$

このように，ポアソン括弧は，正準変数で表される何かある物理量 F を時間微分するときに必然的に現れるものであることが分かったと思う。

ここで，F が時刻 t を陽に含まないとき，④$'$は，

$$\frac{dF}{dt} = [F,H]_{q,p} \cdots\cdots \text{④}'' \text{となる。}$$

よって，ポアソン括弧 $[F,H]_{q,p} = 0$ であるならば $\dfrac{dF}{dt} = 0$ となるので，F は時刻 t に依存しない保存量であることも分かるんだね。ここで，さらに，F がハミルトニアン H であったとすると，④$''$より，

$\dfrac{dH}{dt} = [H, H]_{q,p} = 0$ となる。

$$[H, H]_{q,p} = \sum_{i=1}^{f} \left(\underbrace{\frac{\partial H}{\partial q_i} \cdot \frac{\partial H}{\partial p_i} - \frac{\partial H}{\partial p_i} \cdot \frac{\partial H}{\partial q_i}}_{0} \right)$$

よって，ハミルトニアン H が t を陽に

含まないとき，これは時刻 t に対して変化しない保存量となることが分かる。

これについては，ポアソン括弧を使わない形で **P157** で既に示した！

ここで，正準変数 $\{q_i\}$，$\{p_i\}$ そのもののポアソン括弧については次の公式が成り

立つ。

（ⅰ）$[q_i, q_j]_{q,p} = 0$ …… $(*j_0)$　　　　　　（ⅱ）$[p_i, p_j]_{q,p} = 0$ …… $(*j_0)'$

（ⅲ）$[q_i, p_j]_{q,p} = \delta_{ij} = \begin{cases} 1 & (i = j \text{ のとき}) \\ 0 & (i \neq j \text{ のとき}) \end{cases}$ …… $(*j_0)''$

これは，"**クロネッカーのデルタ**" と呼ばれる。

この公式は，ポアソン括弧に慣れるためのいい練習となるので，次の例題で証明

しておこう。

例題 13 次の公式を証明しよう。

（1）$[q_i, q_j]_{q,p} = 0$　　　　（2）$[p_i, p_j]_{q,p} = 0$　　　　（3）$[q_i, p_j]_{q,p} = \delta_{ij}$

（1）ポアソン括弧の定義より，

ポアソン括弧の定義
$$[u, v]_{q,p} = \sum_{i=1}^{f} \left(\frac{\partial u}{\partial q_i} \frac{\partial v}{\partial p_i} - \frac{\partial u}{\partial p_i} \frac{\partial v}{\partial q_i} \right) \cdots\cdots (*i_0)$$

$$[q_i, q_j]_{q,p}$$

$$= \sum_{k=1}^{f} \left(\frac{\partial q_i}{\partial q_k} \cdot \underbrace{\frac{\partial q_j}{\partial p_k}}_{0} - \underbrace{\frac{\partial q_i}{\partial p_k}}_{0} \cdot \frac{\partial q_j}{\partial q_k} \right) = 0 \text{ となる。}$$

i，j と区別するため，Σ 計算の添字には k を使った。

$$\frac{\partial q_j}{\partial p_1} = \frac{\partial q_j}{\partial p_2} = \cdots = \frac{\partial q_j}{\partial p_f} = 0 \qquad \frac{\partial q_i}{\partial p_1} = \frac{\partial q_i}{\partial p_2} = \cdots = \frac{\partial q_i}{\partial p_f} = 0$$

（2）同様に，ポアソン括弧の定義より，

$$[p_i, p_j]_{q,p} = \sum_{k=1}^{f} \left(\underbrace{\frac{\partial p_i}{\partial q_k}}_{0} \cdot \frac{\partial p_j}{\partial p_k} - \frac{\partial p_i}{\partial p_k} \cdot \underbrace{\frac{\partial p_j}{\partial q_k}}_{0} \right) = 0 \text{ となる。}$$

$$\frac{\partial p_i}{\partial q_1} = \frac{\partial p_i}{\partial q_2} = \cdots = \frac{\partial p_i}{\partial q_f} = 0 \qquad \frac{\partial p_j}{\partial q_1} = \frac{\partial p_j}{\partial q_2} = \cdots = \frac{\partial p_j}{\partial q_f} = 0$$

(3) 最後に，

$$[q_i, p_j]_{q,p} = \sum_{k=1}^{f} \left(\frac{\partial q_i}{\partial q_k} \cdot \frac{\partial p_j}{\partial p_k} - \frac{\partial q_i}{\partial p_k} \cdot \frac{\partial p_j}{\partial q_k} \right)$$

> $k = j$ のとき $\frac{\partial p_j}{\partial p_j} = 1$，$k \neq j$ のとき，すべて $\frac{\partial p_j}{\partial p_k} = 0$ となる。

$$= \frac{\partial q_i}{\partial q_j} \cdot \frac{\partial p_j}{\partial p_j} = \frac{\partial q_i}{\partial q_j} = \delta_{ij} \begin{cases} 1 & (i = j \text{ のとき}) \\ 0 & (i \neq j \text{ のとき}) \end{cases} \text{ となる。}$$

> まず，$k = j$ のときのみ残る。

> $j \neq i$ のとき，これは 0
> $j = i$ のとき，これは 1 より，これは δ_{ij} のことだね。

どう？ ポアソン括弧の計算にも少しは慣れただろう？ それでは次，正準方程式そのものもポアソン括弧で次のように表せることも知っておこう。

$$\dot{q}_i = [q_i, H]_{q,p} \cdots\cdots (*\text{k}_0) \qquad\qquad \dot{p}_i = [p_i, H]_{q,p} \cdots\cdots (*\text{k}_0)'$$

これまで，2 つの正準方程式が対称形であるといわれても，符号 (+ , −) が異なるじゃないかと思われた方も多いと思う。しかし，ポアソン括弧で表した ($*\text{k}_0$)，($*\text{k}_0$)′ は本当に対称形になるんだね。これも，次の例題で確認しておこう。

例題 14 次の 2 つの式が，q_i と p_i の正準方程式と同じであることを確認しよう。
　　　(1) $\dot{q}_i = [q_i, H]_{q,p}$ 　　　(2) $\dot{p}_i = [p_i, H]_{q,p}$

---

(1) ポアソン括弧の定義より，

$$\dot{q}_i = [q_i, H]_{q,p} = \sum_{k=1}^{f} \left(\frac{\partial q_i}{\partial q_k} \cdot \frac{\partial H}{\partial p_k} - \frac{\partial q_i}{\partial p_k} \cdot \frac{\partial H}{\partial q_k} \right)$$

> $k = i$ のときのみ $\frac{\partial q_i}{\partial q_i} = 1$，それ以外の $k \neq i$ のときは，すべて $\frac{\partial q_i}{\partial q_k} = 0$ だ。

$$= \frac{\partial q_i}{\partial q_i} \cdot \frac{\partial H}{\partial p_i} = \frac{\partial H}{\partial p_i}$$

> $k = i$ のときのみ残る。

$\therefore \dot{q}_i = [q_i, H]_{q,p}$ は，正準方程式：$\dot{q}_i = \frac{\partial H}{\partial p_i}$ と等しい。

(2) 同様に，ポアソン括弧の定義より，

$$\dot{p_i} = [p_i, H]_{q,p}$$

ポアソン括弧
$$[u, v]_{q,p} = \sum_{i=1}^{f}\left(\frac{\partial u}{\partial q_i}\cdot\frac{\partial v}{\partial p_i} - \frac{\partial u}{\partial p_i}\cdot\frac{\partial v}{\partial q_i}\right) \cdots (*_{i_0})$$

$$= \sum_{k=1}^{f}\left(\underbrace{\frac{\partial p_i}{\partial q_k}}_{\boxed{0}}\cdot\frac{\partial H}{\partial p_k} - \frac{\partial p_i}{\partial p_k}\cdot\frac{\partial H}{\partial q_k}\right)$$

$\boxed{k = i \text{ のときのみ} \frac{\partial p_i}{\partial p_i} = 1, \text{ それ以外の } k \neq i \text{ のときは，すべて} \frac{\partial p_i}{\partial p_k} = 0}$

$$= -\underbrace{\frac{\partial p_i}{\partial p_i}}_{\boxed{1}}\cdot\frac{\partial H}{\partial q_i} = -\frac{\partial H}{\partial q_i}$$

$\boxed{k = i \text{ のときのみ残る。}}$

$$\therefore \dot{p_i} = [p_i, H]_{q,p} \text{ は，正準方程式}: \dot{p_i} = -\frac{\partial H}{\partial q_i} \text{ と等しいことも分かった！}$$

● ポアソン括弧で正準変換の判別もできる！

正準変数 $(\{q_i\}, \{p_i\})$ を変数変換した新たな変数 $(\{Q_i\}, \{P_i\})$ が正準変数であるか？否か？つまり，$(\{q_i\}, \{p_i\}) \to (\{Q_i\}, \{P_i\})$ の変数変換が正準変換であるか？否か？を，ポアソン括弧を使えば，実に簡単に判定することができる。

まず，その判定公式を下に示そう。

ポアソン括弧による正準変換の判定

正準変数 $\{q_j\}, \{p_j\}$ を変換して得られた新たな変数 $Q_i(\{q_j\}, \{p_j\})$ と $P_i(\{q_j\}, \{p_j\})$ が正準変数である，すなわち $(\{q_i\}, \{p_i\}) \to (\{Q_i\}, \{P_i\})$ が正準変換であるための必要十分条件は，次の通りである。

(I) $[Q_i, Q_j]_{q,p} = 0$ ……$(*_{1_0})$ かつ

(II) $[P_i, P_j]_{q,p} = 0$ ……$(*_{1_0})'$ かつ

(III) $[Q_i, P_j]_{q,p} = \delta_{ij}$ ……$(*_{1_0})''$ （δ_{ij}：クロネッカーのデルタ）

エッ，$[q_i, q_j]_{q,p} = [p_i, p_j]_{q,p} = 0, [q_i, p_j]_{q,p} = \delta_{ij}$ とまったく同じ形をしているって!? その通りだね。だから覚えやすいと思う。しかも，こんな簡単な公式で正準変換か，否かを判定できるわけだから，ポアソン括弧の重要性が分かったと思う。では，何故こうなるのか？これから証明してみよう！

まず，ハミルトニアン H をもつ正準変数 $\{q_i\}$ と $\{p_i\}$ があり，また，ハミルトニアン K をもつ別の正準変数 $\{Q_i\}$ と $\{P_i\}$ があるものとし，$(\{q_i\}, \{p_i\}) \Leftrightarrow (\{Q_i\}, \{P_i\})$ の両方向の変換もできるものとする。

ここで，t と $\{q_i\}$ と $\{p_i\}$ の関数である $F(\{q_i\}, \{p_i\}, t)$ が与えられたとすると，この時間微分は前述した通り，ポアソン括弧を用いて，

$$\frac{dF}{dt} = \frac{\partial F}{\partial t} + [F, H]_{q,p} \cdots\cdots (a) \text{ と表される。}$$　　←　P195 参照

ここで，$F(\{q_i\}, \{p_i\}, t)$ を t と $\{Q_i\}$ と $\{P_i\}$ の関数に書き変えることができるので，これを $\underline{F(\{Q_i\}, \{P_i\}, t)}$ とおくと，同様に

> 実は，$F(\{q_i\}, \{p_i\}, t) = F(\{q_i(\{Q_i\}, \{P_i\})\}, \{p_i(\{Q_i\}, \{P_i\})\}, t)$ より，これは，$\underline{F}$ ではなく $\underline{\widetilde{F}(\{Q_i\}, \{P_i\}, t)}$ とでも表記すべきだ。しかし，ほとんどの物理学書で，これを同じ F と置いているので，ここではその慣例に従うことにする。以下，同様の記述があるので，読者の皆さんは気を付けて読んでいってほしい。

> 同じハミルトニアンでも，$H(\{q_i\}, \{p_i\})$ と $K(\{Q_i\}, \{P_i\})$ は区別している。

$$\frac{dF}{dt} = \frac{\partial F}{\partial t} + \sum_{i=1}^{f} \left(\frac{\partial F}{\partial Q_i} \underset{\boxed{\frac{\partial K}{\partial P_i}}}{\dot{Q_i}} + \frac{\partial F}{\partial P_i} \underset{\boxed{-\frac{\partial K}{\partial Q_i}}}{\dot{P_i}} \right)$$　　← ハミルトンの正準方程式を使った。

$$= \frac{\partial F}{\partial t} + \sum_{i=1}^{f} \left(\frac{\partial F}{\partial Q_i} \cdot \frac{\partial K}{\partial P_i} - \frac{\partial F}{\partial P_i} \cdot \frac{\partial K}{\partial Q_i} \right)$$

$$\therefore \frac{dF}{dt} = \frac{\partial F}{\partial t} + [F, K]_{Q,P} \cdots\cdots (b) \text{ が成り立つ。}$$

以上 (a)，(b) を比較して，これらは同じ式なので，

$$[F, H]_{q,p} = [F, K]_{Q,P} \cdots\cdots (c) \text{ となる。}$$

ここで，これまで，$i = 1, 2, \cdots, f$ に対して，変数を $\{q_i\}$，$\{p_i\}$，$\{Q_i\}$，$\{P_i\}$ と表記してきたけれど，これでは式変形が煩雑になって分かりにくくなるので，これからはそれぞれ，q，p，Q，P と表記することにする。読者の皆さんは，このことにも注意して読み進めていって頂きたい。

ここで，F，H，K は陽に t を含まないものとすると，(c) は，

$$[F(q,p), H(q,p)]_{q,p} = [F(Q,P), K(Q,P)]_{Q,P} \cdots\cdots (c)' \text{ となる。}$$

では，$[F(q,p),H(q,p)]_{q,p}=[F(Q,P),K(Q,P)]_{Q,P}$ …… (c)′ を基にして，議論を進めよう。

(ⅰ) $F=Q_j$ の場合，(c)′ は

$[Q_j(q,p),H(q,p)]_{q,p}=[Q_j,K(Q,P)]_{Q,P}$ となる。よって，

$\underbrace{}_{\{q_i\},\ \{p_i\}\ \text{の式}} \qquad \underbrace{}_{Q_j\ \text{の1つのみ}} \qquad \boxed{0}$

$$\sum_{k=1}^{f}\left(\frac{\partial Q_j}{\partial q_k}\cdot\frac{\partial H}{\partial p_k}-\frac{\partial Q_j}{\partial p_k}\cdot\frac{\partial H}{\partial q_k}\right)=\sum_{k=1}^{f}\left(\frac{\partial Q_j}{\partial Q_k}\cdot\frac{\partial K}{\partial P_k}-\boxed{\frac{\partial Q_j}{\partial P_k}}\ \frac{\partial K}{\partial Q_k}\right) \text{より,}$$

$$\boxed{\begin{array}{c}k=j\ \text{のときのみ残って,}\\[4pt]\dfrac{\partial Q_j}{\partial Q_j}\cdot\dfrac{\partial K}{\partial P_j}=\dfrac{\partial K}{\partial P_j}\quad\text{となる。}\end{array}}$$

$$\sum_{k=1}^{f}\left(\frac{\partial Q_j}{\partial q_k}\cdot\frac{\partial H}{\partial p_k}-\frac{\partial Q_j}{\partial p_k}\cdot\frac{\partial H}{\partial q_k}\right)=\frac{\partial K}{\partial P_j}\ \cdots\cdots\text{(d)}\ \text{となる。}$$

ここで，(d) の右辺の K について，

$K(Q,P)=K(Q(q,p),P(q,p))=H(q,p)$ と，q，p の関数に書き変えるものとすると，(d) の右辺は

$$\frac{\partial K}{\partial P_j}=\frac{\partial H(q,p)}{\partial P_j}=\sum_{k=1}^{f}\left(\frac{\partial H}{\partial q_k}\cdot\frac{\partial q_k}{\partial P_j}+\frac{\partial H}{\partial p_k}\cdot\frac{\partial p_k}{\partial P_j}\right)\ \cdots\cdots\text{(e)}\ \text{となる。}$$

よって，(d)，(e) より，

$$\sum_{k=1}^{f}\left(\frac{\partial Q_j}{\underline{\underline{\partial q_k}}}\cdot\frac{\partial H}{\partial p_k}-\frac{\partial Q_j}{\underset{\sim}{\partial p_k}}\cdot\frac{\partial H}{\partial q_k}\right)=\sum_{k=1}^{f}\left(\frac{\partial p_k}{\underline{\underline{\partial P_j}}}\cdot\frac{\partial H}{\partial p_k}+\frac{\partial q_k}{\underset{\sim}{\partial P_j}}\cdot\frac{\partial H}{\partial q_k}\right)$$

この両辺の ( ) 内を比較して，次式が成り立つ。

$$\underline{\underline{\frac{\partial Q_j}{\partial q_k}=\frac{\partial p_k}{\partial P_j}}}\ \cdots\cdots\text{(f)}\qquad\qquad \underset{\sim}{\frac{\partial Q_j}{\partial p_k}=-\frac{\partial q_k}{\partial P_j}}\ \cdots\cdots\text{(g)}$$

(ⅱ) 次，$F=P_j$ の場合，(c)′ を同様に変形して，

$[P_j(q,p),H(q,p)]_{q,p}=[P_j,K(Q,P)]_{Q,P}$ となる。よって，

$\underbrace{}_{\{q_i\},\ \{p_i\}\ \text{の式}} \qquad \underbrace{}_{P_j\ \text{の1つのみ}} \boxed{0}$

$$\sum_{k=1}^{f}\left(\frac{\partial P_j}{\partial q_k}\cdot\frac{\partial H}{\partial p_k}-\frac{\partial P_j}{\partial p_k}\cdot\frac{\partial H}{\partial q_k}\right)=\sum_{k=1}^{f}\left(\boxed{\frac{\partial P_j}{\partial Q_k}}\frac{\partial K}{\partial P_k}-\frac{\partial P_j}{\partial P_k}\cdot\frac{\partial K}{\partial Q_k}\right)$$

$$\boxed{\begin{array}{c}k=j\ \text{のときのみ残って,}\\[4pt]-\dfrac{\partial P_j}{\partial P_j}\cdot\dfrac{\partial K}{\partial Q_j}=-\dfrac{\partial K}{\partial Q_j}\quad\text{となる。}\end{array}}$$

$$\sum_{k=1}^{f}\left(\frac{\partial P_j}{\partial q_k}\cdot\frac{\partial H}{\partial p_k}-\frac{\partial P_j}{\partial p_k}\cdot\frac{\partial H}{\partial q_k}\right)=-\frac{\partial K}{\partial Q_j}\ \cdots\cdots\text{(h) となる。}$$

ここで, (h) の右辺の K を同様に, $K(Q,P)=H(q,p)$ に置き変えると,

$$\text{(h) の右辺}=-\frac{\partial H(q,p)}{\partial Q_j}=-\sum_{k=1}^{f}\left(\frac{\partial H}{\partial q_k}\cdot\frac{\partial q_k}{\partial Q_j}+\frac{\partial H}{\partial p_k}\cdot\frac{\partial p_k}{\partial Q_j}\right)\quad\text{となる。}$$

よって, (h) は,

$$\sum_{k=1}^{f}\left(\underline{\underline{\frac{\partial P_j}{\partial q_k}}}\cdot\frac{\partial H}{\partial p_k}-\underline{\frac{\partial P_j}{\partial p_k}}\cdot\frac{\partial H}{\partial q_k}\right)=\sum_{k=1}^{f}\left(-\underline{\underline{\frac{\partial p_k}{\partial Q_j}}}\cdot\frac{\partial H}{\partial p_k}-\underline{\frac{\partial q_k}{\partial Q_j}}\cdot\frac{\partial H}{\partial q_k}\right)$$

この両辺の ( ) 内を比較すると, 次式が成り立つ。

$$\underline{\underline{\frac{\partial P_j}{\partial q_k}=-\frac{\partial p_k}{\partial Q_j}}}\ \cdots\cdots\text{(i)}\qquad\qquad\underline{\frac{\partial P_j}{\partial p_k}=\frac{\partial q_k}{\partial Q_j}}\ \cdots\cdots\text{(j)}$$

以上 (i), (ii) より, 求めた (f), (g), (i), (j) の式を用いて, いよいよ本題の証明に入ろう。

(I) $[Q_i,Q_j]_{q,p}=\sum_{k=1}^{f}\left(\frac{\partial Q_i}{\partial q_k}\cdot\underline{\underline{\frac{\partial Q_j}{\partial p_k}}}-\frac{\partial Q_i}{\partial p_k}\cdot\underline{\frac{\partial Q_j}{\partial q_k}}\right)$

$\boxed{-\frac{\partial q_k}{\partial P_j}\ \text{((g) より)}}\quad\boxed{\frac{\partial p_k}{\partial P_j}\ \text{((f) より)}}$

$$=-\sum_{k=1}^{f}\left(\frac{\partial Q_i}{\partial q_k}\cdot\frac{\partial q_k}{\partial P_j}+\frac{\partial Q_i}{\partial p_k}\cdot\frac{\partial p_k}{\partial P_j}\right)=-\frac{\partial Q_i}{\partial P_j}=0$$

(II) $[P_i,P_j]_{q,p}=\sum_{k=1}^{f}\left(\frac{\partial P_i}{\partial q_k}\cdot\underline{\underline{\frac{\partial P_j}{\partial p_k}}}-\frac{\partial P_i}{\partial p_k}\cdot\underline{\frac{\partial P_j}{\partial q_k}}\right)$

$\boxed{\frac{\partial q_k}{\partial Q_j}\ \text{((j) より)}}\quad\boxed{-\frac{\partial p_k}{\partial Q_j}\ \text{((i) より)}}$

$$=\sum_{k=1}^{f}\left(\frac{\partial P_i}{\partial q_k}\cdot\frac{\partial q_k}{\partial Q_j}+\frac{\partial P_i}{\partial p_k}\cdot\frac{\partial p_k}{\partial Q_j}\right)=\frac{\partial P_i}{\partial Q_j}=0$$

(III) $[Q_i,P_j]_{q,p}=\sum_{k=1}^{f}\left(\frac{\partial Q_i}{\partial q_k}\cdot\underline{\underline{\frac{\partial P_j}{\partial p_k}}}-\frac{\partial Q_i}{\partial p_k}\cdot\underline{\frac{\partial P_j}{\partial q_k}}\right)$

$\boxed{\frac{\partial q_k}{\partial Q_j}\ \text{((j) より)}}\quad\boxed{-\frac{\partial p_k}{\partial Q_j}\ \text{((i) より)}}$

$$=\sum_{k=1}^{f}\left(\frac{\partial Q_i}{\partial q_k}\cdot\frac{\partial q_k}{\partial Q_j}+\frac{\partial Q_i}{\partial p_k}\cdot\frac{\partial p_k}{\partial Q_j}\right)=\frac{\partial Q_i}{\partial Q_j}=\delta_{ij}$$

$$\boxed{\begin{array}{l}i=j\text{ のとき }1\\ i\neq j\text{ のとき }0\end{array}}$$

以上（Ⅰ），（Ⅱ），（Ⅲ）より，ポアソン括弧による正準変数の判定公式：

（Ⅰ）$[Q_i, Q_j]_{q,p} = 0$ …… $(*l_0)$ 　　　（Ⅱ）$[P_i, P_j]_{q,p} = 0$ …… $(*l_0)'$

（Ⅲ）$[Q_i, P_j]_{q,p} = \delta_{ij}$ …… $(*l_0)''$

が導けたんだね。

それでは早速，例題でこの公式を使ってみよう。

例題 15 次の変数変換が正準変換であることを，次の判定公式：

$$[Q_i, Q_j]_{q,p} = [P_i, P_j]_{q,p} = 0 \ \text{かつ} \ [Q_i, P_j]_{q,p} = \delta_{ij}$$

を利用して，確かめよう。

(1) $Q = (mk)^{\frac{1}{4}} q$　　　$P = (mk)^{-\frac{1}{4}} p$ ←――――[P175（楕円→円）]

(2) $Q = \tan^{-1} \dfrac{q}{p}$　　　$P = \dfrac{1}{2}(q^2 + p^2)$

(3) $Q = q - p$　　　$P = p$ ←―

(4) $Q = q - \log p$　　　$P = p$ ←―――[例題 10（P180）]

(5) $Q = -q - 2$　　　$P = -p$ ←――――[例題 11（P192）]

(6) $Q_i = q_i$　　　$P_i = p_i$　　　$(i = 1, 2, \cdots, f)$ ←[例題 12（P193）]

---

(1) $Q = (mk)^{\frac{1}{4}} q$, $P = (mk)^{-\frac{1}{4}} p$ のとき，

$\left.\begin{array}{l} \cdot [Q, Q]_{q,p} = \dfrac{\partial Q}{\partial q} \cdot \dfrac{\partial Q}{\partial p} - \dfrac{\partial Q}{\partial p} \cdot \dfrac{\partial Q}{\partial q} = 0 \\[3mm] \cdot [P, P]_{q,p} = \dfrac{\partial P}{\partial q} \cdot \dfrac{\partial P}{\partial p} - \dfrac{\partial P}{\partial p} \cdot \dfrac{\partial P}{\partial q} = 0 \end{array}\right\}$

> 以後，(2), (3), (4), (5) も
> $[Q, Q]_{q,p}$ と $[P, P]_{q,p}$ は，
> （同じもの）－（同じもの）
> なので，すべて 0 となること
> が分かるね。

$\cdot [Q, P]_{q,p} = \dfrac{\partial Q}{\partial q} \cdot \dfrac{\partial P}{\partial p} - \underbrace{\dfrac{\partial Q}{\partial p}}_{\boxed{0}} \cdot \underbrace{\dfrac{\partial P}{\partial q}}_{\boxed{0}}$

$= (mk)^{\frac{1}{4}} \cdot (mk)^{-\frac{1}{4}} = 1$

∴ ポアソン括弧による判定公式より，この $(q, p) \to (Q, P)$ の変換は正準変換である。

(2) $Q = \tan^{-1} \dfrac{q}{p}$, $P = \dfrac{1}{2}(q^2 + p^2)$ のとき，

(1) と同様に，明らかに，$[Q, Q]_{q,p} = [P, P]_{q,p} = 0$

$$\cdot [Q,P]_{q,p} = \frac{\partial Q}{\partial q} \cdot \frac{\partial P}{\partial p} - \frac{\partial Q}{\partial p} \cdot \frac{\partial P}{\partial q}$$

$$\underbrace{\frac{1}{1+\left(\frac{q}{p}\right)^2} \cdot \frac{1}{p}} \quad \underbrace{p} \qquad \underbrace{\frac{1}{1+\left(\frac{q}{p}\right)^2} \cdot \left(-\frac{q}{p^2}\right)} \quad \boxed{q}$$

$$= \frac{p^2}{p^2+q^2} + \frac{q^2}{p^2+q^2} = \frac{p^2+q^2}{p^2+q^2} = 1$$

以上より，ポアソン括弧による判定公式により，この $(q,p) \to (Q,P)$ の変換は正準変換である。大丈夫だった？

(3) $Q = q - p, \ P = p$ のとき，

(1) と同様に，明らかに，$[Q,Q]_{q,p} = [P,P]_{q,p} = 0$ となるね。

$$\cdot [Q,P]_{q,p} = \frac{\partial Q}{\partial q} \cdot \frac{\partial P}{\partial p} - \frac{\partial Q}{\partial p} \cdot \frac{\partial P}{\partial q} = 1 \cdot 1 - (-1) \cdot 0 = 1$$

以上より，この $(q,p) \to (Q,P)$ の変換も正準変換であることが分かった。

(4) $Q = q - \log p, \ P = p$ のとき，

(1) と同様に，明らかに，$[Q,Q]_{q,p} = [P,P]_{q,p} = 0$ となる。次，

$$\cdot [Q,P]_{q,p} = \frac{\partial Q}{\partial q} \cdot \frac{\partial P}{\partial p} - \frac{\partial Q}{\partial p} \cdot \frac{\partial P}{\partial q} = 1 \cdot 1 - \left(-\frac{1}{p}\right) \cdot 0 = 1$$

以上より，この $(q,p) \to (Q,P)$ の変換も正準変換であることが分かった。

(5) $Q = -q - 2, \ P = -p$ のとき，

(1) と同様に，明らかに，$[Q,Q]_{q,p} = [P,P]_{q,p} = 0$ だね。次，

$$\cdot [Q,P]_{q,p} = \frac{\partial Q}{\partial q} \cdot \frac{\partial P}{\partial p} - \frac{\partial Q}{\partial p} \cdot \frac{\partial P}{\partial q} = (-1) \cdot (-1) - 0 \cdot 0 = 1$$

以上より，この変数変換も正準変換であることが分かる。

(6) $Q_i = q_i, \ P_i = p_i \ (i = 1,2,\cdots,f)$ のとき， ← これは，恒等変換

$$\cdot [Q_i,Q_j]_{q,p} = \sum_{k=1}^{f} \left(\frac{\partial Q_i}{\partial q_k} \cdot \frac{\partial Q_j}{\partial p_k} - \frac{\partial Q_i}{\partial p_k} \cdot \frac{\partial Q_j}{\partial q_k} \right) = 0$$

$$\qquad\qquad\qquad\quad \boxed{0} \qquad\quad \boxed{0}$$

$$\cdot [P_i,P_j]_{q,p} = \sum_{k=1}^{f} \left(\frac{\partial P_i}{\partial q_k} \cdot \frac{\partial P_j}{\partial p_k} - \frac{\partial P_i}{\partial p_k} \cdot \frac{\partial P_j}{\partial q_k} \right) = 0$$

$$\qquad\qquad\qquad\quad \boxed{0} \qquad\quad \boxed{0}$$

$$\cdot [Q_i, P_j]_{q,p} = \sum_{k=1}^{f} \left(\frac{\partial Q_i}{\partial q_k} \cdot \frac{\partial P_j}{\partial p_k} - \frac{\partial Q_i}{\partial p_k} \cdot \frac{\partial P_j}{\partial q_k} \right) \qquad \boxed{\begin{array}{l} Q_i = q_i \\ P_j = p_j \end{array}}$$

$\dfrac{\partial q_i}{\partial q_k}$ は, $k = i$ のとき のみ残って, $\dfrac{\partial q_i}{\partial q_i} = 1$

$k = i$ のとき $\dfrac{\partial p_j}{\partial p_i}$ となる。

$$= \underbrace{\frac{\partial q_i}{\partial q_i}}_{1} \cdot \frac{\partial p_j}{\partial p_i} = \frac{\partial p_j}{\partial p_i} = \delta_{ij} \begin{cases} 1 & (i = j \text{ のとき}) \\ 0 & (i \neq j \text{ のとき}) \end{cases}$$

これは, $i = j$ のときのみ 1, $i \neq j$ のときは 0

以上より, $[Q_i, Q_j]_{q,p} = [P_i, P_j]_{q,p} = 0$ かつ $[Q_i, P_j]_{q,p} = \delta_{ij}$ となるので, この (q, p) → (Q, P) の変換は正準変換であることが分かったんだね。納得いった？

● ポアソン括弧は正準変換しても不変だ！

それでは次, ポアソン括弧の重要な性質について解説しよう。これまで, ポアソン括弧は $[u, v]_{q,p}$ のように正準変数 $\{q_i\}$, $\{p_i\}$ の偏微分の形で表わしてきた。でも, 実は, これを他の正準変数 $\{Q_i\}$, $\{P_i\}$ の偏微分の形で表わしたとしても, 変化しない。つまり, 次の公式が成り立つんだね。

$$[u, v]_{q,p} = [u, v]_{Q,P} \quad \cdots\cdots (*m_0)$$

これを正確に書けば, $[u(q, p), v(q, p)]_{q,p} = [u(Q, P), v(Q, P)]_{Q,P}$ となることに気付いておられると思う。

これは, ポアソン括弧は, 正準変換を行っても変化せず保存されると言っているんだね。よって, どの正準変数を使っても同じなので, $[u, v]_{q,p}$ や $[u, v]_{Q,P}$ などの右下の添字は不要で, 単に $[u, v]$ と表現してもかまわないんだね。

それでは, 計算は少しメンドウだけれど $(*m_0)$ が成り立つことを証明してみよう。

ポアソン括弧の定義式より, $((*m_0)$ の左辺$)$ を変形して, その結果 $((*m_0)$ の右辺$)$ になることを示す。

$(*m_0)$ の左辺 $= [u, v]_{q,p} = \sum_{k=1}^{f} \left(\frac{\partial u}{\partial q_k} \cdot \frac{\partial v}{\partial p_k} - \frac{\partial u}{\partial p_k} \cdot \frac{\partial v}{\partial q_k} \right)$

$= \sum_{k=1}^{f} \frac{\partial u}{\partial q_k} \cdot \frac{\partial v}{\partial p_k} - \sum_{k=1}^{f} \frac{\partial u}{\partial p_k} \cdot \frac{\partial v}{\partial q_k}$

$\boxed{\sum_{i=1}^{f} \left(\frac{\partial u}{\partial Q_i} \cdot \frac{\partial Q_i}{\partial q_k} + \frac{\partial u}{\partial P_i} \cdot \frac{\partial P_i}{\partial q_k} \right)}$

> $u(Q, P)$ とみて，$\frac{\partial u}{\partial q_k}$ を展開した。
> 他の 3 項についても同様に展開する。

$= \sum_{k=1}^{f} \left\{ \sum_{i=1}^{f} \left(\frac{\partial u}{\partial Q_i} \cdot \frac{\partial Q_i}{\partial q_k} + \frac{\partial u}{\partial P_i} \cdot \frac{\partial P_i}{\partial q_k} \right) \right\} \cdot \left\{ \sum_{j=1}^{f} \left(\frac{\partial v}{\partial Q_j} \cdot \frac{\partial Q_j}{\partial p_k} + \frac{\partial v}{\partial P_j} \cdot \frac{\partial P_j}{\partial p_k} \right) \right\}$

$\quad - \sum_{k=1}^{f} \left\{ \sum_{i=1}^{f} \left(\frac{\partial u}{\partial Q_i} \cdot \frac{\partial Q_i}{\partial p_k} + \frac{\partial u}{\partial P_i} \cdot \frac{\partial P_i}{\partial p_k} \right) \right\} \cdot \left\{ \sum_{j=1}^{f} \left(\frac{\partial v}{\partial Q_j} \cdot \frac{\partial Q_j}{\partial q_k} + \frac{\partial v}{\partial P_j} \cdot \frac{\partial P_j}{\partial q_k} \right) \right\}$

$= \sum_{k=1}^{f} \sum_{i=1}^{f} \sum_{j=1}^{f} \left(\frac{\partial u}{\partial Q_i} \cdot \frac{\partial Q_i}{\partial q_k} + \frac{\partial u}{\partial P_i} \cdot \frac{\partial P_i}{\partial q_k} \right) \cdot \left(\frac{\partial v}{\partial Q_j} \cdot \frac{\partial Q_j}{\partial p_k} + \frac{\partial v}{\partial P_j} \cdot \frac{\partial P_j}{\partial p_k} \right)$

$\quad - \sum_{k=1}^{f} \sum_{i=1}^{f} \sum_{j=1}^{f} \left(\frac{\partial u}{\partial Q_i} \cdot \frac{\partial Q_i}{\partial p_k} + \frac{\partial u}{\partial P_i} \cdot \frac{\partial P_i}{\partial p_k} \right) \cdot \left(\frac{\partial v}{\partial Q_j} \cdot \frac{\partial Q_j}{\partial q_k} + \frac{\partial v}{\partial P_j} \cdot \frac{\partial P_j}{\partial q_k} \right)$

$\sum_k$ で計算して，$[Q_i, Q_j] = 0$ → $(*1_0)$ より (P198)

$= \sum_{k=1}^{f} \sum_{i=1}^{f} \sum_{j=1}^{f} \left\{ \frac{\partial u}{\partial Q_i} \cdot \frac{\partial v}{\partial Q_j} \overline{\left(\frac{\partial Q_i}{\partial q_k} \cdot \frac{\partial Q_j}{\partial p_k} - \frac{\partial Q_i}{\partial p_k} \cdot \frac{\partial Q_j}{\partial q_k} \right)} \right.$
$\underbrace{\qquad\qquad\qquad\qquad\qquad}_{\boxed{1}}$

$\sum_k$ で計算して，$[Q_i, P_j] = \delta_{ij}$ → $(*1_0)''$ より (P198)

$+ \frac{\partial u}{\partial Q_i} \cdot \frac{\partial v}{\partial P_j} \overline{\left(\frac{\partial Q_i}{\partial q_k} \cdot \frac{\partial P_j}{\partial p_k} - \frac{\partial Q_i}{\partial p_k} \cdot \frac{\partial P_j}{\partial q_k} \right)}$
$\underbrace{\qquad\qquad\qquad\qquad\qquad}_{\boxed{2}}$

$\sum_k$ で計算して，$[Q_j, P_i] = \delta_{ji} = \delta_{ij}$ → $(*1_0)''$ より (P198)

$- \frac{\partial u}{\partial P_i} \cdot \frac{\partial v}{\partial Q_j} \left(\frac{\partial Q_j}{\partial q_k} \cdot \frac{\partial P_i}{\partial p_k} - \frac{\partial Q_j}{\partial p_k} \cdot \frac{\partial P_i}{\partial q_k} \right)$
$\underbrace{\qquad\qquad\qquad\qquad\qquad}_{\boxed{3}}$

> これのみたす（引く）順番を変えた！

$\sum_k$ で計算して，$[P_i, P_j] = 0$ → $(*1_0)'$ より (P198)

$\left. + \frac{\partial u}{\partial P_i} \cdot \frac{\partial v}{\partial P_j} \overline{\left(\frac{\partial P_i}{\partial q_k} \cdot \frac{\partial P_j}{\partial p_k} - \frac{\partial P_i}{\partial p_k} \cdot \frac{\partial P_j}{\partial q_k} \right)} \right\}$
$\underbrace{\qquad\qquad\qquad\qquad\qquad}_{\boxed{4}}$

205

よって,

$$(*\mathrm{m}_0) \text{ の左辺} = \sum_{i=1}^{f} \sum_{j=1}^{f} \delta_{ij} \left(\frac{\partial u}{\partial Q_i} \cdot \frac{\partial v}{\partial P_j} - \frac{\partial u}{\partial P_i} \cdot \frac{\partial v}{\partial Q_j} \right)$$

これは,$j=i$ のときのみ $\delta_{ij} = \delta_{ii} = 1$ となるので $\sum_{j}$ は $j=i$ のときのみ残る。

$$= \sum_{i=1}^{f} \delta_{ii} \left(\frac{\partial u}{\partial Q_i} \cdot \frac{\partial v}{\partial P_i} - \frac{\partial u}{\partial P_i} \cdot \frac{\partial v}{\partial Q_i} \right)$$

$$= \sum_{i=1}^{f} \left(\frac{\partial u}{\partial Q_i} \cdot \frac{\partial v}{\partial P_i} - \frac{\partial u}{\partial P_i} \cdot \frac{\partial v}{\partial Q_i} \right)$$

これは変数 $\{Q_i\}$, $\{P_i\}$ によるポアソン括弧の定義式そのものだ!

$$= [u, v]_{Q, P} = (*\mathrm{m}_0) \text{ の右辺} \qquad \text{となって,証明終了だ!}$$

このような変数によらない不変性があるので,ポアソン括弧の重要性がさらに理解できたと思う。

● ポアソン括弧の様々な公式を押さえておこう!

それでは,最後に,ポアソン括弧の公式についても紹介しておこう。ポアソン括弧を使った様々な計算に,これらの公式はとても役に立つので覚えておいてほしい。

■ ポアソン括弧の公式

正準変数を独立変数にもつ偏微分可能な **2** つの関数 u, v のポアソン括弧

$\{q_i\}$, $\{p_i\}$ でも,$\{Q_i\}$, $\{P_i\}$ でも,正準変数なら何でもかまわない。

について,次の公式が成り立つ。

(1) $[u, v] = -[v, u]$ ……………………………… $(*\mathrm{n}_0)$

(2) $[u + v, w] = [u, w] + [v, w]$ ……………………… $(*\mathrm{o}_0)$

(3) $[u, vw] = w[u, v] + v[u, w]$ ……………………… $(*\mathrm{p}_0)$

(4) $[uv, w] + [vw, u] + [wu, v] = 0$ …………………… $(*\mathrm{q}_0)$

(5) $[u, [v, w]] + [v, [w, u]] + [w, [u, v]] = 0$ ………… $(*\mathrm{r}_0)$

ポアソン括弧の正準変換に対する不変性より,右下の添字は特に書いていないけれど,証明はすべて,正準変数 $\{q_i\}$, $\{p_i\}$ によるものとして行う。

では,これらの公式の証明もやっておこう。

(1) $[u, v] = \sum_{i=1}^{f} \left(\frac{\partial u}{\partial q_i} \cdot \frac{\partial v}{\partial p_i} - \frac{\partial u}{\partial p_i} \cdot \frac{\partial v}{\partial q_i} \right) = -\sum_{i=1}^{f} \left(\frac{\partial v}{\partial q_i} \cdot \frac{\partial u}{\partial p_i} - \frac{\partial v}{\partial p_i} \cdot \frac{\partial u}{\partial q_i} \right)$

$= -[v, u]$ となって,$(*\mathrm{n}_0)$ は成り立つ。

(2) $[u + v, w] = \sum\limits_{i=1}^{f} \left\{ \dfrac{\partial(u+v)}{\partial q_i} \cdot \dfrac{\partial w}{\partial p_i} - \dfrac{\partial(u+v)}{\partial p_i} \cdot \dfrac{\partial w}{\partial q_i} \right\}$

$$= \sum\limits_{i=1}^{f} \left\{ \left(\dfrac{\partial u}{\partial q_i} + \dfrac{\partial v}{\partial q_i} \right) \cdot \dfrac{\partial w}{\partial p_i} - \left(\dfrac{\partial u}{\partial p_i} + \dfrac{\partial v}{\partial p_i} \right) \cdot \dfrac{\partial w}{\partial q_i} \right\}$$

$$= \sum\limits_{i=1}^{f} \left(\dfrac{\partial u}{\partial q_i} \cdot \dfrac{\partial w}{\partial p_i} - \dfrac{\partial u}{\partial p_i} \cdot \dfrac{\partial w}{\partial q_i} \right) + \sum\limits_{i=1}^{f} \left(\dfrac{\partial v}{\partial q_i} \cdot \dfrac{\partial w}{\partial p_i} - \dfrac{\partial v}{\partial p_i} \cdot \dfrac{\partial w}{\partial q_i} \right)$$

$= [u, w] + [v, w]$　　となって，$(*o_0)$ も成り立つ。

(3) $[u, vw] = \sum\limits_{i=1}^{f} \left\{ \dfrac{\partial u}{\partial q_i} \cdot \dfrac{\partial(vw)}{\partial p_i} - \dfrac{\partial u}{\partial p_i} \cdot \dfrac{\partial(vw)}{\partial q_i} \right\}$

$\left(w\dfrac{\partial v}{\partial p_i} + v\dfrac{\partial w}{\partial p_i} \right)$　　$\left(w\dfrac{\partial v}{\partial q_i} + v\dfrac{\partial w}{\partial q_i} \right)$

$$= \sum\limits_{i=1}^{f} \left\{ \dfrac{\partial u}{\partial q_i} \left(w\dfrac{\partial v}{\partial p_i} + v\dfrac{\partial w}{\partial p_i} \right) - \dfrac{\partial u}{\partial p_i} \left(w\dfrac{\partial v}{\partial q_i} + v\dfrac{\partial w}{\partial q_i} \right) \right\}$$

$$= w \cdot \sum\limits_{i=1}^{f} \left(\dfrac{\partial u}{\partial q_i} \cdot \dfrac{\partial v}{\partial p_i} - \dfrac{\partial u}{\partial p_i} \cdot \dfrac{\partial v}{\partial q_i} \right) + v \cdot \sum\limits_{i=1}^{f} \left(\dfrac{\partial u}{\partial q_i} \cdot \dfrac{\partial w}{\partial p_i} - \dfrac{\partial u}{\partial p_i} \cdot \dfrac{\partial w}{\partial q_i} \right)$$

$= w[u, v] + v[u, w]$　　となって，

$(*p_0)$ も成り立つことが分かった。大丈夫だった？

(4) の証明は，$(*n_0)$ と $(*p_0)$ を使えばいいんだね。

$[uv, w] + [vw, u] + [wu, v]$

$= -[w, uv] - [u, vw] - [v, wu]$　　$((*n_0)$ より$)$

$= -\{v[w, u] + u[w, v]\} - \{w[u, v] + v[u, w]\}$

　$-[v, w]\,((*n_0)$ より$)$　　　$-[w, u]\,((*n_0)$ より$)$

　　　　　　$- \{u[v, w] + w[v, u]\}$　　$((*p_0)$ より$)$

　　　　　　　$-[u, v]\,((*n_0)$ より$)$

$= -v[w, u] + u[v, w] - w[u, v] + v[w, u] - u[v, w] + w[u, v]$　　$((*n_0)$ より$)$

$= 0$ となって，$(*q_0)$ が成り立つことも分かった。

(5) $[u,[v,w]] + [v,[w,u]] + [w,[u,v]] = 0$ ……$(*r_0)$

は，"**ヤコビの恒等式**"（*Jacobi's identity*）と呼ばれるもので，その証明は難しくないが，計算はやっかいだ。でも，頑張ってやってみよう！

一般論として，初めに，$\displaystyle\sum_{i=1}^{f}\sum_{j=1}^{f}(a_i\,b_j - a_j\,b_i) = 0$　となることを確認してほしい。

では，$(*r_0)$ の証明を始めよう。　たとえば，$f = 3$ として，実際に計算されるといい。

$[u,[v,w]] + [v,[w,u]] + [w,[u,v]]$

$$= \sum_{i=1}^{f}\left\{\frac{\partial u}{\partial q_i}\cdot\frac{\partial}{\partial p_i}\underbrace{[v,w]}_{\textstyle\sum_{j=1}^{f}\left(\frac{\partial v}{\partial q_j}\cdot\frac{\partial w}{\partial p_j}-\frac{\partial v}{\partial p_j}\cdot\frac{\partial w}{\partial q_j}\right)} -\frac{\partial u}{\partial p_i}\cdot\frac{\partial}{\partial q_i}\underbrace{[v,w]}_{\textstyle\sum_{j=1}^{f}\left(\frac{\partial v}{\partial q_j}\cdot\frac{\partial w}{\partial p_j}-\frac{\partial v}{\partial p_j}\cdot\frac{\partial w}{\partial q_j}\right)}\right\}$$

$$+ \sum_{i=1}^{f}\left\{\frac{\partial v}{\partial q_i}\cdot\frac{\partial}{\partial p_i}\underbrace{[w,u]}_{\textstyle\sum_{j=1}^{f}\left(\frac{\partial w}{\partial q_j}\cdot\frac{\partial u}{\partial p_j}-\frac{\partial w}{\partial p_j}\cdot\frac{\partial u}{\partial q_j}\right)} -\frac{\partial v}{\partial p_i}\cdot\frac{\partial}{\partial q_i}\underbrace{[w,u]}_{\textstyle\sum_{j=1}^{f}\left(\frac{\partial w}{\partial q_j}\cdot\frac{\partial u}{\partial p_j}-\frac{\partial w}{\partial p_j}\cdot\frac{\partial u}{\partial q_j}\right)}\right\}$$

$$+ \sum_{i=1}^{f}\left\{\frac{\partial w}{\partial q_i}\cdot\frac{\partial}{\partial p_i}\underbrace{[u,v]}_{\textstyle\sum_{j=1}^{f}\left(\frac{\partial u}{\partial q_j}\cdot\frac{\partial v}{\partial p_j}-\frac{\partial u}{\partial p_j}\cdot\frac{\partial v}{\partial q_j}\right)} -\frac{\partial w}{\partial p_i}\cdot\frac{\partial}{\partial q_i}\underbrace{[u,v]}_{\textstyle\sum_{j=1}^{f}\left(\frac{\partial u}{\partial q_j}\cdot\frac{\partial v}{\partial p_j}-\frac{\partial u}{\partial p_j}\cdot\frac{\partial v}{\partial q_j}\right)}\right\}$$

$$= \sum_{i=1}^{f}\sum_{j=1}^{f}\left\{\frac{\partial u}{\partial q_i}\cdot\frac{\partial}{\partial p_i}\left(\frac{\partial v}{\partial q_j}\cdot\frac{\partial w}{\partial p_j}-\frac{\partial v}{\partial p_j}\cdot\frac{\partial w}{\partial q_j}\right)-\frac{\partial u}{\partial p_i}\cdot\frac{\partial}{\partial q_i}\left(\frac{\partial v}{\partial q_j}\cdot\frac{\partial w}{\partial p_j}-\frac{\partial v}{\partial p_j}\cdot\frac{\partial w}{\partial q_j}\right)\right.$$

$$+\frac{\partial v}{\partial q_i}\cdot\frac{\partial}{\partial p_i}\left(\frac{\partial w}{\partial q_j}\cdot\frac{\partial u}{\partial p_j}-\frac{\partial w}{\partial p_j}\cdot\frac{\partial u}{\partial q_j}\right)-\frac{\partial v}{\partial p_i}\cdot\frac{\partial}{\partial q_i}\left(\frac{\partial w}{\partial q_j}\cdot\frac{\partial u}{\partial p_j}-\frac{\partial w}{\partial p_j}\cdot\frac{\partial u}{\partial q_j}\right)$$

$$\left.+\frac{\partial w}{\partial q_i}\cdot\frac{\partial}{\partial p_i}\left(\frac{\partial u}{\partial q_j}\cdot\frac{\partial v}{\partial p_j}-\frac{\partial u}{\partial p_j}\cdot\frac{\partial v}{\partial q_j}\right)-\frac{\partial w}{\partial p_i}\cdot\frac{\partial}{\partial q_i}\left(\frac{\partial u}{\partial q_j}\cdot\frac{\partial v}{\partial p_j}-\frac{\partial u}{\partial p_j}\cdot\frac{\partial v}{\partial q_j}\right)\right\}$$

大変そうだって？でも，丹念に計算すれば結果は出せる！

それでは次，2 重 Σ の { } の中身を計算してみよう。すると，$a_i\,b_j - a_j\,b_i$ の形をした **12** 組のペアが得られるので，互いに打ち消しあって **0** となるんだね。では，実際に { } 内を調べてみると，

$$\{\ \}\text{内} = \frac{\partial u}{\partial q_i} \cdot \left(\underbrace{\frac{\partial^2 v}{\partial p_i \partial q_j} \cdot \frac{\partial w}{\partial p_j}}_{①} + \underbrace{\frac{\partial v}{\partial q_j} \cdot \frac{\partial^2 w}{\partial p_i \partial p_j}}_{②} - \underbrace{\frac{\partial^2 v}{\partial p_i \partial p_j} \cdot \frac{\partial w}{\partial q_j}}_{③} - \underbrace{\frac{\partial v}{\partial p_j} \cdot \frac{\partial^2 w}{\partial p_i \partial q_j}}_{④} \right)$$

$$- \frac{\partial u}{\partial p_i} \cdot \left(\underbrace{\frac{\partial^2 v}{\partial q_i \partial q_j} \cdot \frac{\partial w}{\partial p_j}}_{⑤} + \underbrace{\frac{\partial v}{\partial q_j} \cdot \frac{\partial^2 w}{\partial q_i \partial p_j}}_{⑥} - \underbrace{\frac{\partial^2 v}{\partial q_i \partial p_j} \cdot \frac{\partial w}{\partial q_j}}_{⑦} - \underbrace{\frac{\partial v}{\partial p_j} \cdot \frac{\partial^2 w}{\partial q_i \partial q_j}}_{⑧} \right)$$

$$+ \frac{\partial v}{\partial q_i} \cdot \left(\underbrace{\frac{\partial^2 w}{\partial p_i \partial q_j} \cdot \frac{\partial u}{\partial p_j}}_{⑥} + \underbrace{\frac{\partial w}{\partial q_j} \cdot \frac{\partial^2 u}{\partial p_i \partial p_j}}_{⑨} - \underbrace{\frac{\partial^2 w}{\partial p_i \partial p_j} \cdot \frac{\partial u}{\partial q_j}}_{②} - \underbrace{\frac{\partial w}{\partial p_j} \cdot \frac{\partial^2 u}{\partial p_i \partial q_j}}_{⑩} \right)$$

$$- \frac{\partial v}{\partial p_i} \cdot \left(\underbrace{\frac{\partial^2 w}{\partial q_i \partial q_j} \cdot \frac{\partial u}{\partial p_j}}_{⑧} + \underbrace{\frac{\partial w}{\partial q_j} \cdot \frac{\partial^2 u}{\partial q_i \partial p_j}}_{⑪} - \underbrace{\frac{\partial^2 w}{\partial q_i \partial p_j} \cdot \frac{\partial u}{\partial q_j}}_{④} - \underbrace{\frac{\partial w}{\partial p_j} \cdot \frac{\partial^2 u}{\partial q_i \partial q_j}}_{⑫} \right)$$

$$+ \frac{\partial w}{\partial q_i} \cdot \left(\underbrace{\frac{\partial^2 u}{\partial p_i \partial q_j} \cdot \frac{\partial v}{\partial p_j}}_{⑪} + \underbrace{\frac{\partial u}{\partial q_j} \cdot \frac{\partial^2 v}{\partial p_i \partial p_j}}_{③} - \underbrace{\frac{\partial^2 u}{\partial p_i \partial p_j} \cdot \frac{\partial v}{\partial q_j}}_{⑨} - \underbrace{\frac{\partial u}{\partial p_j} \cdot \frac{\partial^2 v}{\partial p_i \partial q_j}}_{⑦} \right)$$

$$- \frac{\partial w}{\partial p_i} \cdot \left(\underbrace{\frac{\partial^2 u}{\partial q_i \partial q_j} \cdot \frac{\partial v}{\partial p_j}}_{⑫} + \underbrace{\frac{\partial u}{\partial q_j} \cdot \frac{\partial^2 v}{\partial q_i \partial p_j}}_{①} - \underbrace{\frac{\partial^2 u}{\partial q_i \partial p_j} \cdot \frac{\partial v}{\partial q_j}}_{⑩} - \underbrace{\frac{\partial u}{\partial p_j} \cdot \frac{\partial^2 v}{\partial q_i \partial q_j}}_{⑤} \right)$$

となる。よって，下線部に **12** 組の $a_i\,b_j - a_j\,b_i$ の対応する組のペアを①，②，…，⑫で示しておいた。たとえば，①の下線のもののみ抜き書きして，シュワルツの

定理：$\dfrac{\partial^2 v}{\partial p_i \partial q_j} = \dfrac{\partial^2 v}{\partial q_i \partial p_j}$ も成り立つものとして，**2** 重 Σ の計算を行うと，

$$\sum_{i=1}^{f} \sum_{j=1}^{f} \left(\underbrace{\frac{\partial u}{\partial q_i} \cdot \frac{\partial^2 v}{\partial p_i \partial q_j} \cdot \frac{\partial w}{\partial p_j}}_{a_i\,b_j} - \underbrace{\frac{\partial u}{\partial q_j} \cdot \frac{\partial^2 v}{\partial q_i \partial p_j} \cdot \frac{\partial w}{\partial p_i}}_{a_j\,b_i} \right) = 0 \text{ となる。}$$

それ以外の②〜⑫のペアの **2** 重 Σ の計算をしても **0** となる。

以上より，ヤコビの恒等式：

$$[u,[v,w]] + [v,[w,u]] + [w,[u,v]] = 0 \quad \cdots\cdots (*\mathrm{r_0})$$

も成り立つことが分かったんだね。

209

§5. 無限小変換

　それではこれから，解析力学の最後のテーマ"**無限小変換**"(*infinitesimal transformation*) の解説に入ろう。これは，既に解説した"**恒等変換**"の母関数を基に，これよりもほんの微小量 (無限小) だけ，時間や位置や回転角などのパラメータを動かしたときの変換の性質を調べるものなんだ。

　ここで，無限小の変換なんて，ほとんど無意味だと思われる読者もいらっしゃることだろう。しかし，"**熱力学**"における無限に"**ゆっくりじわじわ**"動く準静的過程を思い出してほしい。このように，ほんの微小な変化でもそれを積み重ねて行くことにより，パラメータ (時間，位置，回転角など) の値の有限な変化による変換を表すことができる。したがって，このような有限な変換の多くは，その無限小変換の性質を調べることで分かるんだね。そして，これから，無限小 (微小) に変化するパラメータとその母関数の関係も明らかになる。

　最終テーマも内容が豊富だけれど，また分かりやすく解説しよう。

●恒等変換から無限小変換を導こう！

　"**無限小変換**"とは，"**恒等変換**"を基に，それによりほんのわずかな微小量 (無限小量) だけ変化させる変数変換のことなんだね。そして，この基となる恒等変換については既に **P193** で解説している。その結果を，ここにもう **1** 度示そう。

母関数 W が，

$W = W(\{q_i\}, \{P_i\}) = \sum_{i=1}^{f} P_i q_i$ 　のとき，

$\cdot \; p_i = \dfrac{\partial W}{\partial q_i} = \dfrac{\partial}{\partial q_i}\left(\sum_{j=1}^{f} P_j q_j\right) = P_i$ 　…①

$\cdot \; Q_i = \dfrac{\partial W}{\partial P_i} = \dfrac{\partial}{\partial P_i}\left(\sum_{j=1}^{f} P_j q_j\right) = q_i$ 　…②

$$\boxed{\begin{array}{l} (\text{ii})\, W(\{q_i\}, \{P_i\}) \text{ の場合} \\ p_i = \dfrac{\partial W}{\partial q_i} \quad \cdots (*\mathrm{f_0})' \\ Q_i = \dfrac{\partial W}{\partial P_i} \quad \cdots (*\mathrm{g_0})' \end{array}}$$

となって，恒等変換：

$\begin{cases} q_i = Q_i \\ p_i = P_i \end{cases}$ 　…③ 　$(i = 1, 2, \cdots, f)$ 　となるんだった。

したがって，自由度 $f = 1$ の恒等変換の母関数 W は，$W(q, P) = Pq$ であり，このとき，$p = \dfrac{\partial W}{\partial q} = P$ …①´，$Q = \dfrac{\partial W}{\partial P} = q$ …②´ より，恒等変換：

$$\begin{cases} q = Q \\ p = P \end{cases} \quad \text{…③´} \quad \text{となることも大丈夫だね。}$$

(Ⅰ) 自由度 $f = 1$ の無限小変換

それではまず，簡単な自由度 $f = 1$ の場合の恒等変換を基にして，正準変数の微小な変化 dq, dp を引き起こす無限小変換：

$$(q, p) \longrightarrow (\underbrace{q + dq}_{Q}, \underbrace{p + dp}_{P \text{ のこと}})$$

のメカニズムを調べてみよう。

> "無限小" という物理概念は，数学的には "微小" と本質的に同じものなので，物理学書では，δq, δp を使っているものが多いが，本書では，dq, dp を使うことにした。この方が，数学的には自然だからなんだね。

まず，無限小変換の基となる母関数を W' とおくと，これは恒等変換の母関数 $W = Pq$ に微小な変化分 dW を加えたものと考えることができる。よって，

$$W' = W + dW = Pq + dW \quad \text{…④} \quad \text{となる。}$$

ここで，さらにこの母関数の微小変化分 dW を次のようにおくことにする。

$$dW = \varepsilon \cdot G(q, P) \quad \text{…⑤}$$

ここで，ε は無限小のパラメータと呼び，$G(q, P)$ を無限小変換の "母関数" (generating function) と呼ぶ。この式⑤が，分かりにくいかもしれないけれど，このテーマの最大の鍵となる式なんだね。⑤式は，本質的には母関数 W と同じ働きをするものなので，それを母関数 $G(q, P)$ で表し，無限小 (微小) の意味は無限小パラメータ ε に込められていると考えてくれたらいい。(そしてさらに，この ε は具体的には，微小時間 dt や微小変位 dq など…であることが後で明らかになる。)

また，無限小変換は，ほぼ恒等変換と考えていいので，近似的に，$p = P$ なんだね。よって，⑤は近似的に

$$dW = \varepsilon \cdot G(q, p) \quad \text{…⑤´} \quad \text{と表してもかまわない。}$$

よって，⑤または⑤´を④に代入すると，無限小変換の母関数 W' は

$$W' = Pq + \varepsilon \cdot G(q, P) = Pq + \varepsilon \cdot G(q, p) \quad \text{…④´} \quad \text{となる。}$$

では，これから無限小変換の公式を導き出してみよう。

$W \fallingdotseq W'$ より，近似的に①´，②´に④´を代入できる。

・まず，②´と④´より，

$$Q = \frac{\partial W'}{\partial P} = \frac{\partial}{\partial P}\{Pq + \varepsilon \cdot G(q, P)\}$$

よって，

$$Q = q + \varepsilon \cdot \frac{\partial G}{\partial P} \quad \text{より，}$$

$$dq = Q - q = \varepsilon \cdot \frac{\partial G}{\partial p} \quad \cdots (*s_0) \quad (\because P \fallingdotseq p) \quad \text{となる。}$$

・次に，①´と④´より，

$$p = \frac{\partial W'}{\partial q} = \frac{\partial}{\partial q}\{Pq + \varepsilon \cdot G(q, p)\}$$

よって，

$$p = P + \varepsilon \cdot \frac{\partial G}{\partial q} \quad \text{より，} \quad dp = P - p = -\varepsilon \cdot \frac{\partial G}{\partial q} \quad \cdots (*s_0)´ \quad \text{が導ける。}$$

以上より，$f = 1$ における無限小変換の公式を以下にまとめておこう。

$W = Pq$ のとき，
$$\begin{cases} p = \dfrac{\partial W}{\partial q} & \cdots ①´ \\ Q = \dfrac{\partial W}{\partial P} & \cdots ②´ \end{cases}$$
$$W' = Pq + \varepsilon \cdot G(q, P)$$
$$= Pq + \varepsilon \cdot G(q, p) \quad \cdots ④´$$

■ 自由度 $f = 1$ での無限小変換

無限小変換の公式は次のようになる。

$$dq = \varepsilon \cdot \frac{\partial G}{\partial p} \quad \cdots (*s_0) \qquad dp = -\varepsilon \cdot \frac{\partial G}{\partial q} \quad \cdots (*s_0)´$$

（ただし，ε：無限小のパラメータ，G：無限小変換の母関数 ）

では次，一般的な自由度 f の場合の無限小変換も調べてみよう。

(II) 自由度 f の無限小変換

恒等変換の母関数 $W = W(\{q_i\}, \{p_i\})$ は，

$$W = \sum_{i=1}^{f} P_i q_i \quad \text{より，} \qquad \underset{\|}{\underbrace{\{P_i\}}}$$

無限小変換の母関数 W' も，$f = 1$ のときと同様に，

$W = \sum\limits_{i=1}^{f} P_i q_i$ のとき，
$$\begin{cases} p_i = \dfrac{\partial W}{\partial q_i} & \cdots ① \\ Q_i = \dfrac{\partial W}{\partial P_i} & \cdots ② \end{cases}$$

$$W' = W + dW = \sum_{i=1}^{f} P_i q_i + \varepsilon \cdot G(\{q_i\}, \underline{\{P_i\}}) \quad \cdots\cdots ⑥$$

$$\boxed{\text{または } \{p_i\} \quad (\because P_i = p_i \text{ （③より）})}$$

(ε：無限小のパラメータ，$G(\{q_i\}, \{p_i\})$：無限小変換の母関数)

ここで，$W \fallingdotseq W'$ より，近似的に①，②に⑥を代入できる。

・まず，②と⑥より，

$$Q_i = \frac{\partial W'}{\partial P_i} = \frac{\partial}{\partial P_i}\left\{\sum_{j=1}^{f} P_j q_j + \varepsilon \cdot G(\{q_i\}, \{p_i\})\right\}$$

$$= q_i + \varepsilon \cdot \frac{\partial G}{\partial P_i} = q_i + \varepsilon \cdot \frac{\partial G}{\partial p_i} \quad (\because P_i = p_i)$$

$$\therefore dq_i = Q_i - q_i = \varepsilon \cdot \frac{\partial G}{\partial p_i} \quad \cdots\cdots (*t_0)$$

・次に，①と⑥より，

$$p_i = \frac{\partial W'}{\partial q_i} = \frac{\partial}{\partial q_i}\left\{\sum_{j=1}^{f} P_j q_j + \varepsilon \cdot G(\{q_i\}, \{p_i\})\right\}$$

$$= P_i + \varepsilon \cdot \frac{\partial G}{\partial q_i}$$

$$\therefore dp_i = P_i - p_i = -\varepsilon \cdot \frac{\partial G}{\partial q_i} \quad \cdots\cdots (*t_0)'$$

以上より，一般の自由度 f における無限小変換の公式を示すと，以下のようになる。

■ 自由度 f での無限小変換

無限小変換 $(\{q_i\}, \{p_i\}) \longrightarrow (\{q_i + dq_i\}, \{p_i + dp_i\})$ の公式は次のようになる。

$$dq_i = \varepsilon \cdot \frac{\partial G}{\partial p_i} \quad \cdots\cdots (*t_0)$$

$$dp_i = -\varepsilon \cdot \frac{\partial G}{\partial q_i} \quad \cdots (*t_0)' \quad (i = 1, 2, \cdots, f)$$

(ただし，ε：無限小のパラメータ，$G(\{q_i\}, \{p_i\})$：無限小変換の母関数)

●微小時間による無限小変換を考えよう！

無限小変換の公式 $(*t_0)$, $(*t_0)'$ を見て
すぐに, 無限小のパラメータ ε と無限小変
換の母関数 G をそれぞれ,

無限小変換の公式
$$\begin{cases} dq_i = \varepsilon \cdot \dfrac{\partial G}{\partial p_i} & \cdots\cdots (*t_0) \\[2mm] dp_i = -\varepsilon \cdot \dfrac{\partial G}{\partial q_i} & \cdots (*t_0)' \end{cases}$$

$\varepsilon = dt$ (微小時間) , $G = H(\{q_i\}, \{p_i\})$ とおけば,
$(*t_0)$, $(*t_0)'$ はそれぞれ

$$dq_i = dt \cdot \frac{\partial H}{\partial p_i} \quad \cdots(a) \quad , \quad dp_i = -dt \cdot \frac{\partial H}{\partial q_i} \quad \cdots(b) \quad \text{となるので,}$$

これらは, そのまま正準方程式：

$$\dot{q}_i = \frac{\partial H}{\partial p_i} \quad \cdots(*e) \quad , \quad \dot{p}_i = -\frac{\partial H}{\partial q_i} \quad \cdots(*e)' \quad \text{そのものになるんだね。}$$

では, これをどのように考えるのか？が問題だね。(a), (b) から言える
ことは, 「正準変数 $\{q_i\}$, $\{p_i\}$ は, ハミルトニアン H によって生成される
時刻 t から $t+dt$ の無限小変換により, $\{q_i+dq_i\}$, $\{p_i+dp_i\}$ に変換される」
ということなんだね。ということは,
「正準変数 $\{q_i(t)\}$, $\{p_i(t)\}$ はその微小時間 dt 秒毎に新たな正準変数 $\{q_i+dq_i\}$, $\{p_i+dp_i\}$ に無限小変換 (という正準変換) を受けながら, 次々にトラジェクトリー上を移動していく」と考えることもできるんだね。

ここで, 一般の物理量 $F(\{q_i\}, \{p_i\})$ を考えてみよう。この全微分 dF
を無限小変換による変化と考えると,

$$dF = \sum_{i=1}^{f} \left(\frac{\partial F}{\partial q_i} \underline{dq_i} + \frac{\partial F}{\partial p_i} \underline{dp_i} \right)$$

$\underbrace{\varepsilon \cdot \frac{\partial G}{\partial p_i} \ ((*t_0) \text{より})}$ $\underbrace{-\varepsilon \cdot \frac{\partial G}{\partial q_i} \ \cdots((*t_0)' \text{より})}$

$$= \varepsilon \cdot \underbrace{\sum_{i=1}^{f} \left(\frac{\partial F}{\partial q_i} \cdot \frac{\partial G}{\partial p_i} - \frac{\partial F}{\partial p_i} \cdot \frac{\partial G}{\partial q_i} \right)}_{\text{ポアソン括弧} [F, G]_{q,p}} \quad ((*t_0), (*t_0)' \text{より})$$

$$\therefore dF = \varepsilon \cdot [F, G]_{q,p} \quad \cdots(c) \quad \text{となる。}$$

よって, 無限小パラメータ ε を dt とおき, 無限小変換の母関数 G をハミルトニアン H とおくと, $\dot{F}$ は,

$\dot{F} = \dfrac{dF}{dt} = [F , H]_{q , p}$ となる。

これは，F が時刻 t を陽（あきらか）に含まない場合の $\dot{F}$ のポアソン括弧による表現式になるんだね。(**P195** 参照)

●平行移動の無限小変換を押さえよう！

では次，平行移動の無限小変換について考えてみよう。

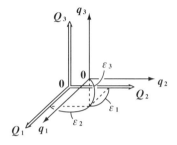

図1　平行移動の無限小変換

図1 に示すように，$q_1 q_2 q_3$ 座標系と微小量 ε_1，ε_2，ε_3 だけ平行移動された $Q_1 Q_2 Q_3$ 座標系を考える。このとき，$q_1 q_2 q_3$ 座標系上の点の座標を $[q_1 , q_2 , q_3]$，また同じ点を $Q_1 Q_2 Q_3$ 座標系でみた場合の座標を $[Q_1 , Q_2 , Q_3]$ とおくと，

$$\begin{bmatrix} Q_1 \\ Q_2 \\ Q_3 \end{bmatrix} = \begin{bmatrix} q_1 \\ q_2 \\ q_3 \end{bmatrix} + \begin{bmatrix} \varepsilon_1 \\ \varepsilon_2 \\ \varepsilon_3 \end{bmatrix} \quad \cdots ①$$ が成り立つ。

一般に自由度 f の系で考えると，①は

$Q_i = q_i + \varepsilon_i$ $\cdots ②$ $(i = 1 , 2 , \cdots , f)$ と表せる。

ここで，ε_i を無限小のパラメータと考えると，この ε_i は微小な位置の平行移動量 dq_i とおけるので，②は

$\varepsilon_i = dq_i = Q_i - q_i$ $\cdots ②´$ $(i = 1 , 2 , \cdots , f)$ となる。

また，各座標において各質点の速度成分に変化はないので，運動量に関しては，

$dp_i = P_i - p_i = 0$ $\cdots ③$ $(i = 1 , 2 , \cdots , f)$ となるはずだね。

このような座標系の平行移動のことを，物理学では **"空間推進"**（*space translation*）と呼んだりするので，覚えておこう。

それでは，この空間推進による無限小変換の公式 $(*t_0)$，$(*t_0)'$ に②´，③を代入して，このときの無限小変換の母関数 G がどうなるか調べてみよう。

・$\underline{\varepsilon_i} = \varepsilon_i \dfrac{\partial G}{\partial p_i}$

(②´より)

今回は，i 毎に異なる無限小パラメータ ε_i を想定している。

・$\underline{0} = -\varepsilon_i \dfrac{\partial G}{\partial q_i}$

(③より)

よって，$\dfrac{\partial G}{\partial p_i} = 1$　かつ　$\dfrac{\partial G}{\partial q_i} = 0$　$(i = 1, 2, \cdots, f)$　をみたす G は，

$G = \displaystyle\sum_{i=1}^{f} p_i = p_1 + p_2 + \cdots + p_f$　であることが分かったと思う。

これから

「空間推進 (座標の平行移動) による無限小変換を生成する母関数は運動量である。」ことが分かったんだね。

●座標回転の無限小変換も考察しよう！

それでは最後に，微小な座標回転による無限小変換についても考えてみよう。

ここでは，自由度 $f = 2$ として，図 2(i) に示すように，$q_1 q_2$ 座標系を原点 O の周りに微小な角 ε だけ時計回りに回転したものを $Q_1 Q_2$ 座標とすることにしよう。このとき，$q_1 q_2$ 座標系で $[q_1, q_2]$ と表される点は，$Q_1 Q_2$ 座標系では $[Q_1, Q_2]$ と表されるものとすると，図 2(ii) に示すように，$[q_1, q_2]$ を O の周りに ε だけ反時計回りに回転したものが $[Q_1, Q_2]$ であることが分かるので，$[Q_1, Q_2]$ と，$[q_1, q_2]$ の関係は，回転の行列 $R(\varepsilon)$ を用いて，次のようになる。

$$\begin{bmatrix} Q_1 \\ Q_2 \end{bmatrix} = R(\varepsilon) \begin{bmatrix} q_1 \\ q_2 \end{bmatrix} \qquad よって,$$

図2　座標回転の無限小変換

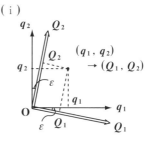

（ i ）

$$\begin{bmatrix} Q_1 \\ Q_2 \end{bmatrix} = \begin{bmatrix} \cos\varepsilon & -\sin\varepsilon \\ \sin\varepsilon & \cos\varepsilon \end{bmatrix} \begin{bmatrix} q_1 \\ q_2 \end{bmatrix} \quad \cdots(a)$$

と表される。ここで，ε は無限小 (微小) な角なので，次の近似式が成り立つ。

$$\begin{cases} \cos\varepsilon \fallingdotseq 1 \\ \sin\varepsilon \fallingdotseq \varepsilon \end{cases} \cdots(b)$$

(b) を (a) に代入してまとめると，

$$\begin{bmatrix} Q_1 \\ Q_2 \end{bmatrix} = \begin{bmatrix} 1 & -\varepsilon \\ \varepsilon & 1 \end{bmatrix} \begin{bmatrix} q_1 \\ q_2 \end{bmatrix} = \begin{bmatrix} q_1 - \varepsilon q_2 \\ \varepsilon q_1 + q_2 \end{bmatrix}$$

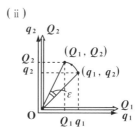

（ ii ）

よって，

$$\begin{cases} Q_1 = q_1 - \varepsilon q_2 \\ Q_2 = \varepsilon q_1 + q_2 \end{cases} より,$$

$$\begin{cases} dq_1 = Q_1 - q_1 = -\varepsilon q_2 \quad \cdots(c) \\ dq_2 = Q_2 - q_2 = \varepsilon q_1 \quad \cdots\cdots(d) \end{cases} となる。$$

さらに，(c)，(d) より，質点の質量を m とおくと，一般化運動量 p_1，p_2 の微小変化量 dp_1，dp_2 はそれぞれ次のようになる。

$$\begin{cases} dp_1 = m(\dot{Q}_1 - \dot{q}_1) = -\varepsilon m\dot{q}_2 = -\varepsilon p_2 \quad \cdots(e) \\ dp_2 = m(\dot{Q}_2 - \dot{q}_2) = \varepsilon m\dot{q}_1 = \varepsilon p_1 \quad \cdots\cdots(f) \end{cases}$$

ここで，$f = 2$ での無限小変換の公式 $(*_{t_0})$，$(*_{t_0})'$ より，

$$\underline{dq_1 = \varepsilon \frac{\partial G}{\partial p_1}} \quad \cdots\cdots(g) \quad , \quad \underline{dq_2 = \varepsilon \frac{\partial G}{\partial p_2}} \quad \cdots\cdots(h)$$
$$\boxed{-\varepsilon q_2 \,((c)\, より\,)} \qquad\qquad \boxed{\varepsilon q_1 \,((d)\, より\,)}$$

$$\underline{dp_1 = -\varepsilon \frac{\partial G}{\partial q_1}} \quad \cdots(i) \quad , \quad \underline{dp_2 = -\varepsilon \frac{\partial G}{\partial q_2}} \quad \cdots(j) \quad となる。$$
$$\boxed{-\varepsilon p_2 \,((e)\, より\,)} \qquad\qquad \boxed{\varepsilon p_1 \,((f)\, より\,)}$$

上記 (g)，(h)，(i)，(j) に，それぞれ (c)，(d)，(e)，(f) を代入してまとめると，

$$\frac{\partial G}{\partial p_1} = -q_2 \quad \cdots (g)' \quad , \quad \frac{\partial G}{\partial p_2} = q_1 \quad \cdots\cdots (h)'$$

$$\frac{\partial G}{\partial q_1} = p_2 \quad \cdots\cdots (i)' \quad , \quad \frac{\partial G}{\partial q_2} = -p_1 \quad \cdots (j)' \quad \text{となる。}$$

これから，微小な座標の回転による無限小変換を生成する母関数 G を求めると，

$G = q_1 p_2 - q_2 p_1 \quad \cdots (k)$ となることが分かるはずだ。

実際に，(k) を $(g)'$，$(h)'$，$(i)'$，$(j)'$ に代入すれば成り立つからね。

では，この G が z 軸の周りの角運動量の z 成分になっているのは分かるだろうか？

角運動量 L_a を計算するには，3 次元にする必要があるので，

位置 $r = [q_1, q_2, 0]$，運動量 $p = mv = [p_1, p_2, 0]$ とおくと，

角運動量 $L_a = r \times p$

$$= [0, 0, q_1 p_2 - q_2 p_1]$$

となって，G が，L_a の z 成分

$q_1 p_2 - q_2 p_1$ であることが分かっ

たと思う。これから，

> 外積 $r \times p$ の計算
>
> $q_1 \quad q_2 \quad 0 \quad q_1$
>
> $p_1 \quad p_2 \quad 0 \quad p_1$
>
> $q_1 p_2 - q_2 p_1] \quad [0, \quad 0,$

「座標の微小回転による無限小変換を生成する母関数 G は，角運動量である。」ことも分かったんだね。

以上，無限小変換における無限小パラメータ ε と母関数 G の物理量としての関係を，表 1 にまとめて示す。

表 1 のパラメータと母関数の物理量を見ると，たとえば，位置と運動量のように，量子力学における "**相補的な**"（**complementary**）物理量の対応関係になっていることに気付かれた方もおられると思う。そう…，量子力学においては，位置と運動量は

表 1　無限小変換のパラメータと母関数

パラメータ ε	母関数 G
時刻 t	ハミルトニアン H
位置 q	運動量 p
回転角 θ	角運動量 L_a

同時に決定することのできない物理量であり，これをボーアは相補的な物理量と呼んだんだね。

このように，解析力学そのものは古典力学に属するんだけれど，ハミルトニアンを利用する手法や，このような結果が，やがて量子力学の扉を開いていくことになるんだね。

　以上で，解析力学の講義は，すべて終了です。これまで，読み進めてこられるのは大変だったと思うけれど，また同時に実り豊かな作業でもあったと思う。

　解析力学は，本質的には，ニュートン力学を，ラグランジュの運動方程式やハミルトンの正準方程式によって，再公式化したものに過ぎないんだけれど，そのプロセスにおいて，汎関数と変分原理，最速降下線問題，仮想仕事の原理，位相空間とトラジェクトリー，ポアソン括弧，無限小変換などなど…，様々な副産物が生み出されて，応用数学的に見て非常に興味深い学問分野だと思う。そして，これがさらに，統計力学や流体力学，それに量子力学へとつながっていくわけだから，理系の方々なら学生，社会人を問わずに是非マスターしておくべき重要な分野なんだね。

　この興味深くて面白いんだけれど，数学的には敷居の高い解析力学を出来る限り分かりやすく解説したつもりだ。今，疲れている方は，ここで一休みされても構わないけれど，また元気を回復して，2回，3回と繰り返し読み返されることを勧める。

　本書が，解析力学を学ぼうとされる方のよきパートナーとなることを祈りつつ…，ここでペンを置きます。

マセマ代表　馬場 敬之

講義 3 ● ハミルトンの正準方程式　公式エッセンス

1. $\dfrac{dq_i}{dt}=\dfrac{\partial H}{\partial p_i}$ …（＊e），　$\dfrac{dp_i}{dt}=-\dfrac{\partial H}{\partial q_i}$ …（＊e）′　（$i=1,2,\cdots,f$）

"ヘ（H）ク（q）ト（t）パ（p）スカル" と覚えよう！

$\left(\begin{array}{l}\text{ただし，ハミルトニアン }H=\displaystyle\sum_{i=1}^{f}p_i\dot{q}_i-L\ \ \text{…（＊g），}\ q_i:\text{一般化座標，}\\[2mm]p_i:\text{一般化運動量}，\ p_i=\dfrac{\partial L}{\partial \dot{q}_i}\ \ \text{…（＊f）}\end{array}\right)$

2. （＊g）と（＊f）より，$H=T+U$（全力学的エネルギー）が導かれる。

3. H が時刻 t を陽（あきらか）に含まないとき，$H=T+U$ は保存される。

4. H が時刻 t を陽（あきらか）に含まないとき，全力学エネルギーの保存則：

   $H=T+U=E$（一定）…①　より，

   （ⅰ）$f=1$ のとき，2 次元の位相空間（qp 平面（デカルト平面））において，代表点は，①が表すトラジェクトリーを描く。

   （ⅱ）$f\geqq 2$ のとき，$2f$ 次元の位相空間において，$2f-1$ 次元の超曲面が与えられ，その上に代表点は，曲線のようなトラジェクトリーを描く。

5. **リウビルの定理**

   位相空間内のある微小領域内の各代表点が正準方程式に従って運動するとき，その領域の形状は変化しても，その体積（または面積）は変化することなく保存される。

6. **母関数 W による正準変換**

   母関数 W が時刻 t を陽（あきらか）に含まないとき，

   $H=K$ が成り立つ。　（ハミルトニアン $H(\{q_i\},\{p_i\}),K(\{Q_i\},\{P_i\})$）

   （ⅰ）$W(\{q_i\},\{Q_i\})$ の場合，　　　　（ⅱ）$W(\{q_i\},\{P_i\})$ の場合，

   $p_i=\dfrac{\partial W}{\partial q_i}$ ，$P_i=-\dfrac{\partial W}{\partial Q_i}$　　　　$p_i=\dfrac{\partial W}{\partial q_i}$ ，$Q_i=\dfrac{\partial W}{\partial P_i}$

   （ⅲ）$W(\{p_i\},\{Q_i\})$ の場合，　　　　（ⅳ）$W(\{p_i\},\{P_i\})$ の場合，

   $q_i=-\dfrac{\partial W}{\partial p_i}$ ，$P_i=-\dfrac{\partial W}{\partial Q_i}$　　　　$q_i=-\dfrac{\partial W}{\partial p_i}$ ，$Q_i=\dfrac{\partial W}{\partial P_i}$

7. ポアソン括弧の公式（Ⅰ）

(1) $[q_i, q_j]_{q,p} = 0$　(2) $[p_i, p_j]_{q,p} = 0$　(3) $[q_i, p_j]_{q,p} = \delta_{ij} = \begin{cases} 1 & (j = i) \\ 0 & (j \neq i) \end{cases}$

クロネッカーのデルタ

8. 正準方程式のポアソン括弧による表現

(1) $\dot{q}_i = [q_i, H]_{q,p}$　　　(2) $\dot{p}_i = [p_i, H]_{q,p}$

9. ポアソン括弧による正準変換の判定

正準変数 $\{q_j\}$, $\{p_j\}$ を変換して得られた新たな変数 $Q_i(\{q_j\}, \{p_j\})$ と $P_i(\{q_j\}, \{p_j\})$ が正準変数である，すなわち $(\{q_i\}, \{p_i\}) \to (\{Q_i\}, \{P_i\})$ が正準変換であるための必要十分条件は，

（Ⅰ）$[Q_i, Q_j]_{q,p} = 0$, かつ（Ⅱ）$[P_i, P_j]_{q,p} = 0$, かつ（Ⅲ）$[Q_i, P_j]_{q,p} = \delta_{ij}$

10. ポアソン括弧の正準変換に対する不変性

ポアソン括弧 $[u, v]$ は，$(\{q_i\}, \{p_i\}) \to (\{Q_i\}, \{P_i\})$ の正準変換を行っても変化せず，保存される。すなわち，$[u, v]_{q,p} = [u, v]_{Q,P}$ が成り立つ。よって，これを単に $[u, v]$ と表してもよい。

11. ポアソン括弧の公式（Ⅱ）

正準変数を独立変数にもつ偏微分可能な **2** つの関数 u, v のポアソン

$\{q_i\}$, $\{p_i\}$ でも，$\{Q_i\}$, $\{P_i\}$ でも正準変数なら何でもかまわない。

括弧について，次の公式が成り立つ。

(1) $[u, v] = -[v, u]$　(2) $[u+v, w] = [u, w] + [v, w]$

(3) $[u, vw] = w[u, v] + v[u, w]$　(4) $[uv, w] + [vw, u] + [wu, v] = 0$

(5) $[u, [v, w]] + [v, [w, u]] + [w, [u, v]] = 0$

12. 自由度 f での無限小変換

無限小変換 $(\{q_i\}, \{p_i\}) \to (\{q_i + dq_i\}, \{p_i + dp_i\})$ の公式は次のようになる。

$$dq_i = \varepsilon \cdot \frac{\partial G}{\partial p_i} \quad,\quad dp_i = -\varepsilon \cdot \frac{\partial G}{\partial q_i} \quad (i = 1, 2, \cdots, f)$$

（ただし，ε：無限小のパラメータ，$G(\{q_i\}, \{p_i\})$：無限小変換の母関数）

◆量子力学入門◆

　解析力学の手法は，量子力学でも重要な役割を演じることになるんだね。
ここでは，量子力学の入門として，量子力学の基礎方程式である 1 次元の
シュレーディンガー方程式とハミルトニアン演算子 $\hat{H}$ の関係について簡単
に解説しておこう。

● シュレーディンガーの波動方程式を紹介しよう！

　量子的（ミクロな）粒子は，粒子と波動の 2 重性をもち，この力学的な
状態は波動関数で表されるんだね。そして，時刻 t を含む 1 次元の波動
関数 $\Psi(x, t)$ については，次のシュレーディンガー（$E.Schrödinger$）の
波動方程式が成り立つことが分かっている。

■ シュレーディンガーの波動方程式

時刻 t を含む 1 次元の波動関数 $\Psi(x,t)$ について，次のシュレーディンガー
の波動方程式が成り立つ。

$$i\hbar\frac{\partial \Psi}{\partial t} = -\frac{\hbar^2}{2m}\frac{\partial^2 \Psi}{\partial x^2} + U(x)\Psi \quad \cdots\cdots(*a_1)$$

$\left(\begin{array}{l} \text{ただし，} \Psi(x, t)：波動関数，i：虚数単位，m：粒子の質量，\\ \quad t：時刻，x：位置，U(x)：ポテンシャルエネルギー，\\ \quad \hbar\left(=\dfrac{h}{2\pi}\right) \quad (h：プランク定数 \ (h = 6.63 \times 10^{-34}(\mathrm{J \cdot s}))) \end{array}\right.$

　このシュレーディンガー方程式 $(*a_1)$ は，ハミルトニアン演算子 $\hat{H}(\hat{x}, \hat{p})$
を用いると，$i\hbar\dfrac{\partial \Psi}{\partial t} = \hat{H}\Psi \ \cdots\cdots(*a_1)'$ とシンプルに表現することができる。

　でも今は，波動関数 $\Psi(x, t)$ って何？ シュレーディンガー方程式って何？？
そして，ハミルトニアン演算子って何？？？ の状態だと思う。これから，
これらの意味と関係について簡単に解説し，量子力学の基本について理解
して頂こうと思う。

● 波動関数 $\Psi(x, t)$ は，複素指数関数で表される！

まず，実数関数での余弦波（$\cos$ の波）について考えてみよう。

（ⅰ）位置 x について，波長 λ の波動を $u(x)$ と
おくと，

$$u(x) = \cos 2\pi \frac{x}{\lambda} \quad \cdots\cdots \text{①} \quad \text{となる。}$$

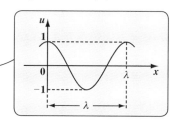

$x : 0 \to \lambda$ のとき，$2\pi \dfrac{x}{\lambda} : 0 \to 2\pi$ となるからね。

（ⅱ）時刻 t について，周期 T の波動を $u(t)$ と
おくと，同様に，

$$u(t) = \cos 2\pi \frac{t}{T} \quad \cdots\cdots \text{②} \quad \text{となるんだね。}$$

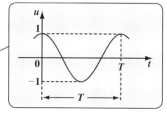

$t : 0 \to T$ のとき，$2\pi \dfrac{t}{T} : 0 \to 2\pi$ となるからね。

そして，この（ⅰ）（ⅱ）の①，②を組み合わせることにより，次に示すような x 軸の正の向きに進む進行波 $u(x, t)$ を表すことができる。

$$u(x, t) = \cos 2\pi \left(\frac{x}{\lambda} - \frac{t}{T} \right) \quad \cdots\cdots \text{③}$$

右図に示すように，時刻 $t \fallingdotseq 0$ のとき
$x \fallingdotseq 0$ 付近にあった波について考えよう。

すると，$\dfrac{x_1}{\lambda} - \dfrac{t_1}{T} \fallingdotseq 0$ をみたすような，

ある正の数 x_1 と t_1 が必ず存在するわけ

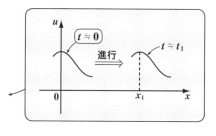

だから，これは，$t \fallingdotseq 0$ のとき $x \fallingdotseq 0$ 付近にあった波が，時刻 $t \fallingdotseq t_1$ のとき $x \fallingdotseq x_1$ 付近に移動（進行）するものと考えられるからなんだね。

この③は，実数関数における進行波の波動関数だったわけだけれど，量子力学においては，次のオイラーの公式：

$$e^{i\theta} = \cos\theta + i\sin\theta \quad \cdots\cdots (*b_1) \quad \text{を利用して，}$$

1 次元の波動関数 $\Psi(x, t)$ を，次のようにおくんだね。

$$\Psi(x,\ t)=e^{2\pi i\left(\frac{x}{\lambda}-\frac{t}{T}\right)}=\cos2\pi\left(\frac{x}{\lambda}-\frac{t}{T}\right)+i\sin2\pi\left(\frac{x}{\lambda}-\frac{t}{T}\right)\cdots\cdots③'$$

オイラーの公式：$e^{i\theta}=\cos\theta+i\sin\theta$ より

この複素指数関数で表される量子力学の波動関数って何？と疑問が湧いてくるだろうけど，これは，この絶対値の2乗，すなわち $|\Psi(x,t)|^2$ が，ミクロな粒子が微小区間 $[x,\ x+dx]$ の範囲に存在する確率の確率密度を表す，すなわち，確率の波と考えてくれたらいいんだよ。

そして，さらに量子力学の次の2つの基本公式

$E=h\nu$ $\cdots\cdots$④ と $p=\dfrac{h}{\lambda}$ $\cdots\cdots$⑤ を用いると，

$\left(E：力学的エネルギー，\ \nu\left(=\dfrac{1}{T}\right)：振動数，\ p：運動量\right)$

波動関数 $\Psi(x,\ t)$ は，次のように変形できるんだね。

$$\Psi(x,\ t)=e^{2\pi i\left(\frac{p}{h}x-\frac{E}{h}t\right)}=e^{i\left(\frac{p}{\hbar}x-\frac{E}{\hbar}t\right)}\cdots\cdots③''\quad \left(ただし，\ \hbar=\dfrac{h}{2\pi}\right)$$

この③''と，力学的エネルギーの保存則：

$$E=\dfrac{p^2}{2m}+U\cdots\cdots⑥$$

$\left(\dfrac{p^2}{2m}：運動エネルギー，\ U：ポテンシャルエネルギー\right)$

を組み合せることにより，1次元のシュレーディンガー方程式：

$$i\hbar\dfrac{\partial\Psi}{\partial t}=-\dfrac{\hbar^2}{2m}\dfrac{\partial^2\Psi}{\partial x^2}+U\Psi\cdots\cdots(*a_1)\quad を導くことができる。$$

早速やってみよう。

まず，$\Psi(x,\ t)=e^{i\frac{p}{\hbar}x}\cdot e^{-i\frac{E}{\hbar}t}$ $\cdots\cdots$③'' を

t と x でそれぞれ偏微分してみると，次のようになるね。

(i) $\dfrac{\partial\Psi}{\partial t}=\underbrace{e^{i\frac{p}{\hbar}x}}_{定数扱い}\cdot\left(-i\dfrac{E}{\hbar}\right)e^{-i\frac{E}{\hbar}t}=-i\dfrac{E}{\hbar}\underbrace{e^{i\left(\frac{p}{\hbar}x-\frac{E}{\hbar}t\right)}}_{\Psi(x,t)}\cdots\cdots⑦$

(ii) $\dfrac{\partial\Psi}{\partial x}=i\dfrac{p}{\hbar}e^{i\frac{p}{\hbar}x}\cdot\underbrace{e^{-i\frac{E}{\hbar}t}}_{定数扱い}=i\dfrac{p}{\hbar}\underbrace{e^{i\left(\frac{p}{\hbar}x-\frac{E}{\hbar}t\right)}}_{\Psi(x,t)}\cdots\cdots⑧$

（ⅰ）よって，$\dfrac{\partial \Psi}{\partial t}=-i\dfrac{E}{\hbar}\Psi$ ………⑦ より，

$E\Psi=-\dfrac{\hbar}{i}\dfrac{\partial \Psi}{\partial t}=\dfrac{i^2\hbar}{i}\dfrac{\partial \Psi}{\partial t}=i\hbar\dfrac{\partial \Psi}{\partial t}$ ………⑦′ となる。また，

（ⅱ）$\dfrac{\partial \Psi}{\partial x}=i\dfrac{p}{\hbar}\Psi$ ………⑧ より，

$p\Psi=\dfrac{\hbar}{i}\dfrac{\partial \Psi}{\partial x}=-\dfrac{i^2\hbar}{i}\dfrac{\partial \Psi}{\partial x}=-i\hbar\dfrac{\partial \Psi}{\partial x}$ ………⑧′ となるのもいいね。

ここで⑧′より，p を Ψ にかけるということは，「$-i\hbar\dfrac{\partial}{\partial x}$ という演算子を Ψ に作用させることである」と考えると，$p^2\Psi$ は，

$p^2\Psi=\left(-i\hbar\dfrac{\partial}{\partial x}\right)^2\Psi=\underset{\boxed{-1}}{i^2}\hbar^2\dfrac{\partial^2}{\partial x^2}\Psi=-\hbar^2\dfrac{\partial^2\Psi}{\partial x^2}$ ………⑧″ となるんだね。

以上で準備終了です！ これから，⑥のエネルギーの保存則の式の両辺に，右から波動関数 $\Psi(x,t)$ をかけると，

$\underset{\boxed{i\hbar\frac{\partial \Psi}{\partial t}\,(⑦′より)}}{E\Psi}=\dfrac{1}{2m}\underset{\boxed{-\hbar^2\frac{\partial^2\Psi}{\partial x^2}\,(⑧″より)}}{p^2\Psi}+U\Psi$ ………⑥′ となる。

この⑥′に，⑦′と⑧″を代入すると，シュレーディンガー方程式

$i\hbar\dfrac{\partial \Psi}{\partial t}=-\dfrac{\hbar^2}{2m}\dfrac{\partial^2\Psi}{\partial x^2}+U\Psi$ ………$(*a_1)$ が導けるんだね。

ここで，新たに，3つの演算子を次のように定義しよう。

$\hat{p}\equiv-i\hbar\dfrac{\partial}{\partial x}$, $\hat{x}\equiv x$, $\underset{\boxed{\text{これを“ハミルトニアン演算子”と呼ぶ。}}}{\hat{H}(\hat{x},\hat{p})\equiv\dfrac{\hat{p}^2}{2m}+U(\hat{x})}$

すると，ハミルトニアン演算子 $\hat{H}(\hat{x},\hat{p})$ は，⑧″より，

$\hat{H}(\hat{x},\hat{p})=\dfrac{1}{2m}\cdot(-\hbar^2)\dfrac{\partial^2}{\partial x^2}+U(x)=-\dfrac{\hbar^2}{2m}\dfrac{\partial^2}{\partial x^2}+U$ となるので，$(*a_1)$ は，

$i\hbar\dfrac{\partial \Psi}{\partial t}=\hat{H}\Psi$ ……$(*a_1)′$ とシンプルに表すこともできるんだね。この一連の流れを覚えておけば，いつでも自力でシュレーディンガー方程式を導ける。

一般に、ハミルトニアン H は時刻 t を含まない場合が多いので、ここで、時刻 t を含まない波動関数 $\psi(x)$ の方程式も求めてみよう。

波動関数 $\Psi(x, t)$ が、次のように変数分離形で表されるものとしよう。

$$\underbrace{\Psi(x,\ t)}_{\substack{t\text{を含む}\\\text{波動関数}}} = \underbrace{\psi(x)}_{\substack{t\text{を含まない}\\\text{波動関数}}} \overset{\text{タウ}}{\tau}(t) \cdots\cdots \text{⑨}$$

> これは、偏微分方程式を解く際に "変数分離法" と呼ばれる基本的解法のパターンの **1** つだ。

⑨を $(*a_1)$ に代入して、

$$i\hbar\psi\underbrace{\dot{\tau}}_{\frac{d\tau}{dt}} = -\frac{\hbar^2}{2m}\underbrace{\psi''}_{\frac{d^2\psi}{dx^2}}\tau + U\psi\tau$$

> $\because \dot{\Psi} = \psi\cdot\dot{\tau},\ \Psi'' = \psi''\cdot\tau$

この両辺を $\psi\tau$ で割ると、次のように左辺は t のみの、そして右辺は x のみの式となるので、これが恒等的に成り立つためには、これはある定数に等しくなければならない。ここで、その定数を $E(>0)$ とおくと、

$$\underbrace{i\hbar\frac{\dot{\tau}}{\tau}}_{(\text{i})\,t\text{のみの式}} = \underbrace{-\frac{\hbar^2}{2m}\frac{\psi''}{\psi} + U}_{(\text{ii})\,x\text{のみの式}} = \underbrace{E}_{\text{力学的エネルギーのこと}} \quad (\text{正の定数}) \text{となる。}$$

> ここで、エネルギー E が定数として現れる。

(i) まず、$i\hbar\dfrac{\dot{\tau}}{\tau} = E$ より、$\dot{\tau} = \dfrac{E}{i\hbar}\tau = -\dfrac{i^2 E}{i\hbar}\tau = -i\dfrac{E}{\hbar}\tau$

$\quad\quad \dfrac{d\tau}{dt} = -i\dfrac{E}{\hbar}\tau$ となり、これをみたす $\tau(t)$ は、

$\quad\quad \tau(t) = e^{-i\frac{E}{\hbar}t}$

> 定数係数 C は、$\psi(x)$ の方につけることにして、この係数は **1** とした。

> $\dfrac{df}{dt} = \alpha f$ のとき、一般解は $f = Ce^{\alpha t}$ となるからね。

となるんだね。では次の方程式について考えてみよう。

(ii) $-\dfrac{\hbar^2}{2m}\dfrac{\psi''}{\psi} + U = E$ より、両辺に $\psi(x)$ をかけると、

時刻 t を含まない波動関数 $\psi(x)$ のシュレーディンガーの波動方程式

$$E\psi = -\frac{\hbar^2}{2m}\frac{d^2\psi}{dx^2} + U\psi \cdots\cdots(*a_2) \quad \text{が導ける。}$$

この $(*a_2)$ は，$\Psi(x,\ t) = \psi(x)e^{-i\frac{E}{\hbar}t}$　とおいて，

$$i\hbar \frac{\partial \Psi}{\partial t} = -\frac{\hbar^2}{2m} \frac{\partial^2 \Psi}{\partial x^2} + U\Psi \ \cdots\cdots(*a_1)$$　に代入することによっても

求められる。実際に実行してみると，

$$i\hbar\psi \underbrace{\frac{\partial}{\partial t}\left(e^{-i\frac{E}{\hbar}t}\right)}_{\boxed{-i\frac{E}{\hbar}e^{-i\frac{E}{\hbar}t}}} = -\frac{\hbar^2}{2m} e^{-i\frac{E}{\hbar}t} \frac{d^2\psi}{dx^2} + U\psi e^{-i\frac{E}{\hbar}t}$$

$$E\psi e^{-i\frac{E}{\hbar}t} = -\frac{\hbar^2}{2m} \frac{d^2\psi}{dx^2} \cdot e^{-i\frac{E}{\hbar}t} + U\psi e^{-i\frac{E}{\hbar}t}$$

よって，両辺を $e^{-i\frac{E}{\hbar}t}$ で割ると，$(*a_2)$ が導けるんだね。

このように，$\Psi(x, t) = \psi(x) \cdot e^{-i\frac{E}{\hbar}t}$ で表されるとき，これは，エネルギーが一定の値 E（定数）をとる定常状態と考えることができる。

そして，単にシュレーディンガー方程式と呼ぶ場合，$(*a_2)$ を指すことが多いことも知っておくといい。

それでは，Ψ と ψ についてのシュレーディンガー方程式をもう1度ここにまとめておこう。

(I) 時刻 t を含む波動関数 $\Psi(x,\ t)$ の波動方程式は，

$$i\hbar \frac{\partial \Psi}{\partial t} = -\frac{\hbar^2}{2m} \frac{\partial^2 \Psi}{\partial x^2} + U(x)\Psi \ \cdots\cdots(*a_1)$$　で表され，

(II) $(*a_1)$ の解の1つとして，$\Psi(x,\ t) = \psi(x) \cdot e^{-i\frac{E}{\hbar}t}$ と表され，時刻 t を含まない波動関数 $\psi(x)$ の波動方程式は，

$$E\psi = -\frac{\hbar^2}{2m} \frac{d^2\psi}{dx^2} + U(x)\psi \ \cdots\cdots(*a_2)$$　で表されるんだね。

以上で，シュレーディンガー方程式の導き方は分かったと思う。けれど，何故，古典力学の力学的エネルギーの保存則と演算子を組み合わせるのか？その理論的な根拠については誰も答えることができないと思う。シュレーディンガー方程式は，不思議な量子の世界を記述する不思議な方程式と言ってもいいかもしれない。

● ハイゼンベルグの行列力学と不確定性原理についても概説しよう！

　量子力学の基礎を確立した科学者として，シュレーディンガー以外に，ハイゼンベルグ (*W.K.Heisenberg*) を挙げることができる。ハイゼンベルグは，シュレーディンガーより少し早く "**行列力学**" (*matrix mechanics*) という手法を創出した。この行列力学についても，簡単に概説しておこう。

　物理量を表す変数として，行列を用いることにし，運動量を表す行列を P，位置を表す行列を Q とおくと，行列の積では交換法則が成り立たないので，当然

$PQ \neq QP$ ……………① 　　すなわち，

$PQ - QP \neq O$ ………①´ 　　となる。　（P, Q：無限行無限列の行列）

ここでさらに，ハイゼンベルグは，$PQ - QP$ を，虚数単位 i と $\hbar \left(= \dfrac{h}{2\pi} \right)$ と

単位行列 $E = \begin{bmatrix} 1 & 0 & 0 & \cdots \\ 0 & 1 & 0 & \cdots \\ 0 & 0 & 1 & \cdots \\ \vdots & \vdots & \vdots & \ddots \end{bmatrix}$ 　を用いて，①´ を

$PQ - QP = -i\hbar E$ ………② 　　と表した。

　そして，ハイゼンベルグは古典力学の方程式の中の通常の変数を，行列変数に置き換え，さらに②の条件を与えることにより，水素原子のスペクトルを算出した。そして，その結果が実験結果と一致することが，確認されたんだね。後に，シュレーディンガー方程式による波動力学と，この行列力学は数学的に等価であることが，シュレーディンガーにより示されたんだね。

　ここで，ハイゼンベルグの量子力学におけるもう 1 つの大きな功績として，"ハイゼンベルグの不確定性原理" (*Heisenberg uncertainty principle*) が挙げられる。量子力学では，古典力学と違って，粒子の位置 q と運動量 p を同時に確定することはできない。粒子の位置 q と運動量 p を観測したときに生じるバラツキを Δq と Δp とおくと，次の不等式が成り立つ。

$\Delta q \cdot \Delta p \gtrsim \hbar$ ……③ 　$\left(\hbar = \dfrac{h}{2\pi} = 1.055 \times 10^{-34} (\text{J} \cdot \text{s}) \right)$

$\left(\right.$ より正確には，$\Delta q \cdot \Delta p \geqq \dfrac{\hbar}{2}$ が成り立つ。$\left.\right)$

この③の記号 "$\gtrsim$" は "大体これくらい" という意味で，この不等式が，不

確定性原理を表している。$\hbar$ は，ブランク定数 h を 2π で割ったもので，非常に小さな値であるんだけれど，これが正の値であることがポイントなんだね。つまり，q の位置を確定させようとして $\Delta q \to +0$ とすると，$\Delta p \to +\infty$ に発散してしまう。同様に，$\Delta p \to +0$ にすると，$\Delta q \to +\infty$ となって，位置をまったく特定できなくなるんだね。この不確定性原理は，量子力学を学ぶとき様々な分野で現れてくる重要な原理なので，是非頭に入れておこう。

これまでの議論から明らかなようにマクロな粒子を扱う古典力学とミクロ（量子的）な粒子を扱う量子力学とは，本質的に考え方を変えないといけない。

図 1 に示すように，位置 q と運動量 p を両軸とする位相空間で考えると，古典力学では，粒子のある時点における位置 q と運動量 p は決定され，位相空間内の 1 点が決まるんだね。そして，

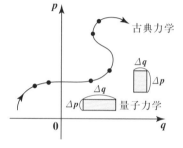

図 1　位相空間における古典力学と量子力学

時刻 t の経過と共に，その運動の軌跡は，**P156**で解説したように，1 つの曲線（トラジェクトリー）として描くことができるんだね。

これに対して，量子力学では，粒子の位置 q と運動量 p を同時に決定することはできず，ハイゼンベルグが提示した不確定性原理 $\Delta q \Delta p \geq \hbar$ に従って，漠然とした確率論的な情報しか得られないんだね。これはミクロな粒子が，波動としての性質から空間内にある広がりをもって存在していると考えないといけないからだ。この古典力学と量子力学の本質的な違いを頭に入れておくと，量子力学の学習もはかどると思う。

量子力学には，この曖昧な不確定性が常につきまとうんだね。しかし，これを逆手にとって，様々な物質量の大体の値を押さえることもできる。それでは不確定性原理で用いられる q や p のバラツキ Δq や Δp の数学的な意味をハッキリさせた上で，ある原子中の電子の運動エネルギー E の大体の大きさを推定してみよう。

● 物理量のバラツキとは標準偏差のことだ！

では次，q や p などの物理量のバラツキ Δq や Δp について解説しよう。このバラツキとは，数学的には標準偏差のことなんだね。高校数学で習った，確率密度 $f(x)$ に従う連続型の確率変数 X の平均 m_X，分散 ${\sigma_X}^2$，標準偏差 σ_X の公式を右に示しておこう。

量子力学の q や p のバラツキ Δq と Δp も，表記の仕方が異なるだけで，右の標準偏差の公式とまったく同様に，次のように表せるんだね。

> 確率密度 $f(x)$ の分布に従う確率変数 X の平均 (期待値) m_X，分散 ${\sigma_X}^2$，標準偏差 σ_X は，次のようになる。
> $\cdot m_X = E(X) = \int_{-\infty}^{\infty} x f(x)\, dx$
> $\cdot {\sigma_X}^2 = E(X^2) - \{E(X)\}^2$
> $\qquad = \int_{-\infty}^{\infty} x^2 f(x)\, dx - {m_X}^2$
> $\cdot \sigma_X = \sqrt{E(X^2) - \{E(X)\}^2}$

$$\begin{cases} \Delta q = \sqrt{<q^2> - <q>^2} \quad \cdots\cdots (*) \\ \Delta p = \sqrt{<p^2> - <p>^2} \quad \cdots\cdots (*)' \end{cases}$$

← $\sigma_X = \sqrt{E(X^2) - \{E(X)\}^2}$ と同じ

← $\sigma_P = \sqrt{E(P^2) - \{E(P)\}^2}$ と同じ

q や p だけでなく，一般の物理量を α とおくと，バラツキ $\Delta \alpha$ も同様に，$\Delta \alpha = \sqrt{<\alpha^2> - <\alpha>^2} \ \cdots\cdots (*e)''$ と表されるんだね。
つまり，量子力学における記号 "$< \ >$" は，統計数学における "E"（平均，期待値）のことなんだね。納得いった？

● 原子中の電子の運動エネルギー E を評価しよう！

不確定性原理：$\Delta q \cdot \Delta p \geqq \hbar \ \cdots\cdots (**)$ は，
量子力学的な考察をする際，様々な面で遭遇することになるんだね。ここでは，次の例題で，このアバウトな考え方を身に付けていこう。

(例題) ある原子の大きさが $a = 2\text{Å} (= 2 \times 10^{-10}(\text{m}))$ であるとき，この原子中にある電子の運動エネルギー E の大きさの程度を，不確定性原理の式：$\Delta q \cdot \Delta p \sim \hbar \ \cdots\cdots$ ① を利用して求めてみよう。
$\left(\text{ただし，} \hbar = 1.05 \times 10^{-34}(\text{J·s}), \text{電子の質量 } m = 9.1 \times 10^{-31}(\text{kg}) \right.$
$\left. \text{とする。} \right.$

　右図のように，電子は原子核を中心にして，運動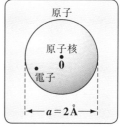
していると考えられるので原子核の位置を原点 **0** と
すると，電子の位置 q と運動量 p の平均値はいずれ
も **0** となるはずだね。

∴ $<q> = 0$，かつ $<p> = 0$

ここで，q のバラツキ (不確定性)Δq は，原子の半
径の大きさ $\dfrac{a}{2}$ と同程度のはずだから，$\Delta q \sim \dfrac{a}{2}$ ……② が成り立つ。

②を①に代入すると，$\dfrac{a}{2} \cdot \Delta p \sim \hbar$　より，

$\Delta p \sim \dfrac{2\hbar}{a}$　$\left(\Delta p \text{ は } \dfrac{2\hbar}{a} \text{ 程度の大きさ}\right)$

ここで，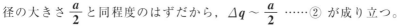 $\Delta p = \sqrt{<p^2> - \underbrace{<p>^2}_{0^2}} = \sqrt{<p^2>}$　より，

p^2 の平均値 $<p^2> = (\Delta p)^2 \sim \dfrac{4\hbar^2}{a^2}$ となるので，p^2 は平均として大体 $\dfrac{4\hbar^2}{a^2}$

程度の値をとる。すなわち $p^2 \sim \dfrac{4\hbar^2}{a^2}$ ……③ と考えられる。

よって，電子の運動エネルギー $E = \dfrac{p^2}{2m}$ に③を代入すると，

$E = \dfrac{2\hbar^2}{ma^2}$ ……④ となるんだね。

ここで，$\hbar = 1.05 \times 10^{-34} \text{(J·s)}$，電子の質量 $m = 9.1 \times 10^{-31} \text{(kg)}$，原子の大
きさ $a = 2 \times 10^{-10} \text{(m)}$ を④の右辺に代入すると，電子の運動エネルギー E は，
大体

$E = \dfrac{2 \times (1.05 \times 10^{-34})^2}{9.1 \times 10^{-31} \times (2 \times 10^{-10})^2} \fallingdotseq 6.06 \times 10^{-19} \text{(J)} \fallingdotseq 3.79 \text{(eV)}$ 程度であることが

電子ボルト
$(1\text{eV} = 1.6 \times 10^{-19} \text{J})$

分かるんだね。どう？面白かったでしょう。

　さらに学びたい方は「**量子力学キャンパス・ゼミ**」で学習して下さい。

◆ *Term · Index* ◆

スバラシク実力がつくと評判の
解析力学 キャンパス・ゼミ
改訂 4

マセマ

著　者　馬場 敬之
発行者　馬場 敬之
発行所　マセマ出版社
〒 332-0023 埼玉県川口市飯塚 3-7-21-502
TEL 048-253-1734　　FAX 048-253-1729
Email：info@mathema.jp
https://www.mathema.jp

編　集	七里 啓之				
校閲・校正	高杉 豊　秋野 麻里子				
制作協力	栄 瑠璃子　真下 久志　川口 祐己				
	瀬口 訓仁　迫田 圭介　五十里 哲				
	間宮 栄二　町田 朱美				
カバーデザイン	馬場 冬之				
ロゴデザイン	馬場 利貞				
印刷所	中央精版印刷株式会社				

平成 22 年 7 月 6 日　初版発行
平成 27 年 8 月 8 日　改訂 1 4 刷
平成 30 年 3 月 16 日　改訂 2 4 刷
令和 2 年 4 月 13 日　改訂 3 4 刷
令和 4 年 8 月 8 日　改訂 4 初版発行